国家宏观战略中的关键性问题研究丛书

能源转型背景下的能源安全

范　英　刘炳越　衣博文　等◎著

科学出版社

北　京

内 容 简 介

在第三次能源革命的背景下，以化石能源为主的现有能源系统正在经历向非化石能源为主的低碳能源系统的转型。本书围绕能源系统低碳化演化过程中的能源安全挑战，建立了能源安全评价的理论框架，对全球重点国家的能源安全状况进行了系统的评价，对我国能源安全的现状和预测预警进行了分析和评估，提出了增强我国能源安全保障力的建议。

本书适合能源经济与管理等领域的研究人员、政府工作人员、能源企业管理人员、高等院校师生及相关工作者阅读参考。

图书在版编目(CIP)数据

能源转型背景下的能源安全/范英等著. —北京：科学出版社，2023.3
（国家宏观战略中的关键性问题研究丛书）
ISBN 978-7-03-071238-7

Ⅰ. ①能… Ⅱ. ①范… Ⅲ. ①能源–国家安全–研究–中国 Ⅳ. ①TK01

中国版本图书馆 CIP 数据核字（2022）第 000253 号

责任编辑：徐　倩／责任校对：王晓茜
责任印制：张　伟／封面设计：有道设计

科 学 出 版 社 出版
北京东黄城根北街 16 号
邮政编码：100717
http://www.sciencep.com

北京中科印刷有限公司 印刷
科学出版社发行　各地新华书店经销
*
2023 年 3 月第 一 版　开本：720 × 1000　1/16
2023 年 9 月第二次印刷　印张：13 1/2
字数：267 000
定价：162.00 元
（如有印装质量问题，我社负责调换）

丛书编委会

主 编:

    侯增谦　副 主 任　国家自然科学基金委员会

副主编:

    杨列勋　副 局 长　国家自然科学基金委员会计划与政策局

    刘作仪　副 主 任　国家自然科学基金委员会管理科学部

    陈亚军　司　 长　国家发展和改革委员会发展战略和规划司

    邵永春　司　 长　审计署电子数据审计司

    夏颖哲　副 主 任　财政部政府和社会资本合作中心

编委会成员（按姓氏拼音排序）:

    陈　雯　研 究 员　中国科学院南京地理与湖泊研究所

    范　英　教　　授　北京航空航天大学

    胡朝晖　副 司 长　国家发展和改革委员会发展战略和规划司

    黄汉权　研 究 员　国家发展和改革委员会价格成本调查中心

    李文杰　副 主 任　财政部政府和社会资本合作中心推广开发部

    廖　华　教　　授　北京理工大学

    马　涛　教　　授　哈尔滨工业大学

    孟　春　研 究 员　国务院发展研究中心

    彭　敏　教　　授　武汉大学

    任之光　处　　长　国家自然科学基金委员会管理科学部

    石　磊　副 司 长　审计署电子数据审计司

    唐志豪　处　　长　审计署电子数据审计司

    涂　毅　主　　任　财政部政府和社会资本合作中心财务部

    王　擎　教　　授　西南财经大学

    王　忠　副 司 长　审计署电子数据审计司

    王大涛　处　　长　审计署电子数据审计司

    吴　刚　处　　长　国家自然科学基金委员会管理科学部

    徐　策　原 处 长　国家发展和改革委员会发展战略和规划司

    杨汝岱　教　　授　北京大学

    张建民　原副司长　国家发展和改革委员会发展战略和规划司

    张晓波　教　　授　北京大学

    周黎安　教　　授　北京大学

丛 书 序

习近平总书记强调，编制和实施国民经济和社会发展五年规划，是我们党治国理政的重要方式①。"十四五"规划是在习近平新时代中国特色社会主义思想指导下，开启全面建设社会主义现代化国家新征程的第一个五年规划。在"十四五"规划开篇布局之际，为了有效应对新时代高质量发展所面临的国内外挑战，迫切需要对国家宏观战略中的关键问题进行系统梳理和深入研究，并在此基础上提炼关键科学问题，开展多学科、大交叉、新范式的研究，为编制实施好"十四五"规划提供有效的、基于科学理性分析的坚实支撑。

2019 年 4 月至 6 月期间，国家发展和改革委员会（简称国家发展改革委）发展战略和规划司来国家自然科学基金委员会（简称自然科学基金委）调研，研讨"十四五"规划国家宏观战略有关关键问题。与此同时，财政部政府和社会资本合作中心向自然科学基金委来函，希望自然科学基金委在探索 PPP（public-private partnership，政府和社会资本合作）改革体制、机制与政策研究上给予基础研究支持。审计署电子数据审计司领导来自然科学基金委与财务局、管理科学部会谈，商讨审计大数据和宏观经济社会运行态势监测与风险预警。

自然科学基金委党组高度重视，由委副主任亲自率队，先后到国家发展改革委、财政部、审计署调研磋商，积极落实习近平总书记关于"四个面向"的重要指示②，探讨面向国家重大需求的科学问题凝练机制，与三部委相关司局进一步沟通明确国家需求，管理科学部召开立项建议研讨会，凝练核心科学问题，并向委务会汇报专项项目资助方案。基于多部委的重要需求，自然科学基金委通过宏观调控经费支持启动"国家宏观战略中的关键问题研究"专项，服务国家重大需求，并于 2019 年 7 月发布"国家宏观战略中的关键问题研究"项目指南。领域包括重大生产力布局、产业链安全战略、能源安全问题、PPP 基础性制度建设、宏观经济风险的审计监测预警等八个方向，汇集了中国宏观经济研究院、国务院发展研究中心、北京大学等多家单位的优秀团队开展研究。

---

① 《习近平对"十四五"规划编制工作作出重要指示》，www.gov.cn/xinwen/2020-08/06/content_5532818.htm，2020 年 8 月 6 日。

② 《习近平主持召开科学家座谈会强调 面向世界科技前沿面向经济主战场 面向国家重大需求面向人民生命健康 不断向科学技术广度和深度进军》（《人民日报》2020 年 9 月 12 日第 01 版）。

该专项项目面向国家重大需求，在组织方式上进行了一些探索。第一，加强顶层设计，凝练科学问题。管理科学部多次会同各部委领导、学界专家研讨凝练科学问题，服务于"十四五"规划前期研究，自上而下地引导相关领域的科学家深入了解国家需求，精准确立研究边界，快速发布项目指南，高效推动专项立项。第二，加强项目的全过程管理，设立由科学家和国家部委专家组成的学术指导组，推动科学家和国家部委的交流与联动，充分发挥基础研究服务于国家重大战略需求和决策的作用。第三，加强项目内部交流，通过启动会、中期交流会和结题验收会等环节，督促项目团队聚焦关键科学问题，及时汇报、总结、凝练研究成果，推动项目形成"用得上、用得好"的政策报告，并出版系列丛书。

该专项项目旨在围绕国家经济社会等领域战略部署中的关键科学问题，开展创新性的基础理论和应用研究，为实质性提高我国经济与政策决策能力提供科学理论基础，为国民经济高质量发展提供科学支撑，助力解决我国经济、社会发展和国家安全等方面所面临的实际应用问题。通过专项项目的实施，一方面，不断探索科学问题凝练机制和项目组织管理创新，前瞻部署相关项目，产出"顶天立地"成果；另一方面，不断提升科学的经济管理理论和规范方法，运用精准有效的数据支持，加强与实际管理部门的结合，开展深度的实证性、模型化研究，通过基础研究提供合理可行的政策建议支持。

希望此套丛书的出版能够对我国宏观管理与政策研究起到促进作用，为国家发展改革委、财政部、审计署等有关部门的相关决策提供参考，同时也能对广大科研工作者有所启迪。

侯增谦

2022 年 12 月

前　言

　　能源是经济社会运行的基础，保障能源持续稳定供应对于国家安全具有重要意义。能源安全得到重视起源于第一次石油危机，以保障石油稳定供应为核心的能源安全一直以来都是各国能源战略的核心。近年来，国际局势和能源格局发生深刻变革，美国页岩油气革命、中美贸易摩擦、新冠疫情、俄乌冲突等都对世界能源供需格局产生了严重冲击，各国对于能源供应安全的担忧在增加。

　　与此同时，全球应对气候变化的行动走向深入，低碳发展是必由之路，人类正在经历面向可持续发展的第三次能源转型，其主要特征就是非化石能源取代化石能源成为新的主导能源。这次能源转型不仅仅是技术进步的必然趋势，更是政策驱动下的主动转型，包括命令控制型的政策和基于市场机制的政策。在越来越有力的政策驱动下，可再生能源技术、储能技术、电网技术、分布式能源和相关的配套技术正在经历快速发展的过程。我国已经承诺了 2030 年之前碳达峰，2060年前实现碳中和，这一目标的实现，要依靠创新驱动、市场机制、政策激励和行为引导。

　　在世界能源格局多变和能源转型的背景下，能源安全面临新的更加复杂的不确定性，各国的能源战略要兼顾保障供应和向非化石能源转型双重目标。能源安全的内涵和应对策略也需要适时调整。我们认为，能源安全是一种状态，也是一种能力。我们既要着眼于保障能源供应处于安全可控的状态，也要不断提升保障能源安全的能力。相关研究涉及内容很多，需要以系统科学的思维，运用多学科的知识，从全新的视角分析和解读。

　　恰逢国家自然科学基金组织"国家宏观战略中的关键性问题研究"专项，我们有幸承担了其中的能源安全问题研究任务，并聚焦于能源转型背景下的能源安全主题。

　　本书内容包括以下方面：①能源转型背景下的能源安全内涵和世界能源转型的规律由第 1 章能源安全挑战的分析框架和第 2 章世界能源转型与能源系统的演化规律构成。在分析能源安全挑战的基础上，我们提出了能源转型背景下的能源安全概念模型，分析了国际能源系统演化规律。②从全球视角对能源安全进行评价由第 3 章全球能源安全综合评价和第 4 章区域合作国家能源投资风险评价构成。我们建立了能源转型背景下的能源安全评价指标体系和综合评价模型，对典型国家的能源安全状态和能源安全保障力进行了评估，特别是对区域合作国家的能源投资风险进行了评估。③对我国能源安全的评价由第 5 章中国能源转型与能源安全监测预警、第 6 章原油进口优化及风险评估，以及第 7 章替代能源发展对我国能源安全的影响构成。在全面分析我国能源供需形势的基础上，我们构建了我国能源安全监测预警指数，建立了原油进口风险评估模型，提出了优化的策略，分析了替代能源发展对能源安全的影响。④对国际能源大公司的分析内容见第 8 章能源大公司财务监测预警分析及启示。由于能源公司是能源市场的直接参与者，也是保障国家能源安全的实践者，我们建立了能源大公司监测预警模型，对代表性能源大公司进行了分析。⑤能源短缺的应对措施与政策建议由第 9 章能源短缺的影响及应对措施和第 10 章能源转型背景下的能源安全建议构成。以石油供应短缺为例，我们建立了系统分析模型，对不同程度的石油进口中断进行了模拟，分析了相应的应对政策的效果，特别是与碳减排政策的协同效应，提出了应对能源安全挑战的政策建议。

本书相关的研究内容是北京航空航天大学低碳治理与政策智能教育部实验室的多位教师和研究生完成的，是集体协作的成果。各章主要完成人如下：第 1 章主要由范英、衣博文和万凯迪撰写；第 2 章主要由薛韶芳、范英和衣博文撰写；第 3 章主要由万凯迪、范英和刘炳越撰写；第 4 章主要由段菲、姬强、张海颖、范英和刘炳越撰写；第 5 章主要由万凯迪、王子欣、范英和刘炳越撰写；第 6 章主要由耿文欣、于兴和范英撰写；第 7 章主要由衣博文和范英撰写；第 8 章主要由李聪远和范英撰写；第 9 章主要由范英、袁永娜和刘炳越撰写；第 10 章主要由范英、衣博文、刘炳越、赵万里、万凯迪、薛韶芳、李明全和李聪远撰写。

在我们团队长期的研究工作中，我们得到了很多专家学者和同行朋友的支持和鼓励，在此，我们对黄海军教授、王惠文教授、汪寿阳教授、李善同教授、徐伟宣教授、于景元教授、李一军教授、高自友教授、张维教授、杨烈勋教授、刘作仪教授、杨晓光教授、杨翠红教授、张希良教授、田立新教授、耿勇教授、孙梅教授、张中祥教授、安丰全教授、韩立岩教授、周鹏教授、安海忠教授、张兴平教授、周勇教授、穆荣平教授、蔡晨教授、付继良高工等专家的指导和帮助致以最诚挚的谢意！

本书研究工作得到了国家自然科学基金（No.72021001 和 No.71950008）的支持，在此一并致谢！

限于我们的知识范围和学术水平，书中难免存在不足之处，恳请读者批评指正！

范 英

2022 年 12 月

目 录

第 1 章

能源安全挑战的分析框架

能源的可持续供应是经济社会发展和国家安全的重要基础。近年来，中美贸易摩擦不断，贸易保护主义盛行，国际技术转移与合作瓶颈凸显，中东、北非、拉美等能源出口地区地缘局势动荡，特别是俄乌冲突导致欧洲的能源供应紧张波及全球市场，因此国际能源安全态势面临新的更加复杂的局面。

与此同时，对生态环境的关切和应对气候变化的全球行动推动第三次能源转型加速发展，非化石能源取代化石能源成为主导能源是能源转型的必然方向，但转型的过程伴随着技术、环境、政策等多种不确定性，能源的安全稳定供应面临新的机遇和挑战。

在这样的时代背景下，能源安全问题更应该得到足够的重视，从内涵到策略都需要新的解读和分析范式的创新。

1.1 背　　景

在应对气候变化和国际能源供需局势紧张的背景下，世界各国都在积极地应对能源安全问题。不仅国际能源署（International Energy Agency，IEA）成员国加大了战略石油储备的规模，一些新兴经济体也在大规模地建立自己的战略石油储备，增加自身应对石油危机和地缘局势变化的能力。同时，各国都在积极地探索替代能源，增强能源的自给能力，表现为新能源新技术和综合实力的竞争。美国的页岩油气革命正改变着世界能源的格局，凭借着先进的生产开发技术和完善的管网设施，美国的页岩气成本已具备商业竞争力（Wang et al.，2014）。这在一定程度上帮助美国实现了能源独立，降低其能源对外依存度，特别是逐渐摆脱了对中东石油的依赖。日本的资源极其匮乏，约 90%的能源需要依赖进口。不利的自然条件也使得日本十分注重海外能源供应体系的建设，坚持多元化的进口策略，并尽可能降低对政治不稳定地区的能源进口依赖；另外，日本非常重视通过立法促进节能，运输部门、家庭部门、服务业部门的能源效率持续提高（Vivoda，2012；

Matsumoto and Shiraki，2018）。德国同样受制于其相对匮乏的能源资源。近年来，为了解决能源安全问题，德国坚定地将能源战略重心转向可再生能源，从体制机制和技术产业各方面不断创新，逐步降低对化石能源的依赖，促进可再生能源的大规模利用（Strunz，2014）。

资源约束是能源安全问题的根源。我国"贫油、富煤、少气"的资源禀赋制约了消费侧的能源结构优化，同时导致我国油气的对外依存度不断攀升（Qiang and Jian，2020）。我国 2017 年成为世界最大原油进口国，2018 年又超过日本成为世界最大的天然气进口国。2018 年，石油对外依存度同比上升 2.6 个百分点；天然气进口量 1254 亿立方米，对外依存度升至 45.3%（资料来源：国家统计局）。随着经济社会的发展，能源需求仍将持续增加，油气对外依存度不断攀升已经成为制约我国能源安全保障的主要因素（周大地，2010）。

更为严重的是，当前国际地缘局势动荡，获得海外能源的风险不断增加。美国可能重启对伊朗油气出口制裁等新的地缘因素的出现等不稳定因素，使得能源安全问题更为严峻。能源运输通道和复杂的地缘局势联系在一起，马六甲海峡等高风险地区影响着能源进口供应链的安全。能源价格居高不下和市场波动加大了我国经济运行的成本和风险。能源价格的上涨和波动会沿着产业链传导至经济系统的各个部门，成为经济失衡和输入性通胀的风险之一（Li et al.，2017a）。我国能源价格改革尚不完善，在国际能源定价权方面仍缺乏主导能力，被动作为价格接受者进一步加剧了我国的能源贸易风险（范英等，2013）。

与此同时，《巴黎协定》以来，世界主要经济体纷纷提出了碳中和长期目标，我国也宣布了在 2030 年前达到碳排放峰值和在 2060 年前实现碳中和的战略目标，这些战略和政策正在加速推动面向可持续发展的第三次能源转型。此次转型与前两次不同，其源于人们对能源和环境制约下的经济增长可持续性的担忧。转型的根本动力也不仅仅是生产力进步更是为了解决经济增长与日益恶化的环境、气候和安全问题之间的矛盾。这意味着，可再生能源和新能源的发展进程将成为能源安全的重要内容（何建坤，2014）。近年来，作为替代化石能源的可再生能源和新能源发展非常迅速，但其在一次能源结构中的占比仍然不高，成本下降出现瓶颈，间歇性和波动性等特点进一步制约了其发展速度，2018 年非化石燃料在一次能源消费中的占比为 14.3%。但从长期来看，替代能源是解决能源安全问题的根本途径，未来哪个国家在可再生能源和新能源方面掌握了最先进的技术，哪个国家就能率先摆脱对化石能源的依赖并在能源安全方面拥有主动权（Jewell et al.，2014；Larcom et al.，2019）。

在全球应对气候变化、推进能源转型的大背景下，我国能源安全面临对外依存度不断增加、境外能源基地局势不稳、运输通道风险增加、替代能源技术亟须突破的严峻挑战，分析国内外能源系统演化规律，量化监测能源安全动态，积极应对我国能源安全现实挑战，对于中国能源安全短期应对策略和长期发展战略的制定具有重要意义。

1.2　能源转型过程中的能源安全挑战

能源安全的概念源于 20 世纪 70 年代的两次石油危机，并随着时间不断丰富。其最初内涵主要是为了降低对石油进口的依赖以及确保石油的稳定供应（Lu et al.，2019）。但随着世界能源资源的大量开发和能源体系的低碳化，人类社会对于能源安全的理解也在不断加深（Malik et al.，2020）。能源安全的理论研究伴随着保障能源安全的实践而不断发展，可以概括为四个阶段，即能源安全理论的形成阶段、过渡阶段、发展阶段和完善阶段（范英等，2013；Ge and Fan，2013）。20世纪 70 年代和 80 年代初期，能源安全理论研究处于形成阶段。由于石油危机的巨大冲击，各国政府和学者纷纷致力于石油安全的评估体系及保障石油平稳供应策略的研究，并一直延续至今（Brown et al.，1987；Neff，1997）。20 世纪 90年代，西方国家开始采用多样化的能源政策，能源安全的概念逐步从石油扩展至包括石油在内的多种能源，其中以天然气和新能源供应安全的理论研究最为突出（Pimentel，1991；Dresselhaus and Thomas，2001）。

21 世纪初期，在不断变化的世界经济形势和能源格局背景下，能源供应安全问题日益复杂。各国从仅仅关注稳定的能源供应，逐步向能源价格安全、能源供应链安全、能源使用安全等多个维度延伸（Yergin，2006）。与此同时，能源的综合评价、国际关系和地缘局势也成为各国学者和能源政策制定者关注的焦点（IEA，2007a；Coq and Paltseva，2009）。当前，在能源转型的大趋势下，能源安全问题已经上升到各国综合实力的竞争，能源开发、转化、利用能力的竞争成为各国博弈的核心。学界也逐渐将关注点转移到新能源技术投资与研发、能源科技创新、核心技术突破等方面（Chu and Majumdar，2012；Mathews and Tan，2014），试图利用能源转型的契机从根源上解决长期的能源安全问题。

然而，本轮能源转型的核心动机并非完全是解决能源安全问题。当前正处于转型的初期，从全球范围内的转型进程来看，欧盟、中国、美国、日本等能源消费较多的国家和地区均在积极探索转型路径，但由于国情和理念的差异，各国的转型路径不尽相同（李俊峰和柴麒敏，2016）。本轮能源转型的核心动机可以归结为两个方面：气候变化和能源安全。尽管各国均想实现气候变化与能源安全的双赢，但由于这两个动机的差异以及资源条件的不同，大部分国家在转型的实践中是以其中一个动机为主导同时兼顾另一个的（范英和衣博文，2021）。由于非化石能源既有零碳属性又兼顾可获得性，因此，从长期角度来看，无论是转型的结果还是两个核心动机的实现都具有高度一致性。然而，各国在各自能源消费结构下实现这个长期目标的路径具有差异性，其转型规律主要受到两个因素的影响，即资源禀赋和核心动机。

应对气候变化和保障能源安全在短期视角下是有差异的，应对气候变化需尽可能使用低碳能源替代高碳能源，但保障能源安全应尽快降低石油和天然气的对外依存度。因此，非化石能源取代化石能源将经历一个复杂的演化过程。通常意义上的一次能源包括四大类，从含碳量角度由低到高排序依次为非化石能源、天然气、石油、煤炭；从供应安全角度排序，各国由于资源禀赋和能源进口通道的差异而不尽相同，但对大部分国家而言，安全角度从高到低的排序依次为非化石能源、煤炭、天然气、石油（Wang and Zhou，2017）。因此，核心动机的差异会影响转型的短期路径，它在一定程度上决定着非化石能源优先替代何种化石能源，以及过渡能源的选取。同时，各国的资源禀赋存在显著差异，特别是目前在全球占据主导地位的油气资源。资源禀赋在很大程度上决定着国家的能源对外依存度，进而影响能源安全；同时也决定着能源价格，进而对转型成本产生影响，导致各国的转型决策存在差异。

从"十一五"时期开始，我国政府高度重视能源转型与气候变化，已逐渐形成以应对气候变化为核心动机同时兼顾能源安全的转型基调。在应对气候变化与能源转型过程中，我国能源安全面临诸多挑战。首先，气候变化与能源转型背景下，能源安全的概念、内涵及评价体系发生根本改变，有效识别各国尤其是我国能源安全水平需要在新体系下对能源安全进行定量评估和监测预警。其次，我国"缺油、少气"禀赋现实和油气对外依存度持续增加，在美国页岩油气革命、"一带一路"倡议、"中美贸易战"以及新冠疫情等宏观新形势下，我国迫切需要调整境外能源基地布局与控制运输通道风险，并建立能源供应中断政策响应机制，保障能源持续供应和经济平稳发展。最后，能源系统转型是能源经济结构和能源创新技术的系统性变革，在深刻认识世界能源系统演化规律的基础上制定替代能源发展路径对于我国制定能源长期发展战略，保障能源安全乃至推行能源独立势在必行。当前，"碳达峰、碳中和"目标与应对全球气候变化已成为全球共识，深刻认识能源转型背景下的能源安全关键问题，结合国际局势和能源格局适时制定合理对策与政策有助于解决我国面临的能源安全挑战。

1.3　能源转型过程中的能源安全内涵及概念模型

随着碳减排政策从"软引导"转变为"硬约束"，能源清洁低碳转型成为大势所趋，气候环境压力通过气候政策不断从消费端向供给端转移，给能源供给安全带来直接影响（Toke and Vezirgiannidou，2013）。能源转型过程中，复杂的国际局势和能源演化趋势使得国家能源安全的影响要素更加多变，且相互交织。在新形势下，从系统性视角分析能源安全问题能够帮助我们正确梳理各类风险因素之间的相互作用机制，理解能源安全的内在逻辑，从而为制定能源安全策略和应对措施提供切实可行的参考依据。

为更加全面把握能源安全态势，我们基于当前能源转型新形势和广义能源安全概念，提出能源转型背景下的能源安全的新概念框架，如图 1-1 所示。我们认为，能源转型过程中的能源安全指国家能源系统处于不受能源风险威胁的能源安全状态，以及规避或抵抗能源风险从而维持安全状态的能源安全保障力。其中，能源风险指系统面临或潜在面临的外部不确定性，这种不确定性给能源在供应的数量、价格和环境上带来一定的威胁；能源安全状态指能源在供应的数量上充足可靠、价格上合理、环境上可持续；能源安全保障力指能够对能源风险进行事前预防和事后应急，从而规避能源风险并抵抗能源风险带来的冲击，持续保障能源安全状态的能力。与传统的能源安全相比，能源转型过程中的能源安全强调考量环境风险、环境的可持续性以及可再生清洁能源的长期发展能力等。

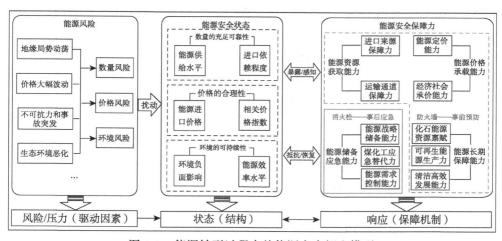

图 1-1 能源转型过程中的能源安全概念模型

首先，能源风险指系统面临或潜在面临的外部不确定性，这种不确定性给能源在供应的数量、价格和环境上带来一定的威胁。按照风险形成的原因划分，大致包括地缘局势动荡、价格大幅波动、不可抗力和事故突发、生态环境恶化等风险。其中，地缘局势动荡风险指能源输入国或者能源输出国因为某种或多种因素被人为地停止或减少能源输入和输出，从而造成重大经济损害及其他国家主权与政治等方面的损失；价格大幅波动风险指能源价格在短期内大幅度波动对经济发展可能产生的损害；不可抗力和事故突发风险指自然灾害、疫情和人为造成的重大生产与运输事故对能源生产和消费所产生的重大损失；生态环境恶化风险指能源生产和消费过程中向大气释放大量二氧化碳、氮氧化物等，形成温室效应，破坏生态系统，从而造成经济损失，并对人类健康带来损害，能源转型过程中需要对其进行重点考量。这些风险相互交织，最终表现在对能源的数量、价格和环境上的影响，构成了扰动能源转型下的能源安全状态的驱动要素。

其次，能源安全状态指能源在供应的数量上充足可靠、价格上合理、环境上可持续。具体来说，数量上充足可靠指能够获得充足的能源供应，并且获取的能源具有一定多样性；价格上合理指能源价格在可接受的范围内，能源价格波动相对较小，不会因为成本过高或波动过大影响国民经济当前与未来的发展；环境上可持续指能源的生产与消费不对人类自身的生存与发展环境构成威胁，能源效率较高，环境污染和气候影响在可控范围之内。能源安全状态是我们能源安全追求的目标，其水平会同时受到能源风险和能源安全保障力的影响。一方面，地缘局势动荡、价格大幅波动、不可抗力和事故突发、生态环境恶化等外部风险，打破了原有的能源供需平衡，使能源安全状态向不良方向发展，即无法保障能源在供应的数量上充足可靠、价格上合理、环境上可持续；另一方面，事前预防和事后应急的能源安全保障力则能够减轻能源风险冲击，使能源安全水平得以提升，再次使能源在数量、价格和环境上朝安全状态恢复。特别地，在能源转型背景下，环境负面影响和能源效率水平等指标成为评估各国能源安全状态的重要考量。

最后，能源安全保障力指能够对能源风险进行事前预防和事后应急，从而规避能源风险并抵抗能源风险带来的冲击，持续保障能源安全状态的能力。一方面，事前预防能力主要包括能源资源获取能力、能源价格承载能力、能源长期保障能力。它是能源安全防御机制的防火墙，其主要功能在于提前预判可能出现的风险，并主动化解风险。其中，能源资源获取能力指保障充足稳定的能源供应的能力，尤其是进口能源供应的能力；能源价格承载能力指保障能源价格在可接受的范围内，同时尽可能减少由于价格波动带来的负面经济社会影响的能力；能源长期保障能力指满足人们的长期能源需求并保证能源的生产与消费不对人类自身的生存与发展环境构成威胁的能力，也是能源转型下发展可再生及清洁替代能源的重要因素。另一方面，事后应急能力指能源储备应急能力，是能源安全防御机制的消火栓，其主要功能在于设想最坏结果（即能源中断）并提供应急措施，保障经济社会发展不因能源供应中断和价格异常受到严重影响，包括能源战略储备能力、煤化工应急替代力和能源需求控制能力。上述能力共同构筑了应对能源风险的安全保障能力，形成能源转型过程中能源安全的保障机制。

第 《 2 》 章

世界能源转型与能源系统的演化规律

　　能源体系是指一国能源资源开发、生产、配置、消费，以及能源分品种分地区的供需平衡、跨区调运等活动，其核心要素是各种能源在某段时期内供需发展的总量、结构、布局、流向等关键指标。在低碳转型的过程中，各国能源战略和能源结构发生显著变化。虽然目前全球能源生产与消费仍以化石能源为主，但清洁能源和电力消费比重正在快速增长。可再生能源的发展规模受到气候政策约束程度的影响，同时也取决于成本变革趋势及其与传统能源系统的整合程度。从全球整体、地理区域、国际组织和能源大国等多个角度，分析世界能源消费和资源禀赋在总量和结构上的演化以及典型国家的特征规律，对认识我国能源安全的历史与现状、构建合理的能源安全评价体系、制定新形势下能源安全战略都有重要的启示意义。

2.1　能源转型的内涵

　　能源转型通常是指能源供给侧能源结构发生根本性的变革。回顾历史，人类社会共经历过两次重要的能源转型过程。第一次发生在 18 世纪后期至 19 世纪中期，以蒸汽机为代表的生产力变革引发了第一次工业革命，促使煤炭替代柴薪成为全球第一大能源。第二次发生在 19 世纪后期至 20 世纪中期，内燃机的发明和推广使得油气逐渐取代煤炭成为全球主导能源（Millot and Maïzi，2021）。2019年，石油和天然气在能源消费中的占比分别为 33.1% 和 24.2%，而煤炭的占比已降至 27.0%（BP，2020a）。前两次能源转型均遵循传统的经济增长理论，能源被视为普通的生产要素，生产力进步在推动经济增长的同时带来了能源结构的自发性转型。因此，其发生通常伴随着工业革命，且持续时间较长，新能源替代旧能源成为全球主导往往是在工业革命结束后的几十年才实现的。

　　全球及区域能源系统演化趋势表明，目前世界范围内正在经历面向可持续发展的第三次能源转型。此次转型与前两次不同,其源于人们对能源和环境制约下的经济增长可持续性的担忧。在新的经济理论中,能源从资本中被剥离出来作为单独的要素投入,能源消耗、安全及其环境和气候外部性对经济可持续增长产生了深远的影响。因此,本轮能源转型并非自发性的变革,而是一个受控过程,其根本动力不仅仅是生产力进步,更是为了解决经济增长与环境、气候和安全问题之间的矛盾(何建坤,2014)。一方面,大规模开发利用化石能源所带来的环境和气候危机凸显,已成为制约社会经济可持续发展的首要因素。化石能源燃烧既排放空气污染物带来酸雨、雾霾等环境问题,又产生大量温室气体导致全球气候变化,给人类及生态系统带来种种负面影响及潜在风险。另一方面,近年来全球化石能源生产与消费的区域不均衡不断加剧,世界能源供需格局呈现生产重心西移、消费重心东移的特点,增加了能源安全保障的难度。尤其是亚太地区,能源消费量占全球的比重从 1965 年的 12.0%上升到了 2019 年的 44.1%(BP,2020a)。

当前全球能源消费结构正向低碳化转型发展,英国石油公司(BP Public Limited Company,简写为 BP)2020 年发布的《世界能源展望》报告指出,2018~2050 年的全球能源需求预计年均增长 0.3%,但 2050 年的二氧化碳排放量将仅为 2018 年的 30%左右(BP,2020b)。在兼顾能源安全、环境保护和应对气候变化的前提下,满足未来能源需求的增长,需要对现有的能源体系进行根本性的变革。因此,本轮能源转型就是以非化石能源为主的新能源体系替代以化石能源为主的传统能源体系的逐步更迭过程。具体特征是以数字化技术与可再生能源相融合的分布式智能能源体系,取代以化石能源为基础的集中化能源体系,进而走上绿色低碳发展道路(杜祥琬,2020)。此轮能源转型既是工业文明向生态文明过渡的目标,也是工业文明向生态文明转型的基础,同时也是各国可持续发展的战略选择。

正像工业新技术的产生、发展和市场化有其自身规律一样,能源体系的演化发展也是有其规律的。在全球政治、经济、技术、贸易格局发展趋势的大背景下,世界能源体系在新能源发展、能源结构、供需配置等方面不断演化更迭(Asif and Muneer,2007)。从经济增长理论和技术演化理论的视角来看,各国能源体系的演变受到能源资源禀赋、科技创新以及需求发展等关键因素驱动,它是一个系统性的动态演化过程。但当前全球平均温升已接近 1℃,且碳锁定效应使得温室气体排放趋势将在很长一段时间内延续(段宏波和汪寿阳,2019),应对气候变化的紧迫性使得此次能源转型无法完全像前两次一样自发性地进行,政府的政策和某些重要外因因素在其中必须扮演重要角色。在全球及区域能源资源禀赋与能源技术差异下,通过政策和外力发挥市场作用改变系统的演化轨迹,对于加速我国能源的绿色低碳转型至关重要。

即使有政策的推动,能源转型进程仍存在很多障碍,这既源于低碳能源技术本身的特质，也与其传播环境和市场机制有关，各国因而面临着异质性的能源效率市场障碍问题。Jaffe 和 Stavins（1994）发现在历经 30 年的政策推广后，明显具有经济有效性的低碳能源技术普及率仍仅为其市场潜能的 20%~25%，他们将这一扩散受阻现象总结为 Jaffe-Stavins 悖论。之后众多学者分析了阻碍低碳能源技术有效扩散的因素，主要分为三类：①低碳能源技术往往规模小、效率低、风险高，且需要高额的初期投入，政策不确定性和技术进步不确定性会进一步提高企业对投资的预期回报率；②传统能源成本因策略性定价行为和政府显性及隐性补贴的综合作用而被低估，对环境和气候外部性考量的弱化更加使得低碳能源很难对传统能源形成具有市场效率的替代（Fischer and Newell，2008）；③采用低碳能源技术在行为经济学中被决策主体解释为迫于政策压力的个体牺牲，这进一步加剧了技术扩散难度（Rao and Kishore，2010）。因此，在深刻认识能源转型规律与国际经验启示下，如何有效解决能源效率"缺口"，驱动能源体系尽快实现由化石能源向非化石能源的转型是各国当前亟待解决的关键问题。

2.2 从总量看世界能源消费的发展

2.2.1 全球能源消费量的发展趋势

1971 年以来，全球一次能源消费总量①呈持续增长态势。如图 2-1 所示，2019 年全球一次能源消费总量达 144.13 亿吨标准油，是 1971 年消费量 55.21 亿吨标准

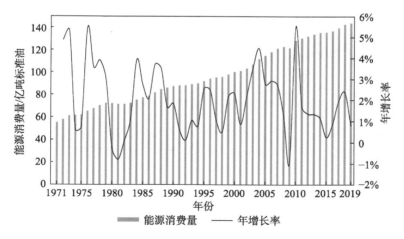

图 2-1 1971~2019 年全球一次能源消费总量及增速

---

① 一次能源消费总量是初级生产、对外贸易、燃料和库存变化的总和。

油的 2.61 倍，再创历史新高。全球一次能源消费的增速在 -1%～6% 范围内波动，除 1980～1981 年、2009 年出现的两段负增长外，其余年份均保持增长，1971～2019 年的平均年增长率为 2.03%。若将高于这一数值的增速看作高速增长，则全球一次能源消费高速增长的年份集中在前 40 年，分别为 1972～1973 年、1976～1979 年、1984～1988 年、1995～1996 年、1999～2000 年、2002～2007 年共六段时期。而 2010～2019 年，全球一次能源消费增速再次大起大落：先由 2010 年的最高增速 5.51% 持续跌落至 2015 年的几乎停滞，在 2018 年重回 2.37% 的高速增长后再次一路低走，2019 年的增速仅为 0.79%，不及 2010 年以来平均增速 1.72% 的一半。

从能源种类角度看，不同类型一次能源消费的增速存在明显差异。如图 2-2 所示，消费量变化最明显的是核电，其消费量在 1989 年前以每年 18.65% 的增幅飞速增长，在 2011 年、2012 年两年分别急剧下跌 6.30%、4.74%。除核电外，其他能源的增速波动都在 -4.5%～11%。2010 年以来，消费量平均增速最快的是可再生能源（不包括水电，其单独报告[①]），水电、天然气紧随其后，石油、煤炭的增速则大为减缓，核电仅为 0.41%/年；除煤炭、核电消费量有负增长年份外，其他四种能源消费量都呈上升趋势。

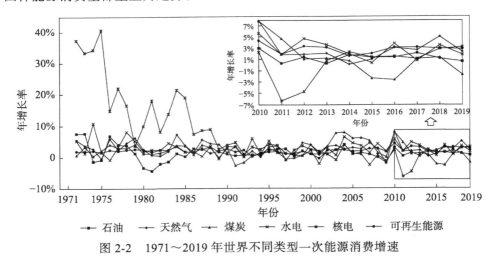

图 2-2　1971～2019 年世界不同类型一次能源消费增速

2.2.2　不同地理区域的能源消费特征

根据图 2-3 对全球各地区的一次能源消费量及增速历史变化的描述，本节将不同地理区域的能源消费特征与规律总结如下。

[①] 参考《BP 世界能源统计年鉴》(2021)，本章中的"可再生能源"均指"除水电外的其他可再生能源"，同时将"水电"单独报告。

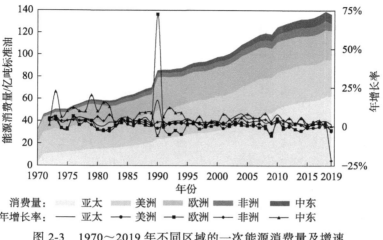

图 2-3　1970～2019 年不同区域的一次能源消费量及增速

（1）全球一次能源消费重心由欧美向亚太地区倾斜。1970 年美洲、欧洲的一次能源消费量在全球的占比分别为 53.02% 和 36.53%，2019 年则分别下降至 23.90% 和 19.51%；相反地，亚太地区的一次能源消费占比则由 9.98% 上升至 46.02%，在 1970～2019 年的平均增长速度为每年 0.72%，居所有区域之首。此外，中东、非洲的一次能源消费占比也有所增长，二者在 2019 年全球一次能源消费中的占比分别达到 5.86% 和 4.72%。

（2）各区域的一次能源消费增速存在明显差异。从 1972～2019 年的平均年增长率来看，中东以 6.19% 的高增速居所有区域之首，亚太以 3.82% 的增速次之，非洲、欧洲的增速分别为 2.65% 和 1.89%，美洲的增速最缓，仅为 1.08%。从增速的历史波动来看，欧洲变化最大，中东、非洲次之，亚太和美洲的变化最小。这表明，亚太和美洲的一次能源消费需求增长情况较为稳定，而其他区域则存在较大的不确定性。

2.2.3　不同国际组织的能源消费特征

全球一次能源消费需求的重心快速由经济合作与发展组织（Organization for Economic Cooperation and Development，OECD）国家向非 OECD 国家转移。如图 2-4 所示，从一次能源消费量来看，2005 年，OECD 国家的一次能源消费量首次被非 OECD 国家超越；2019 年，OECD 国家、非 OECD 国家的一次能源消费量分别为 53.27 亿吨标准油和 86.66 亿吨标准油，占全球一次能源总消费量的 38.07%、61.93%。从一次能源消费增速来看，2001 年以前，OECD 国家与非 OECD 国家增长趋势相似，其平均年增长率分别为 1.17%、2.06%，差距为 0.89 个百分点；2001 年以后，二者的平均年增长率分别为 0.04%、3.6%，差距增至 3.56 个百分点。这种逐渐拉大的差距来源于：OECD 国家多为发达国家，其能源消费因用能效率提升、产业结构转型、经济增速放缓等呈低能耗趋势，而非 OECD 国家尚且处在经济高增长阶段，对能源的消耗也更为粗放。

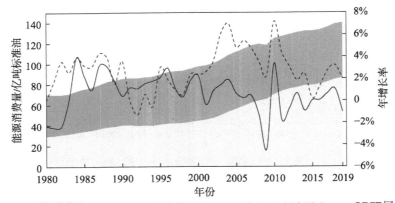

图 2-4　1980～2019 年 OECD 国家和非 OECD 国家的一次能源消费量及增速

2.3　从结构看世界能源消费的转型

2.3.1　全球能源结构的低碳趋势

长期以来，虽然全球一次能源消费以化石能源为主，且一次能源消费增长量的主要贡献也由化石能源提供，但是化石能源的消费比例呈下降趋势，这主要得益于石油占比的下降。此外，天然气的消费比例呈增长趋势，煤炭的地位依旧保持稳固。在非化石能源中，核电占比的增长较快，水电的增长较缓，其他非化石能源近年来的增速势头强劲。如表 2-1、图 2-5、图 2-6 所示，全球能源消费结构具体存在以下特点。

表 2-1　全球不同一次能源的历史消费量　　　　　单位：亿吨标准油

年份	石油	天然气	煤炭	水电	核电	风电	太阳能、地热能和潮汐能发电	地热能、太阳能产热	生物质
1971	24.34	8.93	14.37	1.04	0.29	—	0.04	—	6.21
1980	31.02	12.31	17.83	1.48	1.86	—	0.11	—	7.44
1990	32.31	16.62	22.21	1.84	5.25	0	0.29	0.04	9.01
2000	36.62	20.72	23.16	2.25	6.75	0.03	0.46	0.10	10.08
2010	41.22	27.34	36.48	2.96	7.18	0.29	0.63	0.23	11.98
2019	45.62	33.24	37.66	3.69	7.29	1.22	1.42	0.53	13.46

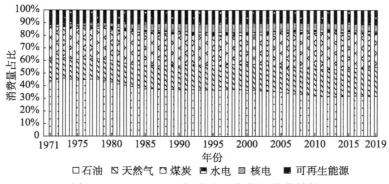

图 2-5　1971~2019 年世界一次能源消费结构

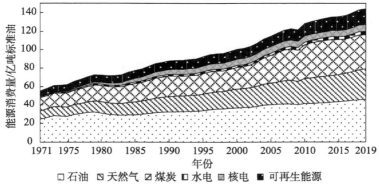

图 2-6　1971~2019 年世界不同类型一次能源消费量

（1）化石能源始终占据一次能源消费主力。1971~2019 年，石油、天然气、煤炭三种化石能源在全球一次能源消费总量中的平均占比为 82.31%，各自的平均占比分别为 37.39%、19.36%、25.56%；此外，可再生能源占 10.68%，核电占 4.81%，水电占 2.20%。2010~2019 年共十年间，全球一次能源的平均占比分别为：石油 31.78%、煤炭 28.06%、天然气 21.86%、可再生能源 10.84%、核电 5.01%、水电 2.45%，化石能源的比例 81.70%，仍为最高。

（2）所有一次能源中，化石能源消费增长量最大。1971~2019 年全球一次能源消费增长量为 88.92 亿吨标准油，化石能源消费增长量为 68.88 亿吨标准油，贡献了 77.46% 的增长。2019 年的化石能源消费总量为 116.52 亿吨标准油，是 1971年消费量 47.64 亿吨标准油的 2.45 倍。其中，天然气贡献了最大的消费量增长 24.31亿吨标准油，煤炭增长 23.29 亿吨标准油次之，石油增长 21.28 亿吨标准油。

（3）化石能源消费占比呈下降趋势。化石能源消费比例由 1971 年的 86.28% 降低至 2019 年的 80.84%，降低了 5.44 个百分点。化石能源消费占比曾有"三次动荡"：最突出的一次持续下降发生在 1977~1995 年，在近 20 年间保持了 0.29 个百分点的年均降幅；2000~2007 年持续上升，八年内平均增幅为 0.23 个百分点；2013 年以来保持平稳下降，下降速度为每年 0.21%。由于化石能源资源不可再生、利用会产生碳排放等污染，因此化石能源的消费比例减少体现了全球能源系统的可持续化、清洁化转型。

（4）化石能源消费占比下降主要来自石油。石油消费比例从 1971 年的 44.08%降至 2019 年的 31.65%，总降幅为 12.43 个百分点，平均每年降低 0.25 个百分点，居所有一次能源之首。全球石油消费占比曾有"两次连降"：第一次发生在 1978～1985 年，八年的年均降幅约为 0.96 个百分点、总降幅为 7.71 个百分点；第二次发生在 2002～2011 年，十年的年均降幅约为 0.49 个百分点，约为第一次下降速度的一半，总降幅为 4.91 个百分点。

（5）煤炭在全球能源结构中保持稳定，其消费占比的整体波动较小。1971～2019 年，煤炭是平均消费占比第二高的化石能源。虽然煤炭消费占比仅增长 0.1%，但消费量增长直逼增量第一的天然气。煤炭消费占比经历了多次波动，但 2000 年以来的变化呈明显的倒"U"形曲线：2000～2011 年持续增长，占比由 23.12%增至历史最高值 29.26%，年均增幅为 0.51 个百分点；2012～2019 年持续下跌，占比下降 3.13 个百分点，年均跌幅为 0.39 个百分点。由于煤炭是一种高碳排放的能源，因此其占比下降反映了全球一次能源消费结构的低碳化。

（6）天然气、核电在全球能源结构中消费占比的增幅最明显。1971～2019 年，一次能源中天然气消费占比的增幅最大，为 6.89 个百分点，核电消费占比以 4.53 个百分点的增幅居第二。从 1971 年到 2019 年，天然气消费占比几乎是一路走高，以 0.14 个百分点的年均增幅保持增长，从期初 16.17%增长至期末 23.06%，实现了在 3/4 的年份里上升的佳绩。核电消费占比呈"增—减—增"的三段模式：2002 年以前，核电消费占比以年均 0.21 个百分点的速度上升至最高值 6.8%，2002～2013 年以年均 0.17 个百分点的速度下降至 4.82%，2014～2019 年以年均 0.04 个百分点的速度缓慢上升，2019 年在全球一次能源消费中占比达到 5.06%。尽管二者均为不可再生资源，且产生碳排放、核污染等负环境外部性，但比石油、煤炭两类高排放化石能源相对清洁，存在作为能源系统转型的阶段过渡能源的可能性。当前二者的能源消费占比大幅增长，恰恰验证了这一可能性。

（7）水电在全球能源结构中占比最小但最为稳定。水电消费比例由 1971 年的 1.88%增至 2019 年的 2.56%，对应消费量由 1.04 亿吨标准油增至 3.69 亿吨标准油，尽管增长了 2.55 倍，但增量量仅 2.65 亿吨标准油，居六种一次能源中最末位。2008 年以来（除 2017 年），水电消费占比以 0.03 个百分点的年均增幅持续缓慢增长。

（8）尽管长期以来，全球可再生能源消费结构以生物质为主，但当前风电及太阳能、地热能和潮汐能发电的占比迅速增加。2019 年，全球可再生能源消费量为 16.63 亿吨标准油，占一次能源消费总量的 11.54%。其中，生物质占 80.94%，太阳能、地热能和潮汐能发电占 8.54%，风电占 7.34%，地热能、太阳能产热占 3.19%。2010 年以来，可再生能源结构中，风电发展最快，其占比每年增加 0.513 个百分点，太阳能、地热能和潮汐能发电占比每年增加 0.37 个百分点，地热能、太阳能产热占比每年增加 0.144 个百分点，生物质占比则以每年 1.03 个百分点的降幅快速减小。足以看出，风、光等能源的快速发展，助力了全球一次能源消费结构的可持续化转型。

2.3.2　不同地理区域的能源结构对比

图 2-7 展示了 1970 年与 2019 年全球各区域的一次能源消费结构组成。该旭日图的中心为年份及当年所有区域的一次能源消费总量，内圈的扇环以相对面积大小展示了一次能源消费的区域占比，外圈的扇环依据内圈的区域作图、以相对面积大小展示了各区域内的不同一次能源的消费比例。

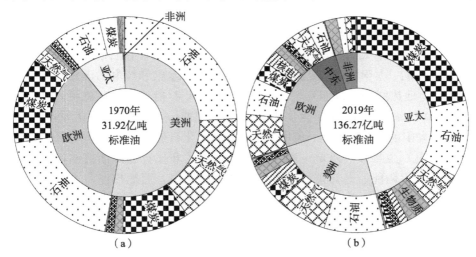

（a）　　　　　　　　　　　　　　　　（b）

□石油 ▨天然气 ■煤炭 ■水电 ▨核电 ▨风能
■太阳能、地热能和潮汐能发电 ■地热能、太阳能产热 ▨生物质

图 2-7　1970 年与 2019 年全球各区域的一次能源消费结构

可由图 2-7 从地理区域划分角度归纳各区域一次能源消费演化的规律。

（1）石油在化石能源中的消费占比明显下降。1970 年，各区域的化石能源消费均为石油依赖型——石油消费在所有区域的化石能源消费占比最高。各区域对石油的依赖程度由高到低依次为：亚太、欧洲、美洲、非洲。2019 年，各区域的化石能源消费呈现三种模式。①石油依赖型：石油仅在美洲、非洲的化石能源消费中占比较大，对应的一次能源消费中占比为 36.80% 和 24.43%。②天然气依赖型：欧洲和中东的化石能源消费集于天然气，对应的一次能源消费中占比为 33.50% 和 54.67%。③煤炭依赖型：亚太地区的化石能源消费主要来自煤炭，其在一次能源消费中占比为 46.71%。

（2）欧美及亚太的化石能源消费占比下降，而中东、非洲仍保持高化石能源消费比例。1970 年，各区域的一次能源消费以化石能源为主，美洲、亚太、欧洲的化石能源消费占比分别高达 94.98%、94.56%、93.85%。特别地，非洲利用的一次能源有 84.27% 由生物质提供，而这些生物质多为木材、秸秆等较为初级的未加工生物能源。2019 年，尽管化石能源依旧在各区域一次能源消费中占有重要地位，但水电、核电及其他可再生能源也崭露头角，解决了相当一部分能源需求。美洲、欧洲的化石能源消费占比分别降低至 78.88% 和 76.00%，其对化石能源的依赖程度已大为降低；非洲、中东的变化与欧美恰恰相反，二者的化石能源消费占比分别增加至 44.71% 和 99.16%，其能源需求将在很大程度上靠化石能源来满足；亚太地区的化石能源消费占比下降了 10.49 个百分点，但消费重心由石油转向了煤炭。

（3）各区域消费的非化石能源趋于多元化。欧洲、美洲消费最多的非化石能源是核电，其次是生物质、水电、风电，居末两位的是太阳能、地热能和潮汐能发电及地热能、太阳能产热。亚太、非洲消费最多的非化石能源是生物质，最少的是地热能、太阳能产热；此外，这两个地区对水电和核电的消费均高于风电及太阳能、地热能和潮汐能发电。中东地区的非化石能源消费比例由高到低依次为：水电 0.37%，核电 0.23%，生物质 0.12%，太阳能、地热能和潮汐能发电 0.06%，地热能、太阳能产热 0.05%，风电 0.01%。从非化石能源消费比例的区域平均值来看，核电、生物质、水电三种能源在各区域的非化石能源消费结构中排名靠前，风电及太阳能、地热能和潮汐能发电排名居中，而地热能、太阳能产热排名最末。

2.3.3　不同国家组织的能源结构对比

对比 1990 年和 2019 年的一次能源消费结构，非 OECD 国家、OECD 国家的消费重心转向呈相反态势。如图 2-8 所示，非 OECD 国家的化石能源消费比重由 1990 年的 77.34% 增加至 2019 年的 81.27%，这主要是由于对煤炭的消费大大增加，由 28.34% 增加至 34.70%。OECD 国家则减少了对化石能源的消费，其化石能源消费占比由 83.87% 降低至 78.64%。其中，石油、煤炭的消费占比分别下降 5.86 个百分点和 9.60 个百分点，而天然气消费占比却上升 10.23 个百分点。与此同时，OECD 国家对风电、太阳能、地热能、潮汐能等可再生能源的利用显著增加，由 3.92% 增长到 9.38%。这表明，以发达国家为主体的 OECD 国家在能源结构转型上先行一步，不仅通过天然气利用实现了化石能源消费的清洁转型，而且开始了低碳可再生能源对传统化石能源的部分替代。

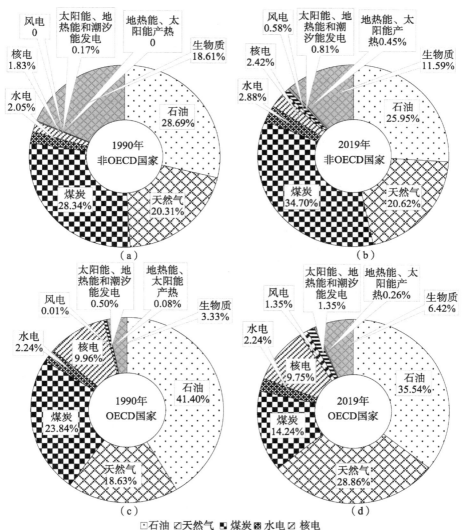

图 2-8　1990 年与 2019 年非 OECD 国家、OECD 国家的一次能源消费结构
百分比由于四舍五入，合计可能不等于 100%

2.4　全球能源禀赋的特点

2.4.1　全球能源资源储量丰富

探明储量[①]和经济可采储量常用于衡量能源禀赋。图 2-9 描述了石油、天然气、

----

① 探明储量（proved reserves）通常是指通过地质与工程信息以合理的确定性表明，在现有的经济与作业条件下，将来可从已知储藏采出的储量。

煤炭三种化石能源及水电、核电两种非化石能源的历史禀赋变化。由于能源勘探及开采技术的进步，这些能源禀赋的探明储量随时间推移呈增长趋势。2000 年全球的能源禀赋情况为：石油 13 010 亿桶，天然气 157 万亿立方米，煤炭 7361 亿吨，水电 82 357 亿千瓦时，铀[①]390 万吨。2019 年全球的能源禀赋情况为：石油 17 110 亿桶，天然气 212 万亿立方米，煤炭 10 877 亿吨，水电 86 259 亿千瓦时，铀 467 万吨。这些能源的平均年增长率由高到低分别为：煤炭 2.08%、天然气 1.59%、石油 1.45%、铀 0.95%、水电 0.24%。除水电外，其余四种能源均为不可再生资源，它们的年增长率在过去几十年间有着明显的变化。

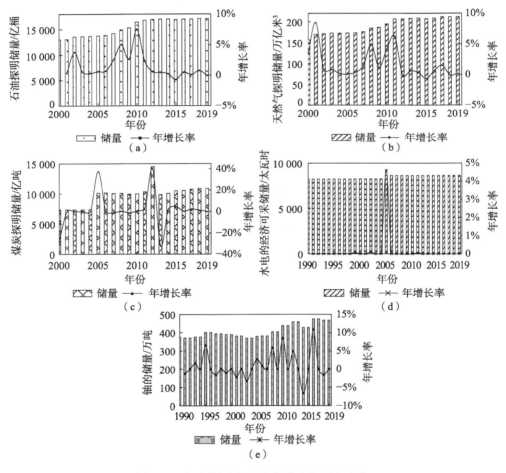

图 2-9 全球能源禀赋及其增速的历史变化

---

① 合理保证资源（reasonably assured resources，RAR）<260 美元/千克铀，指用已知的采矿和加工技术，可以在给定的生产成本范围内回收的已知矿藏中具有一定规模（size）、等级（grade）和构造（configuration）的铀。

2.4.2　不同能源禀赋的地区分布

1）石油资源禀赋的地区分布差异

1990～2019 年，中东和美洲一直为世界石油资源的富集地区，但中东探明储量占比明显下降。如图 2-10 所示，1990 年，全球的石油禀赋主要集中在中东和美洲，二者的石油探明储量分别为 6597 亿桶和 1972 亿桶，在全球石油探明储量中的占比分别为 68.06%和 20.34%；其次分布在非洲和亚太地区，对应的石油探明储量及在全球的占比分别为 586 亿桶和 364 亿桶；分布最少的地区为欧洲，其石油探明储量为 173 亿桶，仅占全球的 1.78%。2019 年，中东和美洲依旧为全球石油资源集中地，对应的石油探明储量分别为 8198 亿桶和 5598 亿桶，但中东的储量占比下降至 48.01%，而美洲的储量占比增加至 32.78%。这得益于南美洲石油资源的大量发现，2019 年的石油探明储量为 3315 亿桶，是 1990 年 707 亿桶的 4.69 倍。欧洲超越亚太、取代非洲，成为全球第三大石油资源地，其石油探明储量增至 1224 亿桶，占全球的 7.17%。非洲、亚太的石油探明储量及在全球的占比均有所提升，分别增至 1192 亿桶和 863 亿桶。

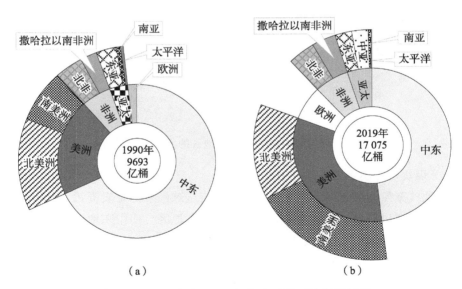

图 2-10　1990 年与 2019 年各地区的石油探明储量

2）天然气资源禀赋的地区分布差异

全球天然气探明储量由 1990 年中东和剩余地区各约占 1/2，转变为 2019 年中东、欧洲和剩余地区各占 1/3 左右。如图 2-11 所示，1990 年，中东的天然气探明储量为 38 万亿立方米，约占全球总探明储量的一半；美洲、亚太、非洲和欧洲四

个地区约占全球总探明储量的一半，其天然气探明储量及在全球的占比分别为 15
万亿立方米、10 万亿立方米、8 万亿立方米和 7 万亿立方米。2019 年，中东依旧
为全球天然气探明储量最多的地区，其总探明储量增至 82 万亿立方米，然而其占
比降至约全球的 1/3；欧洲跃居全球第二大天然气资源地，其天然气探明储量增长
6.57 倍，高达 53 万亿立方米，对应在全球的占比也随之增至 25.00%；亚太在全
球的总份额赶超美洲，增至 18.40%，对应天然气探明储量达 39 万亿立方米；美
洲和非洲居所有地区末位，对应的天然气储量及在全球的占比分别为 23 万亿立方
米和 15 万亿立方米。其中，亚太地区地位的提升受益于中亚天然气资源的大幅增
加，由 0 增至 25 万亿立方米。

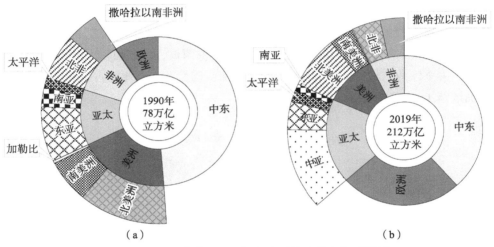

（a）　　　　　　　　　　　　　　　（b）

图 2-11　1990 年与 2019 年各地区的天然气探明储量

3）煤炭资源禀赋的地区分布差异

与油气禀赋格局不同，亚太地区始终保有全球最多的煤炭资源，欧洲、美洲
是除亚太外煤炭资源较多的两地区，随后是非洲地区，而中东地区寥寥无几。如
图 2-12 所示，1990 年，亚太和美洲的煤炭探明储量各约占全球的 1/3，对应的煤
炭探明储量及其在全球的占比分别为 4076 亿吨和 2758 亿吨。其中，亚太接近一
半的煤炭资源位于东亚，美洲几乎所有的煤炭资源都集中于北美洲——占全美洲
的 94.25%。欧洲和非洲的煤炭资源占全球剩余 1/3，其煤炭探明储量和在全球的
占比分别为 2708 亿吨和 513 亿吨。中东地区的煤炭探明储量居于五大地区的末位，
仅在全球占 0.12%的份额，为 12 亿吨。2019 年，全球煤炭资源依旧主要分布在亚
太、欧洲、美洲三大地区。其中，亚太的占比增至 44.43%，对应煤炭探明储量增
至 4833 亿吨；欧洲越过美洲成为全球第二大煤炭资源地区，占比小幅增至 27.31%，

对应煤炭探明储量增至 2971 亿吨；美洲以 2710 亿吨的储量居全球第三，其在全球的占比降至 24.91%，这是由于北美洲和南美洲的煤炭探明储量分别下降了 26 亿吨和 22 亿吨。非洲的煤炭探明储量降至 351 亿吨，其在全球的占比随之跌至 3.23%。

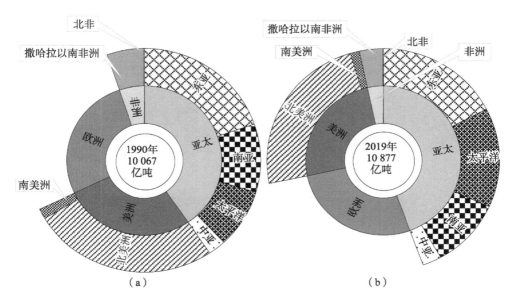

图 2-12　1990 年与 2019 年各地区的煤炭探明储量

4）水电资源禀赋的地区分布差异

与煤炭禀赋格局相似，全球水电禀赋占据前三的地区为亚太、美洲和欧洲，非洲居第四，中东居最末。如图 2-13 所示，在 1990 年的全球水电资源量上，亚太、美洲和剩余地区各占 1/3 左右。在亚太地区，各子区域的水电储量由高到低依次为：东亚 16 301 亿千瓦时、南亚 9497 亿千瓦时、中亚 4169 亿千瓦时、太平洋 469 亿千瓦时。在美洲地区，南美洲和北美洲各占 15.26% 和 11.96%，中美洲和加勒比地区仅占 0.55%，对应的水电储量分别为 12 563 亿千瓦时、9840 亿千瓦时和 451 亿千瓦时。欧洲、非洲、中东的水电储量分别为 18 053 亿千瓦时、10 320 亿千瓦时、638 亿千瓦时，其中，非洲的水电资源集中于撒哈拉以南的区域——占整个非洲水电储量的 94.74%。2019 年，亚太水电储量在全球的占比由 36.98% 上升至 41.06%，相反，其余地区的占比均有所下降：美洲下降至 26.49%，欧洲下降至 20.85%，非洲下降至 10.87%，中东下降至 0.73%。其中，欧洲地区占比下降是因为其水电储量降低了约 68 亿千瓦时，而非洲地区占比下降是由撒哈拉以南地区水电储量 948 亿千瓦时的降幅导致。

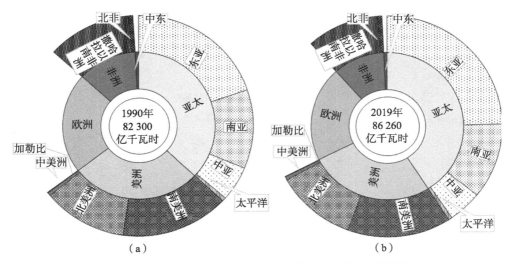

图 2-13　1990 年与 2019 年各地区的水电经济可采储量

5）核电资源禀赋的地区分布差异

全球铀储量的分布重心逐渐向亚太、非洲地区倾斜，其次在美洲的分布一直较为可观，在欧洲、中东的分布较少。如图 2-14 所示，1990 年，全球有 37.17%的铀储量都位于亚太地区，中亚、太平洋、东亚、南亚的铀储量及对应占比依次减小，分别为 67.40 万吨、54.10 万吨、17.25 万吨、4.73 万吨；全球铀储量第二大的地区为美洲，其中北美洲、南美洲分别占 23.61% 和 4.58%；全球约 1/5 的铀储量位于非洲，而非洲的铀储量几乎都位于撒哈拉以南的地区；欧洲的铀储量为 46.48 万吨，占全球的 12.04%；中东的铀储量居所有地区中的最后一位，为 4.45 万吨，占全球的 1.15%。2019 年，亚太地区的铀储量几乎占据全球总量的一半，为 218.42 万吨。其中，太平洋超越中亚成为亚太地区最大的铀资源地，贡献了 27.49% 的铀储量，中亚、东亚、南亚的铀储量及对应占比依次减小，分别为 51.55 万吨、19.59 万吨、18.80 万吨。这是因为，太平洋地区的铀储量增长了 74.28 万吨，而中亚地区的铀储量下降了 15.85 万吨。非洲超越美洲成为全球第二大铀储量地区，其铀储量占全球的 22.53%，而这些铀储量依旧都集中于撒哈拉以南的非洲；并且，非洲之所以能超越美国，正是因为撒哈拉以南地区的铀储量大幅增加了 22.61 万吨。在铀储量占全球 20.12% 的美洲，北美洲的铀储量下降了 15.53 万吨。尽管欧洲的铀储量增加了 2.2 万吨，但其在全球的占比下降至 10.42%。中东地区的铀储量下降了 3.53 万吨，致使其在全球的占比跌至仅 0.20%。

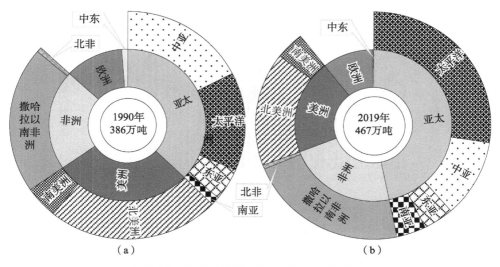

图 2-14　1990 年与 2019 年各地区的铀储量

2.5　典型国家能源系统演化特征与国际启示

2.5.1　能源大国的能源消费格局

为剖析能源大国的能源消费格局，本节选取 2018 年全球一次能源消费量排名前 45 的国家做重点分析。这些国家按能源消费量降序排列分别为：中国、美国、印度、俄罗斯、日本、德国、加拿大、韩国、巴西、伊朗、法国、印度尼西亚、沙特阿拉伯、墨西哥、英国、尼日利亚、意大利、土耳其、泰国、南非、澳大利亚、西班牙、巴基斯坦、波兰、乌克兰、埃及、马来西亚、阿根廷、越南、阿拉伯联合酋长国（简称阿联酋）、荷兰、哈萨克斯坦、阿尔及利亚、伊拉克、菲律宾、比利时、委内瑞拉、瑞典、卡塔尔、乌兹别克斯坦、捷克、埃塞俄比亚、孟加拉国、哥伦比亚、智利。从所属国际组织来看，上述国家中有 25 个国家属于二十国集团（Group of 20，G20）（其中 9 个欧盟成员国）、19 个国家属于 OECD、7 个国家属于石油输出国组织（Organization of the Petroleum Exporting Countries，OPEC）、4 个国家属于独立国家联合体（简称独联体，Commonwealth of Independent States，CIS）。因此，上述国家基本覆盖了全球具有重要能源经济地位的国家。图 2-15 展示了 1970～2019 年上述 45 国的一次能源消费量及占比，这 45 国在 1970～2019 年的一次能源消费量在全球一次能源消费总量中的占比始终高于 89%，平均占比高达 90.61%，也表明选取上述 45 国进行典型国家能源系统演化特征与国际启示分析具有代表性。

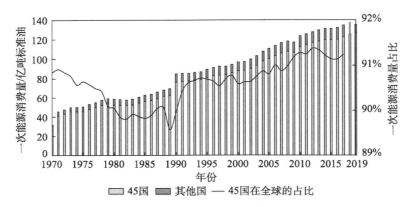

图 2-15　1970～2019 年 45 国的一次能源消费量及占比

全球一次能源消费量前五大国家为中国、美国、印度、俄罗斯、日本，它们1970～2019 年的年均一次能源消费量分别为 13.88 亿吨标准油、20.05 亿吨标准油、4.30 亿吨标准油、6.90 亿吨标准油和 4.22 亿吨标准油，共占 45 国一次能源消费总量的 58.44%。如图 2-16 所示，在 2019 年 45 个能源消费大国的一次能源消费总量中，中美印俄日的占比高达 60.42%；中国贡献了超 1/4 的消费量，美国则不到 1/5，印度、俄罗斯和日本的总量稍逊于美国。其他 40 国中占比超过 1% 的 16个国家在图 2-16 右侧的饼图中予以了标注。

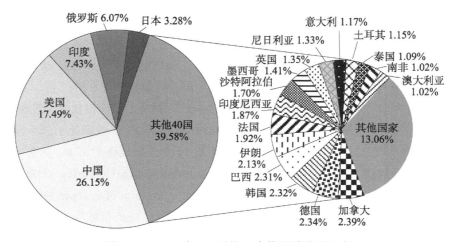

图 2-16　2019 年 45 国的一次能源消费量比例

由图 2-17 可知，这些能源消费大国的能源消费量同其国内生产总值（gross domestic product，GDP）的关系密切。除俄罗斯、日本的一次能源消费量呈下降趋势外，中国、美国、印度和其他 40 国的一次能源消费量和 GDP 都呈上升趋势。这表明，能源利用与经济发展息息相关：经济发展需要能源要素的投入，从而增加对能源的需求；能源利用有助于各行业和部门的产出提升，从而拉动国家的经济增长。

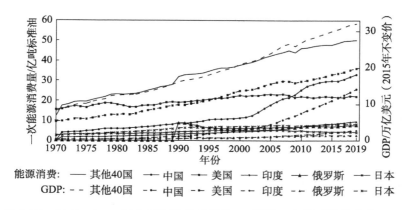

图 2-17　1970～2019 年中美印俄日及其他 40 国的一次能源消费量和 GDP

　　图 2-18 展示了 1971 年以来中美印俄日的一次能源消费增速与 GDP 增速的历史关系。这五国的一次能源消费增速与 GDP 增速几乎"同步"变化，且能源消费的增速在大多数年份都低于 GDP 的增速。能源需求与经济产出均高速增长的例子是中国和印度：1971 年中国的一次能源消费总量为 3.91 亿吨标准油，且 GDP 为 2484 亿美元[①]，2019 年则分别增至 33.09 亿吨标准油和 14 万亿美元，是 1971 年的 8.46 倍和 56.36 倍，平均年增长率分别高达 4.55% 和 8.76%；印度在 1971 年的一次能源消费量仅有 1.52 亿吨标准油，同年的 GDP 为 2090 亿美元，稍低于中国，2019 年印度的一次能源消费量增长了 5.19 倍，位居世界第三，其 GDP 增长了 12.25 倍，1971～2019 年的平均年增长率分别为 3.87% 和 5.53%。相反，能源消费和 GDP 均低速增长的例子是美国和日本：美国的一次能源消费总量和 GDP 在 1971～2019 年平均增速分别为 0.70% 和 2.77%，2019 年的一次能源消费总量仅为 1971 年的 1.39 倍，GDP 则是 3.71 倍；日本的一次能源消费总量和 GDP 分别保持了 0.92% 和 2.35% 的平均年增长率，在近 50 年（1971～2019 年）的时间里分别达到了起始值的 1.55 倍和 3.05 倍。此外，俄罗斯的一次能源消费量呈负增长、GDP 呈极低速增长，其在 1991～2019 年的平均年增长率分别为 –0.26% 和 0.54%，在 2019 年的一次能源消费总量甚至缩减到了 1991 年的 88%。

---

　　① 本节中 GDP 的单位统一使用按 2015 年不变价和汇率计算的美元。

图 2-19 展示了中美印俄日一次能源消费与 GDP 的对数关系（以 10 为底的常用对数）。如图 2-19 所示，1970～2019 年中美印俄日的一次能源消费量与 GDP 间均存在对数线性关系，但 GDP 变动引起一次能源消费量变动的弹性因国家不同而存在差异。回归结果表明，1% 的 GDP 增长带动能源需求增加的幅度由大到小依次为：印度 0.70%、日本 0.53%、中国 0.50%、美国 0.27%、俄罗斯 0.23%。

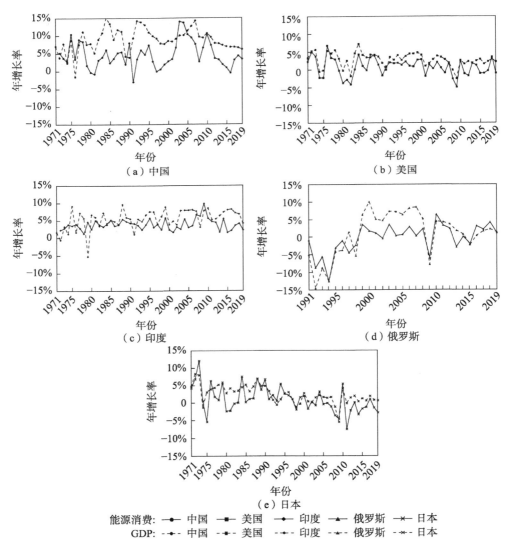

图 2-18　中美印俄日的一次能源消费量增速与 GDP 增速的历史关系

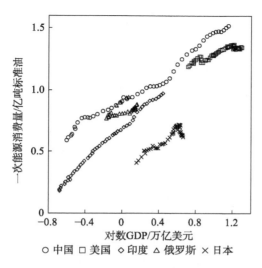

图 2-19　中美印俄日一次能源消费与 GDP 的对数关系

2.5.2 中美印俄日的能源禀赋特征

根据表 2-2 给出的中美印俄日五个国家在 2000 年、2010 年、2019 年的能源资源储量情况，本节对各国能源禀赋特征的分析如下。

表 2-2　中美印俄日的能源禀赋结构

年份	国家	石油/亿桶	天然气/亿米³	煤炭/亿吨	水电/亿千瓦时	铀/万吨
2000	中国	151.90	12 690.00	1 780.00	12 600.00	7.21
	美国	303.90	50 240.00	2 521.45	3 760.00	61.97
	印度	52.90	8 210.00	959.73	4 420.00	5.21
	俄罗斯	1 121.12	438 090.00	1 615.53	8 520.00	14.09
	日本	0.63	400.00	3.50	1 356.04	0.66
2010	中国	232.68	22 440.00	1 916.00	17 530.00	10.95
	美国	349.90	86 200.00	2 566.20	3 760.00	47.21
	印度	58.33	12 100.00	794.87	4 420.00	7.70
	俄罗斯	1 058.00	460 000.00	1 600.05	8 520.00	21.83
	日本	0.64	370.00	3.50	1 356.04	0.66
2019	中国	259.48	28 340.00	1 415.95	17 530.00	12.26
	美国	499.66	134 368.40	2 495.37	3 760.00	10.19
	印度	43.54	13 810.00	1 057.53	4 420.00	18.80
	俄罗斯	1 059.33	492 030.00	1 621.66	8 520.00	25.66
	日本	0.54	256.00	3.50	1 356.04	0.66

（1）中国的煤炭禀赋十分丰富，石油禀赋较少，天然气禀赋较匮乏；水电资源丰富，铀的储量也较为可观。整体来讲，在中美印俄日五国中，中国的煤炭储量居第二位，石油和天然气储量居第三位。其中，石油和天然气储量都呈增长趋势。在 2019 年，中国的石油储量增至 2000 年的 1.71 倍，天然气储量增至 2000 年的 2.23 倍。相较于石油和天然气，中国的煤炭禀赋极为丰富，但 2019 年的储量比 2010 年有所下滑，仅为 2000 年的 80%。中国的水电资源量居五国之首，为兴建水利设施、利用水电资源提供了极大的便利条件。中国的铀储量呈增长趋势，2019 年的储量居五国中第三位，达到了 2000 年的 1.70 倍。

（2）美国化石能源禀赋较为丰富，尤以煤炭禀赋见长。美国的石油和天然气储量在五国中均居第二位，且都呈增长趋势。在 2019 年，美国的石油储量是中国的 1.93 倍，天然气储量是中国的 4.74 倍。美国的煤炭储量在五国中居首位，2019 年的储量是中国的 1.76 倍；其变动趋势与中国相似，2019 年的储量相较于 2000 年和 2010 年有所下滑。比起丰富的化石能源储量，美国的水电资源量稍少，约为印度的 85%。美国在 2000 年的铀储量居五国之首位，但呈急剧减少趋势，2019 年的储量跌至中国的 83.12%。

（3）印度的煤炭禀赋较为丰富，而石油和天然气禀赋十分稀缺。印度的石油储量远低于中美俄，有下降趋势，在 2019 年不到美国的 1/10。印度的天然气储量位于中国之后，呈增长趋势，在 2019 年已增至 2000 年的 1.68 倍，接近同年中国天然气储量的一半。印度的煤炭储量居于中国之后，呈"U"形变化，其 2019 年的储量增至中国的 74.69%。印度的水电资源量居于俄罗斯之后，约为俄罗斯的一半。印度铀储量的增长最快，2019 年的储量在五国中仅次于俄罗斯，达到了 2000 年储量的 3.61 倍。

（4）俄罗斯的化石能源禀赋十分丰富，油气储量巨大。俄罗斯的石油和天然气储量在五国中均居首位。其中，石油储量虽呈下降趋势，但在 2019 年超过了美国的两倍；天然气储量呈增长趋势，在 2019 年大约是美国的 3.66 倍。在 2019 年，俄罗斯的煤炭储量在五国中居第二位，与第三位中国的储量差距较小，只比中国多出 14.53%，相比于 2000 年稍有增长，增幅约 0.38%。俄罗斯的水电资源量仅次于中国，但与中国差距较大——约为中国的一半。俄罗斯的铀储量近年来呈增长趋势，在 2019 年居五国之首位，达到了 2000 年的 1.82 倍。

（5）日本的化石能源禀赋贫乏，水电和铀的储量也较少。日本的化石能源储量极少，在五国中居最末位。其中，石油和天然气的储量呈持续下降趋势，2019 年的石油、天然气储量分别约为印度的 1% 和 2%；煤炭的储量自 2000 年以来基本保持在相同水平，不到印度的 1%。对比化石能源储量，日本的水电资源量与其他四国的差距较小，约为美国的 1/3。2000～2019 年，日本的铀储量都保持在 6600

吨，居五国的最末位。

2.5.3　中美印俄日的能源转型

图 2-20 展示了中美印俄日五个国家在 1990 年、2000 年、2010 年、2019 年的一次能源消费结构。在化石能源消费占比方面，中国、印度呈上升趋势，美国、俄罗斯呈下降趋势，日本则先降后升。其中，中国、印度的化石能源消费以煤炭为主，俄罗斯以天然气为主，美国以石油、天然气为主，日本以石油、煤炭为主。在对核电的消费需求比例上，中美印俄四国均呈上升趋势，日本在 2011 年福岛核事故以后则大幅下降。在不包括生物质能源的可再生能源发展上，中国、美国、日本均提高了对可再生能源的消费比例，印度的可再生能源比例呈 "U" 形发展模式，俄罗斯则在 1.55%～2.09% 区间内波动。在生物质能源占比方面，中国、印度对生物质能源的需求比例呈大幅下降趋势，美国、日本的生物质能源占比呈增长趋势，俄罗斯的生物质能源比例维持在 1% 上下。

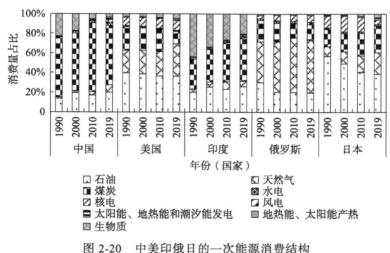

图 2-20　中美印俄日的一次能源消费结构

通过观察图 2-20 中四个年份的能源结构变化，可针对各国得出如下具体结论。

（1）中国的能源消费长期以煤炭为主，但近年来天然气、水电、核电及其他可再生能源的比例有所提升。化石能源在当前中国能源消费结构中的地位比以往更加稳固，2019 年占比已高达 87.79%，比 1990 年提高了 11.99 个百分点。煤炭在中国一次能源消费总量中的占比在 58.82%～70.57% 波动，石油的占比仅次于煤炭、在 13.59%～19.85% 波动。这两种化石能源满足了 1990～2019 年中国主要的能源需求，但也带来了空气污染等一系列环境问题，因此中国亟须寻求更为清洁的替代能源。天然气、水电、核电的占比均节节攀升，1990～2019 年分别由 1.46% 增至 7.56%、由 1.25%增至 3.30%、由 0 增至 2.75%。2019 年，中国的可再生能源占比（不含生物质）居中美印俄日五国之首，达到了 5.98%。风电、太阳能、地热能和潮汐能发电及地热能、太阳能产热等多种可再生能源的比例在 2010 年以后有明显增长，其在 2019 年的总占比达到了 2.68%。同样值得注意的是生物质能源，其占比由 1990 年的 22.93%降至 2019 年的 3.48%。这是因为，早期的生物质能源大部分为直接用于焚烧取暖或做饭的木柴秸秆等；随时间推移，这些低效率、高污染的生物质能源逐渐被高品质、新形式的生物燃料等替代，导致了生物质能源占比的大幅下降。由此可见，中国能源转型的当务之急是去煤炭化及加快发展可再生能源。

（2）美国的能源消费重心仍在于化石能源，但其对化石能源的依赖呈减少趋势，且对核电、可再生能源的能源需求呈快速增长态势。美国的化石能源消费比例呈下降趋势，由 1990 年的 86.66%降至 2019 年的 81.81%。其中，石油消费占比持续下降，由 1990 年的 39.62%降至 2019 年的 36.25%；煤炭消费占比的下降比石油更甚，2019 年的占比已降至 12.36%，大幅缩减至约 1990 年一半的水平；天然气占比的变化则恰恰相反，由 1990 年的 22.95%增至 2019 年的 33.19%，天然气需求扩大了一半。核电是美国仅次于化石能源的一大能源支柱，且其能源需求随时间推移呈增长趋势，由 1990 年的 8.34%持续增至 2019 年的 9.93%。30 年（1990～2019 年）的时间里，美国的可再生能源均保持较快增长：水电占比始终稳定在 1% 左右，风电占比则实现了由 0.01%到 1.18%的快速增长，增幅超一百倍；地热能、太阳能产热占比的增长次之，由 0.02%增至 0.18%；太阳能、地热能和潮汐能发电占比仅增长 1 倍余，由 0.47%增至 1.01%；生物质能源的占比始终居所有可再生能源之最，也保持了由 3.26%至 4.82%的增长。总体而言，美国的能源转型将继续沿着去化石能源化的道路前行，而这一途径是借助对核电和可再生能源的大规模利用得以实现的。

（3）印度的能源需求越发依靠高比例的化石能源。印度的化石能源消费逐年快速增长，且呈"以煤为主、以油为辅、以气作补"的能源结构。1990 年印度的化石能源消费占比为 53.75%，2019 年已增至 75.61%，几乎增加了一半，在中美印俄日五个能源消费大国中增长最快。煤炭始终贡献了印度超一半的化石能源消费，且由 1990 年的 56.38%增至 2019 年的 58.46%，在 2019 年贡献了印度超 2/5 的一次能源消费，因此印度也可谓"煤炭大国"。石油在印度化石能源消费中的占比仅次于煤炭，但呈缓慢下降趋势，由 1990 年的 37.19%下降至 2019 年的 34.04%；然而，石油在印度一次能源消费中的占比呈增长趋势，由 1990 年的不足 1/5 增至 2019 年的超 1/4。天然气在印度化石能源消费和一次能源消费中的占比都呈先增后降的趋势，在 2010 年分别增至最高值 10.98%和 7.76%，在 2019 年又分别回落至 7.50%和 5.67%，相当于 2000 年的水平。水电占比在 1.45%～2.02%波动，与其他四国的水电比例相当。核电占比在 0.52%～1.21%波动，在中美印俄日五国中居最末，未来仍有巨大的发展空间。风电、太阳能、地热能和潮汐能发电及地热能、太阳能产热等能源占比均保持较快的增长趋势，总占比由 1990 年的 0.04%增至 2019 年的 1.17%。尽管 2019 年生物质能源的占比已下降至不足 1990 年的一半，但仍占据了印度全国总能源消费的约 1/5。印度生物质能源在 1990～2019 年的缩减历程与中国在 2010 年以前极为相似，皆为从较初级低效的生物质能源向清洁高效的生物质能源的过渡阶段。可以推测，印度在短期内难以实现快速的能源清洁化转型，相反，其经济增长仍需投入大量化石能源资源，但可预见的是，印度的可再生能源利用比例仍将保持较快的增长。

（4）俄罗斯的能源消费长期以化石能源，尤其是天然气能源为主，但化石能源占比呈缓慢持续的下降趋势，这得益于核电的快速发展。尽管俄罗斯的化石能源消费比例呈下降趋势，由 1990 年的 93.56%下降至 2019 年的 89.51%，但在 2019年仍为中美印俄日五国中的最高值。俄罗斯的化石能源消费以天然气为主，且天然气在化石能源消费中的地位呈上升趋势，由 1990 年的 44.68%增至 2019 年的 60.66%。这弥补了石油和煤炭消费占比的连续下降——石油在俄罗斯一次能源消费中的比例由 30.02%降至 19.50%，煤炭则由 21.74%降至 15.71%。与此同时，水电、核电占比的上升填补了化石能源占比下降的缺位。水电在 2019 年的占比为 2.22%，是 1990 年的 1.37 倍；核电占比从 1990 年到 2019 年翻番，增至 7.09%，在中美印俄日五国中仅次于美国。相形之下，俄罗斯的可再生能源发展较为迟缓。由于地理环境限制，风电在俄罗斯的一次能源消费中的占比几乎为 0，至于地热能、太阳能产热，俄罗斯并无对该类可再生能源的消费。在考虑能源贸易的情况下，太阳能、地热能和潮汐能发电的占比均为负值，2010 年以来稳定在-0.15%左右。俄罗斯的生物质能源占比在 1.01%～1.39%波动，2019 年为 1.33%，居中美印俄日五国最末。综合来看，俄罗斯的能源结构高度依赖于天然气，其化石能源下降的动力来自核电对石油、煤炭的替代，而可再生能源的发展前景较为有限。

（5）日本的能源需求主要由化石能源和核电满足，但 2011 年以后核电占比大幅下跌，使得化石能源比例再次回升；除地热能、太阳能产热外，其可再生能源在 1990～2019 年持续缓慢增长。日本的化石能源消费比例在 2010 年以前呈下降趋势，在 2010 年降至 80.29%后，在 2019 年又增至 87.81%。在日本的化石能源消费中，石油占比呈持续下降趋势，在 2019 年降至最低值 43.63%，为 1990 年最高值的 65%；煤炭、天然气的占比均呈持续上升趋势，在 2019 年分别达最高值 30.91%和 25.46%，分别为 1990 年的 1.5 倍和 2.14 倍。尽管从消费比例上看，煤炭仅次于石油，但其增长速度不及天然气。因此，若依照当前化石能源结构的演化趋势，天然气将超越煤炭成为日本第二大化石能源消费来源。作为日本除化石能源外的最大能源需求，核电在 2010 年及以前的占比较高，2000 年高达 16.14%；但继 2011 年 3 月 11 日地震、海啸引发福岛核电站放射性物质泄漏的重大事故后，日本的核电比例急剧下跌，在 2019 年触及 4.34% 的最低值。日本的可再生能源比例整体呈上升趋势：2019 年，太阳能、地热能和潮汐能发电的比例为 2.32%，超过了 1990 年的 3 倍；风电占比增至 0.16%，而其在 1990 年的能源消费中为零；生物质能源的比例为 3.74%，是 1990 年的 3.6 倍；然而，地热能、太阳能产热的占比由 1990 年的 0.28% 持续下降至 2019 年的 0.09%。

2.6 本 章 小 结

能源转型的长期目标在全球范围内已基本达成共识，即在供应侧，以水能、风能、太阳能、核能等非化石能源发电，替代火电机组；在需求侧，以电能替代煤炭和油气的直接使用，提高全社会的电气化水平。但短期来看，世界各国在应对能源转型的过程中呈现出不同的发展路径。当前世界能源系统的主要特点可以归纳为以下四个方面：①世界能源消费量仍保持增长态势，且其增速变化与经济发展密切相关；全球一次能源消费的重心由欧美向亚太倾斜，并由 OECD 国家向非 OECD 国家快速转移。②世界能源消费结构短期内仍以化石能源为主，但凸显出化石能源比例下降、核电和可再生能源占比增加的趋势；欧美和亚太的化石能源比例有所下降，而非洲、中东的能源需求仍依赖于高比例的化石能源；OECD 国家的能源转型早于非 OECD 国家。③全球的油气资源集中于中东和美洲，煤炭资源集中于亚太地区，水电和铀的储量集中于亚太和美洲。④能源消费大国的能源需求变化与经济增长呈现一致性；为实现能源转型，富煤的中国需要降低煤炭的比例、发展可再生替代能源，美国可以采取继续发展核电和可再生能源等措施以减少化石能源消费占比，印度应寻求能够满足经济高增长所需的替代能源，富气的俄罗斯可发展核电作为天然气的备用替代能源，日本宜调整进口能源的类型以实现安全的清洁转型。

第 3 章

全球能源安全综合评价

当今世界处于百年未有之大变局，传统和非传统性能源安全风险叠加，国际能源局势瞬息万变。与此同时，应对气候变化的全球行动驱动能源系统更快地向低碳能源结构转型。在此背景下，如何准确判断能源安全状态，找到影响能源安全的关键因素，切实提高保障能源安全的能力，是当前和今后能源领域的重点。本章从能源安全状态和能源安全保障力两个角度，构建能源安全状态指数和保障力指数，以实现对各国能源安全的综合测度。在此基础上，从全球视角分析各国能源安全水平的历史演化及现状，并通过多维度对比分析探寻典型国家能源安全问题的关键内因。

3.1　全球能源安全评价背景

能源是国民经济的重要支撑（Gnansounou and Dong，2010），能源供应安全直接影响国家的可持续发展和社会稳定（Sovacool and Mukherjee，2011；Jasiūnas et al.，2021），被各国政府视为能源政策的主要目标（Kruyt et al.，2009）。近年来，国际能源安全态势面临新的更加复杂的局面。一方面，伴随全球能源生产供需格局加快调整，能源博弈日趋激烈，国际能源价格持续震荡，传统化石能源进口冲击依旧频发；另一方面，在能源转型的大背景下，气候政策逐渐从"软引导"转变为"硬约束"，气候压力也不断从消费端向供给端转移。化石燃料燃烧释放的二氧化碳会导致全球变暖和气候变化（范英等，2013；IEA，2021），因此广泛依赖化石燃料的国家更容易受到未来能源和气候政策的影响（Genave et al.，2020），从而加剧能源供给的外部不确定性。在这种形势下，如何应对复杂多变的能源供给安全冲击，保障能源持续稳定地供应，守住能源安全的底线成为各国亟须解决的问题。

当前，世界各国都在积极地应对能源安全问题，不断提升其能源安全水平。

IEA 成员国和一些新兴经济体都在大规模地建立自己的战略石油储备，增加自身应对石油危机和国际局势的能力。中国作为世界上最大的能源消费国，"贫油、富煤、少气"的资源禀赋使其油气供应缺口明显。近年来中国不断推进煤炭去产能政策，优化能源结构，并集中力量开展可再生能源的开发利用。美国的页岩油革命使石油产量快速增长，正不断改变着世界能源的格局，并在一定程度上帮助美国实现了能源独立，降低其能源对外依存度，特别是逐渐摆脱了对中东石油的依赖。日本的资源极其匮乏，约 90%的能源需要依赖进口（BP，2020a，2020b），促使其重视海外能源供应体系建设和多元化策略。德国受制于其相对匮乏的能源资源，将能源战略重心转向可再生能源，从体制机制和技术产业各方面不断创新，逐步降低对化石能源的依赖。可以看到，各国由于能源资源禀赋、能源消费结构、经济社会发展阶段、技术水平等要素的不同，所表现出的能源安全状态和保障力存在差异，应对策略也会有所不同。在此背景下，分析各国国家能源安全水平，有助于从全球视角更好地把握能源安全格局和演化趋势，对比发现我国能源安全存在的关键问题，从而为制定和调整我国能源安全应对措施提供有益参考。

　　能源安全问题是在石油成为主要的能源形式之后逐渐凸显出来的（范英等，2013）。最初对能源安全问题的关注就起源于对石油进口安全的担忧（Blum and Legey，2012）。20 世纪 70 年代的石油危机，第一次揭露了发达经济体在油价冲击下的脆弱性（Gasser，2020）。从那时起，能源开始被作为"政治武器"（Löschel et al.，2010），从而加剧了能源进口过程中存在的风险（Gasser，2020），使能源进口国不得不面临如能源价格波动和能源供应链中断等极端冲击（Yang et al.，2014）。然而，随着世界能源资源的大量开发，自然灾害、极端天气等事件的频繁发生，人们开始意识到能源安全还涉及非国家间冲突、自然灾害和恐怖主义威胁等要素（Irie，2017）。近年来，随着对能源和以能源为基础的服务的依赖不断增加，能源系统及其环境发生迅速变化，技术进步和环境退化等要素正在引入新的风险（Jasiūnas et al.，2021）。为了更好地应对能源安全挑战，开始有学者将更多的能源安全要素纳入能源安全的概念中来（Hughes，2006），认为能源安全应包含更多维度，涉及可用性、可负担性、技术发展、可持续性和政府监管（Sovacool and Mukherjee，2011）。当前，使用较多的能源安全定义大致可以分为两类：一类依旧将关注重点放在能源的供给方面，认为能源安全的核心是能源的可获得性和合理的价格（Yergin，2006；IEA，2007b；Cherp and Jewell，2013）；而另一类则主张更广泛的定义，认为能源安全应该包括对经济、社会福利和环境的影响（Hughes，2006；de Sampaio Nunes，2002；Sovacool and Mukherjee，2011；Wang and Zhou，2017；Zhang et al.，2021）。

　　能源安全的综合评价一直是能源安全领域研究的重点，学者围绕各类化石能源的进口安全风险测度展开了大量讨论。由于研究视角的不同，不同学者对进口安全的内涵和测度标准提出了自己不同的看法（Gasser，2020；Jasiūnas et al.，2021）。部分学者采用出口垄断风险（IEA，2007c；Lefèvre，2010；Löschel et al.，2010；Geng and Ji，2014；Guivarch and Monjon，2017）、世界净出口能力（范英等，2013；Yang et al.，2014）、价格波动风险（Kruyt et al.，2009；范英等，2013；Geng and Ji，2014）、出口国地缘局势风险（Kruyt et al.，2009；Gasser et al.，2020；Siskos and Burgherr，2022）和价格管制下的物理风险（IEA，2007b，2007c；Löschel et al.，2010）等指标对其进行测度。此外，就评价算法而言，鉴于能源供给安全的多维性（Sovacool，2012）和复杂性（Kruyt et al.，2009），大量文献采用多准则决策（multi-criteria decision making，MCDM）分析方法。其中，逼近于理想解排序（technique for order preference by similarity to ideal solution，TOPSIS）方法凭借其易用性（Becker et al.，2017）、透明性（Becker et al.，2017）和鲁棒性（Sahana et al.，2021）被广泛使用。学者通过构建综合指数刻画了石油（Coq and Paltseva，2009；Yang et al.，2014；Mohsin et al.，2018；Yuan et al.，2020a；Rehman and Ali，2021）、天然气（Ye et al.，2021）、电力系统（Gasser et al.，2020；Siskos and Burgherr，2022）、综合能源系统（Gnansounou，2008；Löschel et al.，2010；Sovacool，2013；Geng and Ji，2014；Genave et al.，2020）的供给安全，并据此提出了相应的策略和建议。

　　综合来看，上述研究成果对于保障能源供给安全相关政策的制定起到了积极的指导作用，但是仍存在以下两点局限性。一方面，从研究视角上，当前的能源安全研究问题大多集中在能源资源的获取和进口风险控制上，缺乏对可再生能源和气候环境变化的关注。事实上，在当前能源转型进程中，更加需要对能源系统进行整体把握和布局，在优化能源结构的同时保障能源的稳定供应。另一方面，从研究内容上，目前能源安全评价主要聚焦于某个国家或某一地区，缺少全球视角的对比与分析。为此，本章立足能源转型大背景，选取主要能源进口国为研究对象，在能源安全概念模型的基础上，从状态和保障力两个角度出发，构建能源安全状态和能源安全保障力的指标体系，并采用熵权–逼近于理想解排序–秩和比（entropy weight-technique for order preference by similarity to ideal solution-rank sum ratio，EW-TOPSIS-RSR）的集成算法构建综合指数。在此基础上，分析各国能源安全水平的历史演化及现实图景，并据此探寻我国能源安全关键问题的内在成因及表现特征。

3.2　全球能源安全评价指标体系

在能源转型背景下，能源安全指国家能源系统处于不受能源风险威胁的能源安全状态，以及规避或抵抗能源风险从而维持安全状态的能源安全保障力。其中，能源安全状态能够较为直观地刻画一个国家当前的能源安全水平，而能源安全保障力则在一定程度上揭示未来可能的安全水平。对比分析各国的状态以及保障力能够帮助我们从当前和未来两个角度全面把握能源安全概况，为提升本国能源安全水平提供政策支撑。因此，本章将围绕这两个方面构建能源安全评价指标体系。与传统能源安全的评价相比，除进口安全的测度外，能源转型过程中的能源安全综合评价还需要考量环境的可持续性以及可再生清洁能源的长期发展能力等。

3.2.1　能源安全状态评价指标体系

能源安全状态指能源在供应的数量上充足可靠、价格上合理、环境上可持续。因此我们分别从供应的充足可靠性、价格的合理性和环境的可持续性三个维度对能源安全状态进行测度。我们在现有研究文献（Chuang and Ma，2013；Geng and Ji，2014；Lu et al.，2019）和数据可得性的基础上，构建了本章的能源安全状态评价指标体系（表3-1），包括能源供应安全、能源价格安全以及能源环境安全。

表3-1　能源安全状态评价指标体系

准则层	序号	指标层	指标单位	测算方法	指标类型	数据来源
能源供应安全	A1	能源自给自足率	%	能源生产综合覆盖率	+	Enerdata 全球能源数据库
	A2	电力供给覆盖率	%	可获得电力人口/总人口	+	Enerdata 全球能源数据库
	A3	电力自给自足率	%	电力自给自足率	+	Enerdata 全球能源数据库
	A4	供给结构集中度	—	各类一次能源供给量的赫芬达尔–赫希曼指数（Herfindahl-Hirschman index，HHI）	-	Enerdata 全球能源数据库
能源价格安全	A5	能源进口价格	美元/标准油	原油进口价格	-	联合国商品贸易统计数据库
	A6	汽油终端消费价格	美元/升	汽油终端消费价格	-	Enerdata 全球能源数据库
	A7	柴油终端消费价格	美元/升	柴油终端消费价格	-	Enerdata 全球能源数据库

续表

准则层	序号	指标层	指标单位	测算方法	指标类型	数据来源
能源价格安全	A8	居民用电终端消费价格	美元/千瓦时	居民用电终端消费价格	−	Enerdata 全球能源数据库
	A9	能源进口价格变动率	%	原油进口价格变动率	−	联合国商品贸易统计数据库
能源环境安全	A10	人均二氧化碳排放量	吨二氧化碳/人	二氧化碳排放量/总人口	−	Enerdata 全球能源数据库
	A11	单位能耗二氧化碳排放强度	吨二氧化碳/标准油	二氧化碳排放量/能源消费总量	−	Enerdata 全球能源数据库
	A12	$PM_{2.5}$ 浓度	微克每立方米	$PM_{2.5}$ 浓度	−	世界银行
	A13	能源强度	标准油/美元	能源消费总量/GDP	−	Enerdata 全球能源数据库
	A14	能源加工转换效率	%	能源加工转换产出量/加工转换投入量	+	Enerdata 全球能源数据库
	A15	电力强度	千瓦时/美元	电力消费总量/GDP	−	Enerdata 全球能源数据库
	A16	电力输配损失率	%	电力输配损失量/电力可供量	−	Enerdata 全球能源数据库

注：价格指标（包括 A5、A6、A7、A8、A13 和 A15 等）均采用 2015 年不变价购买力平价美元计算价格

能源供应安全主要体现在能源供给数量上的充足和多样性，我们采用四项指标予以测度，即能源自给自足率、电力供给覆盖率、电力自给自足率和供给结构集中度。其中，能源自给自足率反映了本国的一次能源产量能够满足自身能源需求的程度，用以衡量本国能源的充足性，该指标在各类一次能源自给率的基础上，依据消费量占比加权计算而得（Böhringer and Bortolamedi，2015），为正向指标[①]；电力供给覆盖率指能够获得电力的人口比例，用以衡量电力供给的充足性，为正向指标；电力自给自足率指发电所消耗的能源中本国生产的能源占比，是正向指标；供给结构集中度用以刻画能源供给的多样化程度，鉴于整个短期替代的可能性有限，单一的供给结构意味着更大的供给中断的可能，是负向指标，计算公式为（Böhringer and Bortolamedi，2015）

$$\sum_f (S_f / \text{TPES})^2 \tag{3-1}$$

----

① 由于可再生能源的全球市场目前还不成熟，核能供应也相对稳定，因此能源自给自足率集中在对化石能源（煤炭、原油、天然气）的依赖上，一次电力覆盖率设为 100%。

其中，$f \in \{$煤炭，原油，天然气，核能，可再生能源$\}$；S_f 为供应量；TPES 为一次能源供给总量。

能源价格安全表征能源进口和消费价格的合理性，即能源价格在可接受的范围内，或价格波动相对较小，不会因为成本过高或波动过大影响国民经济当前与未来的发展。能源价格安全主要体现在能源进口价格、相关价格指数和能源进口价格变动率上。鉴于原油市场的重要性以及数据的可得性，能源进口价格和能源进口价格变动率两个指标仅考虑原油价格，分别以各国原油进口价格和原油进口价格变动率表示，其中原油进口价格依据各国原油进口额和原油进口量计算而得；相关价格指数则指石油产品及电力的终端消费价格，包含汽油终端消费价格、柴油终端消费价格和居民用电终端消费价格等三个指标。上述五个指标用以衡量能源的进口成本和终端使用成本，均为负向指标。

能源环境安全是能源转型背景下能源安全必须予以考量的重要维度。它表征环境的可持续性，即能源的生产与消费不对人类自身的生存与发展环境构成威胁，主要体现在环境污染、气候影响和能源效率上。其中，环境污染和气候影响方面的指标包含人均二氧化碳排放量、单位能耗二氧化碳排放强度和 $PM_{2.5}$ 浓度三项指标，它们用以衡量能源生产和消耗给环境带来的不良影响程度，属于负向指标。能源效率指标包含能源强度、能源加工转换效率、电力强度和电力输配损失率四项指标。具体而言，能源强度和电力强度用以衡量国家经济增长对能源消费的依赖程度，分别通过单位 GDP 所消耗的能源总量和电力总量来测度，是负向指标；能源加工转换效率指一定时期内，能源经过加工转换后，产出的各种能源产品的数量与同期内投入的数量的比率，为正向指标；电力输配损失率是指电力工业企业在供电生产过程中耗用和损失的电量占供电量的比率，是反映一个国家输配电效率的重要指标，为负向指标。

3.2.2　能源安全保障力评价指标体系

能源安全保障力指能够对能源风险进行事前预防和事后应急，从而规避能源风险并抵抗风险带来的冲击，持续保障能源安全状态的能力。因此，我们从事前预防和事后应急两个方面入手，分别从能源资源获取能力、能源价格承载能力、能源储备应急能力和能源长期保障能力四个维度对能源安全保障力进行测度。我们在现有研究文献（Li et al.，2016；Bompard et al.，2017）的基础上，构建了能源安全保障力评价指标体系（表 3-2）。考虑到数据的可得性，部分指标（包括 B7、B13～B17、B23 等七个指标）仅做理论分析。

表 3-2　能源安全保障力评价指标体系

准则层	序号	指标层	单位	测算方法	指标类型	数据来源
能源资源获取能力	B1	石油进口来源集中度	—	石油进口来源 HHI	−	联合国商品贸易统计数据库
	B2	天然气进口来源集中度	—	天然气进口来源 HHI	−	联合国商品贸易统计数据库
	B3	煤炭进口来源集中度	—	煤炭进口来源 HHI	−	联合国商品贸易统计数据库
	B4	石油中东依赖度	%	自中东进口的原油份额	−	联合国商品贸易统计数据库
	B5	天然气中东依赖度	%	自中东进口的天然气份额	−	联合国商品贸易统计数据库
	B6	煤炭中东依赖度	%	自中东进口的煤炭份额	−	联合国商品贸易统计数据库
	B7	油气运输通道集中度	—	油气运输通道 HHI	−	—
能源价格承载能力	B8	原油进口额 GDP 占比	%	原油进口额/GDP	−	Enerdata 全球能源数据库；联合国商品贸易统计数据库
	B9	天然气进口额 GDP 占比	%	天然气进口额/GDP	−	Enerdata 全球能源数据库；联合国商品贸易统计数据库
	B10	煤炭进口额 GDP 占比	%	煤炭进口额/GDP	−	Enerdata 全球能源数据库；联合国商品贸易统计数据库
	B11	总储备可支付进口的月份	月	总储备/月平均进口额	+	世界银行
	B12	人均总储备	美元/人	总储备/总人口	+	世界银行
能源储备应急能力	B13	石油战略储备量	天	石油战略储备量	+	—
	B14	天然气战略储备量	天	天然气战略储备量	+	—
	B15	煤炭战略储备量	天	煤炭战略储备量	+	—
	B16	煤化工生产能力	桶/天	煤基油生产能力	+	—
	B17	能源需求韧性	%	1/（能源需求最低保障量/能源需求总量）	+	—
能源长期保障能力	B18	可再生能源占一次能源产量比重	%	可再生能源生产量/一次能源生产总量	+	Enerdata 全球能源数据库
	B19	可再生能源发电装机量占比	%	可再生能源装机容量/电力装机容量	+	Enerdata 全球能源数据库

准则层	序号	指标层	单位	测算方法	指标类型	数据来源
能源长期保障能力	B20	第三产业增加值GDP占比	%	第三产业增加值/GDP	+	Enerdata 全球能源数据库;世界银行
	B21	电力占终端消费的比重	%	终端电力消费量/终端消费量	+	Enerdata 全球能源数据库
	B22	人均能源消费量	吨标准油/人	能源消费量/总人口	−	Enerdata 全球能源数据库
	B23	能源技术 R&D 投入强度	%	能源技术 R&D 投入/GDP	+	——
	B24	人均化石能源探明储量	吨标准油/人	化石能源探明储量/总人口	+	Enerdata 全球能源数据库
	B25	人均水力资源拥有量	兆瓦时/人	水力资源经济可采量/总人口	+	Enerdata 全球能源数据库

注:"数据来源"一列中的"——"表示暂无数据来源,因此指标仅做理论分析,不进行实证分析;R&D 的全称为研究与开发(research and development)

能源资源获取能力指保障充足稳定的能源供应的能力,尤其是规避和分散进口风险的能力,包括进口来源保障力和运输通道保障力。首先,进口来源保障力主要采用进口来源的多样化程度和对地缘局势风险较高地区的依赖程度来刻画,包含化石能源(即石油、煤炭、天然气)的进口来源集中度和中东依赖度。其中,进口来源集中度用以刻画能源供给商的多样化程度,为负向指标,计算公式见式(3-2)和式(3-3);中东依赖度指对中东地区[①]的能源依赖度,鉴于中东地区地缘局势的不稳定要素,依赖度高的国家更容易受到供给中断的影响,为负向指标。另外,运输通道保障力主要指海上运输通道的多样性,多样性越高,受突发事件影响造成损失的可能性越低,安全性越高,但鉴于无法获得各国全面的海上运输通道数据,该指标不做实证分析。

$$\sum_i \left(\frac{\max(0, M_{i,\text{ff}} - X_{i,\text{ff}})}{\sum_i \max(0, M_{i,\text{ff}} - X_{i,\text{ff}})} \right)^2 \quad (3\text{-}2)$$

其中,$M_{i,\text{ff}}$ 为从供给商 i 进口能源 ff 的总量;$X_{i,\text{ff}}$ 为从供给商 i 出口能源 ff 的总量,ff $\in$ {煤炭,原油,天然气}。按照净进口比重,对各类能源进行赋权,修正权重后的各类能源进口来源集中度为

① 中东地区包含国家(共计 21 个):沙特阿拉伯、伊朗、伊拉克、科威特、阿联酋、阿曼、卡塔尔、巴林、土耳其、以色列、巴勒斯坦、叙利亚、黎巴嫩、约旦、也门、塞浦路斯、埃及、利比亚、突尼斯、阿尔及利亚、摩洛哥。

$$\frac{\sum\limits_{i}\max(0, M_{i,\mathrm{ff}} - X_{i,\mathrm{ff}})}{\sum\limits_{\mathrm{ff}}\sum\limits_{i}\max(0, M_{i,\mathrm{ff}} - X_{i,\mathrm{ff}})} \times \sum\limits_{i}\left(\frac{\max(0, M_{i,\mathrm{ff}} - X_{i,\mathrm{ff}})}{\sum\limits_{i}\max(0, M_{i,\mathrm{ff}} - X_{i,\mathrm{ff}})}\right)^2 \qquad （3-3）$$

　　能源价格承载能力指在国民经济保持正常运行的条件下对能源价格波动的消化能力，或者说经济主体抵抗能源价格波动冲击的能力，它由本国对进口能源的经济依赖程度和国际支付能力两部分构成。其中，本国对进口能源的经济依赖程度以化石能源（原油、天然气和煤炭）的进口额 GDP 占比来表示，进口额 GDP 占比越大，国家对进口能源的经济依赖性越强，越易受到进口能源价格波动的影响，价格承载能力就会越低，为负向指标；国际支付能力包含总储备可支付进口的月份和人均总储备，较高的储备能力能够在一定程度上保障国家的进口能源购买能力，当能源价格发生较大波动时，不至于无法偿付进口能源而导致能源供给中断，为正向指标。

　　能源储备应急能力指设想最坏结果（如能源中断）并提供应急措施，保障经济社会发展不因能源供应中断和价格异常受到严重影响的能力，主要体现在能源战略储备量、煤化工生产能力和能源需求韧性上。其中，能源（石油、天然气、煤炭）战略储备量指为保证国防安全与宏观经济正常运行而建立的，在因战争、自然灾害、经济危机而造成能源短缺、价格大幅波动时，由国家调拨使用的能源储备，为正向指标；煤化工生产能力用以表征在应急状况下（如石油供给中断），通过煤炭生产石油而确保经济社会正常运行的能力，为正向指标；能源需求韧性指面临外部和内部各种环境的变化下，通过采用需求控制等需求侧管理的手段，保障国民经济的发展水平基本不受影响的能力，以最低可接受能源需求量占比的倒数来表示，为正向指标。

　　能源长期保障能力指满足人们的长期能源需求并保证能源的生产与消费不对人类自身的生存与发展环境构成威胁的能力，主要体现在可再生能源生产能力、清洁高效发展能力和能源资源禀赋上。在能源转型过程中，发展可再生能源等替代能源、走清洁高效的发展道路成为解决能源安全问题的必然选择，因此也是能源安全保障力测度的重要维度。其中，可再生能源生产能力包含可再生能源占一次能源产量比重和可再生能源发电装机量占比，为正向指标；清洁高效发展能力包含第三产业增加值 GDP 占比、电力占终端消费的比重、人均能源消费量和能源技术 R&D 投入强度，除人均能源消费量外，其余均为正向指标；能源资源禀赋包含人均化石能源探明储量和人均水力资源拥有量，为正向指标。

3.3　能源安全综合评价模型

　　鉴于能源安全内涵的多样性和评价指标体系的多维性（Sovacool，2012），能源供给安全综合评价可以看成一个 MCDM 问题。根据标准化、赋权和集成方式的不同，解决 MCDM 问题的算法多种多样（Mohamadghasemi et al.，2020）。其中，TOPSIS 方法凭借其易用性（Becker et al.，2017）、透明性（Becker et al.，2017）和鲁棒性（Sahana et al.，2021），被广泛应用于效益评估和决策管理等诸多领域。为了确定各指标的权重，本章通过 EW 方法对各指标进行赋权，该方法通过增强多样性较高的指标、削弱多样性较低的指标在综合评价中的作用，从而更好地提升了 TOPSIS 评价结果的区分度（Wang et al.，2018）。此外，本章采用 RSR 模型实现对世界各国能源供给安全水平的分级分类，从而更好地刻画各国在世界范围内的安全等级。综上所述，本章将 EW、TOPSIS 和 RSR 三种方法相结合，采用 EW-TOPSIS-RSR 集成算法来构建能源安全状态指数（energy security state index，ESSI）和能源安全保障力指数（energy security capacity index，ESCI），进而实现对各国能源安全的综合评价。

图 3-1 展示了能源安全综合评价算法框架。首先，在数据归一化的基础上通过 EW 方法确定评价指标体系各指标权重；其次，基于指标体系各指标权重采用 TOPSIS 算法计算各国相对贴近度 C_i 作为能源安全指数 $ESSI_i$（或 $ESCI_i$），从而对能源进口国能源安全评价进行排序；最后，将各国相对贴近度 C_i 作为 RSR 算法中的 RSR_i，计算回归方程并实现对国家的分组。

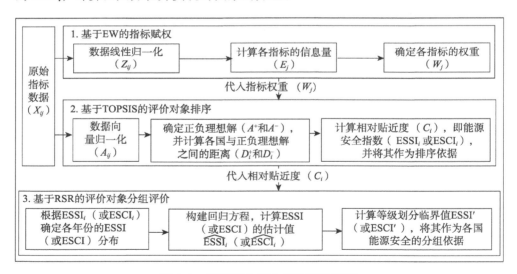

图 3-1　能源安全综合评价算法框架

3.3.1　基于 EW 的指标赋权

EW 是一种基于信息熵理论的客观赋值方法。数据越离散，所含信息量越多，对综合评价影响越大，因而该指标的权重越大。EW 法确定权重的基本流程如下。

第一步：设能源安全评价指标体系的原始数据集为 $X = (x_{ij})_{n \times m}$，它是一个包含 n 个评价对象和 m 个属性的评价矩阵。本章中，评价对象个数 $n = kl$，其中，k 为国家个数；l 为年份数；m 为能源安全评价指标的个数。利用离差标准化方法对指标进行规范化处理，并构建如下矩阵 Z：

$$Z = (z_{ij})_{n \times m} = \begin{bmatrix} z_{11} & z_{12} & \cdots & z_{1m} \\ z_{21} & z_{22} & \cdots & z_{2m} \\ \vdots & \vdots & & \vdots \\ z_{n1} & z_{n2} & \cdots & z_{nm} \end{bmatrix}_{n \times m} \tag{3-4}$$

其中，正向指标 $z_{ij} = \dfrac{x_{ij} - x_{\min}}{x_{\max} - x_{\min}}$；负向指标 $z_{ij} = \dfrac{x_{\max} - x_{ij}}{x_{\max} - x_{\min}}$；$x_{\max}$ 和 $x_{\min}$ 分别为第 j 项指标的最大值和最小值；x_{ij} 和 z_{ij} 分别为第 i 国第 j 项指标标准化处理前和处理后的值。

第二步：计算各指标的熵值 E_j。

$$E_j = -\frac{1}{\ln n} \sum_{i=1}^{n} P_{ij} \ln P_{ij} \tag{3-5}$$

其中，$P_{ij} = \dfrac{Z_{ij}}{\sum\limits_{i=1}^{n} Z_{ij}}$ 为第 i 国第 j 项指标值在第 j 项指标值的总和中所占的比重。

第三步：根据熵值 E_j，计算各项指标的权重 W_j，对于各指标而言，权重 W_j 越大，该指标对能源安全的影响就越大。

$$W_j = \frac{1 - E_j}{\sum\limits_{j=1}^{n} (1 - E_j)} \tag{3-6}$$

3.3.2　基于 TOPSIS 的评价对象排序

TOPSIS 算法的基本原理是借助多目标决策分析的理想解和负理想解进行排序，从而评价对象的优劣。其基本流程如下。

第一步：创建一个包含 n 个评价对象（即国家）和 m 个属性（即指标）的评价矩阵 $X = (x_{ij})_{n \times m}$。若指标 j 对能源安全具有反向影响（j 越大，安全性越低），则令 $x_{ij} = -x_{ij}$。然后对所有 x_{ij} 进行归一化处理并构建如下矩阵 A：

$$A = (a_{ij})_{n \times m} = \begin{bmatrix} a_{11} & a_{12} & \cdots & a_{1m} \\ a_{21} & a_{22} & \cdots & a_{2m} \\ \vdots & \vdots & & \vdots \\ a_{n1} & a_{n2} & \cdots & a_{nm} \end{bmatrix}_{n \times m} \tag{3-7}$$

其中， $a_{ij} = \dfrac{x_{ij}}{\sqrt{\sum\limits_{i=1}^{n} x_{ij}^2}}$ ； $i=1,2,\cdots,n$ ； $j=1,2,\cdots,m$ 。

第二步：令 A^- 表示安全性最低的评价对象（负理想解）， A^+ 表示安全性最高的评价对象（理想解），则

$$A^- = (a_{i1}^-, a_{i2}^-, \cdots, a_{im}^-)，\quad A^+ = (a_{i1}^+, a_{i2}^+, \cdots, a_{im}^+) \tag{3-8}$$

其中， $a_{ij}^- = \min\limits_{1 \leqslant i \leqslant n} \{a_{ij}\}$ ； $a_{ij}^+ = \max\limits_{1 \leqslant i \leqslant n} \{a_{ij}\}$ ； $j=1,2,\cdots,m$ 。

第三步：计算评价对象 i 与负理想解 A^- 和理想解 A^+ 之间的距离，分别记为 D_i^- 和 D_i^+ 。

$$D_i^- = \sqrt{\sum_{j=1}^{m} w_j (a_{ij} - a_{ij}^-)^2} \tag{3-9}$$

$$D_i^+ = \sqrt{\sum_{j=1}^{m} w_j (a_{ij}^+ - a_{ij})^2} \tag{3-10}$$

其中， w_j 为属性 j 的权重，反映了其对 D_i^- 和 D_i^+ 的影响程度，该值由 3.3.1 节中的 EW 法确定。

第四步：计算各评价对象与理想解 A^+ 的相对贴近度 C_i ，并将 C_i 作为能源安全指数 ESSI_i （或 ESCI_i ）对各国进行排序。

$$C_i = \frac{D_i^-}{D_i^+ + D_i^-} = \frac{1}{\dfrac{D_i^+}{D_i^-} + 1} \tag{3-11}$$

显然，式（3-7）～式（3-11）表明，第 i 个国家各个指标安全性越高（即各指标 a_{ij} 值越大），则其与负理想解之间的距离 D_i^- 越大，与正理想解之间的距离 D_i^+ 越小，从而相对贴近度 C_i 越大。因而，能源安全指数 ESSI_i （或 ESCI_i ）越大，对应国家的综合能源安全性越高。

3.3.3 基于 RSR 的评价对象分组评价

RSR 是一种利用秩和比进行统计分析的综合评估方法，其基本思想是利用秩转换的方法进而获得介于 0～1 的无量纲统计量 RSR_i ，并据此对评估对象进行排序或分档。为了降低转换过程中的信息损失，我们将 TOPSIS 方法中计算得到的 C_i 作为 RSR 模型中 RSR_i 的值，然后根据 RSR_i 值对评价对象进行分组分类。算法流

程如下。

第一步：用 TOPSIS 中的相对贴近度 C_i 作为 RSR 模型中 RSR_i 的值，并据此确定各评价对象的 RSR 分布。首先，用 TOPSIS 中的相对贴近度 C_i 作为 RSR 模型中 RSR_i 的值，并依据 RSR_i 值对评价对象升序排序（ RSR_i 保留三位小数，排序相同的归为一组，共 M 组）；其次，列出各组 RSR_i 值的频数 f_i，并计算累计频数 g_i；再次，确定各组的秩次 R_i 和平均秩次 $\bar{R}_i$；最后，计算累计频率 p_i 并将其转换为概率单位 X_i。

$$g_i = f_1 + f_2 + \cdots + f_i，\quad i = 1, 2, \cdots, M \tag{3-12}$$

$$\bar{R}_i = \frac{g_{i-1} + 1 + g_i}{2} \tag{3-13}$$

$$p_i = \begin{cases} \bar{R}_i / n，& i = 1, 2, \cdots, M-1 \\ 1 - \dfrac{1}{4n}，& i = M \end{cases} \tag{3-14}$$

$$X_i = Q(p_i, 0, 1) + 5 \tag{3-15}$$

其中， $Q(p_i, 0, 1)$ 为标准正态分布的下 p_i 分位点。

第二步：以 RSR_i 值为因变量，以概率单位 X_i 值为自变量，建立如下回归模型：

$$RSR_i = \mu + \beta X_i + \varepsilon_i \tag{3-16}$$

第三步：估计式（3-16），得到方程参数估计值 $\hat{\mu}$ 和 $\hat{\beta}$，进而得到 RSR_i 估计值 $\widehat{RSR}_i$，如下：

$$\widehat{RSR}_i = \hat{\mu} + \hat{\beta} X_i \tag{3-17}$$

第四步：确定分档临界值 RSR'，并据此对评价对象进行分级排序。首先，参照常用分档标准表（见附表 A-1），选择合适的分档数目，从而得到其对应的累计频率 p' 和概率单位临界值 X'；其次，根据方程参数估计值 $\hat{\mu}$ 和 $\hat{\beta}$，按照式（3-16）推算对应的 RSR 临界值 RSR'；最后，根据临界值 RSR' 对 $\widehat{RSR}_i$ 进行分档，从而实现对各国的能源安全分组评价。

$$RSR' = \hat{\mu} + \hat{\beta} X' \tag{3-18}$$

3.4　世界主要能源进口国能源安全评价结果

3.4.1　指标数据来源及赋权

全球能源进口国主要集中在亚太、北美洲和欧洲地区。考虑到数据的可获取性，我们选取其中 60 个主要能源进口国（表 3-3），进行能源安全评价。其中，欧洲（EU）国家 34 个、亚洲（AS）国家 22 个，大洋洲（OC）国家 3 个以及北美洲（NA）国家 1 个。此外，为了在时间维度上揭示全球能源安全的波动规律，本章选取 1990～2018 年的数据来对全球能源安全进行评价，各指标的数据来源如表 3-1 和表 3-2 所示①。

表 3-3　选取的 60 个主要能源进口国

序号	国家	国家代码	地区代码	序号	国家	国家代码	地区代码
1	阿富汗	AFG	AS	31	韩国	KOR	AS
2	阿尔巴尼亚	ALB	EU	32	老挝	LAO	AS
3	澳大利亚	AUS	OC	33	斯里兰卡	LKA	AS
4	奥地利	AUT	EU	34	立陶宛	LTU	EU
5	比利时	BEL	EU	35	拉脱维亚	LVA	EU
6	孟加拉国	BGD	AS	36	马其顿	MKD	EU
7	保加利亚	BGR	EU	37	马耳他	MLT	EU
8	波黑	BIH	EU	38	缅甸	MMR	AS
9	瑞士	CHE	EU	39	蒙古国	MNG	AS
10	中国	CHN	AS	40	马来西亚	MYS	AS
11	塞浦路斯	CYP	AS	41	荷兰	NLD	EU
12	捷克	CZE	EU	42	挪威	NOR	EU
13	德国	DEU	EU	43	尼泊尔	NPL	AS
14	丹麦	DNK	EU	44	新西兰	NZL	OC
15	西班牙	ESP	EU	45	巴基斯坦	PAK	AS
16	爱沙尼亚	EST	EU	46	菲律宾	PHL	AS
17	芬兰	FIN	EU	47	巴布亚新几内亚	PNG	OC
18	法国	FRA	EU	48	波兰	POL	EU
19	英国	GBR	EU	49	葡萄牙	PRT	EU
20	格鲁吉亚	GEO	AS	50	罗马尼亚	ROU	EU
21	希腊	GRC	EU	51	新加坡	SGP	AS
22	克罗地亚	HRV	EU	52	塞尔维亚	SRB	EU
23	匈牙利	HUN	EU	53	斯洛伐克	SVK	EU
24	印度尼西亚	IDN	AS	54	斯洛文尼亚	SVN	EU
25	印度	IND	AS	55	瑞典	SWE	EU
26	爱尔兰	IRL	EU	56	泰国	THA	AS
27	冰岛	ISL	EU	57	土耳其	TUR	AS
28	意大利	ITA	EU	58	乌克兰	UKR	EU
29	日本	JPN	AS	59	美国	USA	NA
30	柬埔寨	KHM	AS	60	越南	VNM	AS

① 由于部分指标（即 B7、B13～B17、B23）无法获取全球多个国家的数据，因此在实证研究中予以剔除。

基于 EW 的能源安全状态和能源安全保障能力指标权重如表 3-4 和表 3-5 所示。根据表 3-4 可知，在能源安全状态评价体系中，A1（能源自给自足率）的权重最大，为 0.1796，而 A9（能源进口价格变动率）的权重最小，为 0.0036，表明各国的能源自给自足率存在较大差异，是决定能源安全状态的关键指标，而能源进口价格波动率具有较高相似性，这主要是由于各国进口价格均受国际原油出口价格的影响，与原油出口价格变动趋势保持基本一致。另外，根据表 3-5 可知，在能源安全保障力评价体系中，B18（可再生能源占一次能源产量比重）的权重最大，为 0.1397，而 B6（煤炭中东依赖度）的权重最小，为 0.0075，表明可再生能源占一次能源产量比重这一指标在保障能力的评价中至关重要，而各国的煤炭中东依赖度差异很小，这主要是由于中东地区还是以油气出口为主，仅小部分国家从中东进口少量煤炭。

表 3-4 基于 EW 的能源安全状态指标权重

序号	准则层	指标层	EW 法准则层权重	EW 法指标层权重
1	能源供应安全	A1	0.4326	0.1796
2		A2		0.0535
3		A3		0.1370
4		A4		0.0625
5	能源价格安全	A5	0.2252	0.1136
6		A6		0.0510
7		A7		0.0281
8		A8		0.0289
9		A9		0.0036
10	能源环境安全	A10	0.3422	0.0489
11		A11		0.1422
12		A12		0.0550
13		A13		0.0188
14		A14		0.0437
15		A15		0.0153
16		A16		0.0183

表 3-5 基于 EW 的能源安全保障能力指标权重

序号	准则层	指标层	EW 法准则层权重	EW 法指标层权重
1	能源资源获取能力	B1	0.2231	0.0628
2		B2		0.0278
3		B3		0.0108
4		B4		0.0838

序号	准则层	指标层	EW 法准则层权重	EW 法指标层权重
5		B5		0.0304
6		B6		0.0075
7	能源价格承载能力	B8	0.2404	0.0708
8		B9		0.0475
9		B10		0.0352
10		B11		0.0160
11		B12		0.0709
12	能源长期保障能力	B18	0.5365	0.1397
13		B19		0.0831
14		B20		0.0128
15		B21		0.0409
16		B22		0.0126
17		B24		0.1237
18		B25		0.1237

3.4.2　各国能源安全状态及保障力排序

　　利用前文所述的 EW 和 TOPSIS 方法，我们得到了 60 个世界主要能源进口国在 1990～2018 年的 ESSI 和 ESCI，基于该指数的历年排名分布见图 3-2 和图 3-3，指数得分越大，该国的安全性越高，其相对排名越靠前。我们可以得到如下结论。

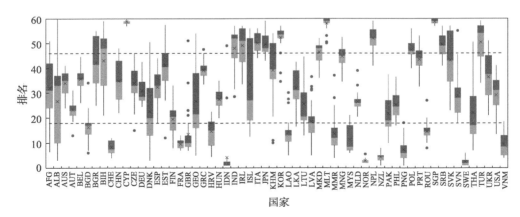

图 3-2　各国历年 ESSI 排名分布

箱形图深色部分表示中位数至上四分位数；浅色部分表示中位数至下四分位数；

实心圆点表示离散点；符号 × 表示均值

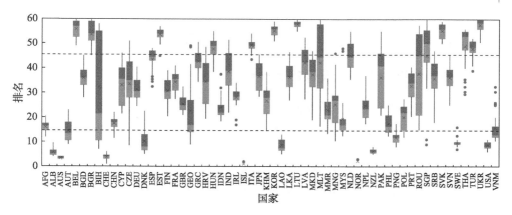

图 3-3　各国历年 ESCI 排名分布

箱形图深色部分表示中位数至上四分位数；浅色部分表示中位数至下四分位数；
实心圆点表示离散点；符号 × 表示均值

首先，就能源安全状态而言，法国、印度尼西亚、新西兰、挪威、瑞士和瑞典这六个国家的 ESSI 排名一直相对靠前（所有年份 ESSI 排名均在前 25%），当前安全状态处于较高水平；与之相对的，塞浦路斯、马耳他、韩国和新加坡这四个国家的 ESSI 排名则一直相对靠后（所有年份 ESSI 排名均在后 25%），表明它们当前的安全性较差，能源安全问题最为突出。

其次，就能源保障力而言，阿尔巴尼亚、澳大利亚、冰岛、老挝、新西兰、挪威、瑞士、瑞典和美国这九个国家的 ESCI 排名一直相对靠前（所有年份 ESCI 排名均在前 25%），具有较强的能源安全保障力，能够较好地应对外部安全风险；而比利时、保加利亚、爱沙尼亚、韩国、意大利、立陶宛、斯洛伐克和乌克兰这八个国家的 ESCI 排名则一直相对靠后（所有年份 ESCI 排名均在后 25%），表明它们在一定程度上缺乏能源安全的保障力，一旦遭受风险冲击，其能源系统的安全性可能出现进一步衰退。

特别地，存在离散点的国家表明其部分年份的排名存在突变现象，需要重点关注分析。能源安全状态指数结果表明，老挝、英国、拉脱维亚和马耳他这四个国家拥有最多个数的离散点，均为四个。以老挝为例，观察该国的排名我们可以发现，在 2015 年之前，该国的能源安全状态一直处于中上等水平，排名在 15 名左右。但 2015 年之后，其 ESSI 排名出现较为明显的后退，2015～2018 年，其排名分别为 27.5、26、30 和 30。产生这种结果的原因可能是，从 2015 年开始，随着矿产资源的开发，老挝的能源消费结构发生了比较大的改变。根据 Enerdata 全球能源数据库统计，老挝的煤炭消费量占比从 2014 年的 8.89% 激增至 2015 年的 28.14%，并在其后几年持续上涨，到 2018 年，其煤炭消费量占比已高达 59.70%。煤炭消费量的显著提升，使得国家碳排放强度明显增强，人均二氧化碳排放量从

2014 年的 0.53 吨迅速增加至 2018 年的 2.53 吨。同时，由于煤炭燃烧效率较低，老挝的能源加工转换效率有较大的下滑，从 2014 年的 91.26%降至 2018 年的 53.82%。

3.4.3 各国能源安全状态及保障力评级

为了能够直观地刻画各国当前所处的供给安全水平，我们利用 RSR 算法，根据各国 ESSI 和 ESCI 得分实现了对国家能源安全状态和保障力的等级划分。结果显示，回归方程的参数 $\hat{\mu}$ 和 $\hat{\beta}$ 均在 1%的水平下显著不为 0。在此基础上，参照 RSR 常用分档标准表，我们将能源安全状态和保障力均划分为四个等级，分别为高安全（Ⅰ）、中等安全（Ⅱ）、中低安全（Ⅲ）和低安全（Ⅳ）。具体划分标准及参数结果详见附表 A-2 和附表 A-3。

2018 年世界各国的 ESSI 和 ESCI 的等级划分结果如表 3-6 所示。从地理特征的角度分析，我们可以得到如下结论。首先，从亚洲整体来看，除新加坡和泰国以外，东南亚国家（柬埔寨、印度尼西亚、老挝、马来西亚、缅甸、菲律宾和越南）的能源安全状态和保障力要普遍好于亚洲其他地区的国家；其次，从欧洲整体来看，绝大多数北欧国家（丹麦、芬兰、挪威和瑞典）的能源安全状态和保障力明显优于其他地区。

表 3-6   2018 年世界各国 ESSI 和 ESCI 等级划分结果

指数	低安全 （Ⅳ）	中低安全 （Ⅲ）	中等安全 （Ⅱ）	高安全 （Ⅰ）
ESSI	CYP，NPL，SGP，TUR	AUS，BGR，BIH，CHN，DEU，GBR，GEO，GRC，IND，IRL，ISL，ITA，JPN，KOR，MKD，MLT，MNG，NLD，PAK，POL，PRT，SRB，SVK，SVN，THA，UKR	AFG，AUT，BEL，BGD，CZE，ESP，EST，FIN，FRA，HRV，HUN，IDN，KHM，LAO，LKA，LTU，LVA，MMR，MYS，NZL，PHL，PNG，ROU，USA，VNM	ALB，CHE，DNK，NOR，SWE
ESCI	BEL，BIH，KOR，MLT	BGD，BGR，CYP，DEU，ESP，EST，GRC，HUN，IND，ITA，JPN，KHM，LKA，LTU，LVA，MKD，MNG，NLD，NPL，PAK，PRT，SRB，SVK，SVN，THA，TUR，UKR	AFG，AUT，CHN，CZE，DNK，FIN，FRA，GBR，GEO，HRV，IDN，IRL，LAO，MMR，MYS，NZL，PHL，PNG，POL，ROU，SGP，SWE，USA，VNM	ALB，AUS，CHE，ISL，NOR

进一步结合 ESSI 和 ESCI 来分析，2018 年全球各国能源安全（ESSI-ESCI）组合点分布如图 3-4 所示。我们可以得到如下结论：阿尔巴尼亚、挪威和瑞士处于"高–高"安全水平，即能源安全状态和能源安全保障能力均处于高安全分组，这说明这三个国家的当前状态安全平稳，且具有较强的应对外部风险的能力；澳大利亚和冰岛属于"中低–高"安全水平，中国、波兰、英国、爱尔兰和格鲁吉亚

这五个国家处于"中低–中等"安全水平，新加坡属于"低–中等"安全水平，这三类国家的能源安全保障能力均属于中等偏上水平，且比能源安全状态排名靠前，说明这些国家当前安全状态不佳，但有一定的风险应对能力，从长期来看具有后期动力；而孟加拉国、柬埔寨和斯里兰卡等八个国家属于"中等–中低"安全水平，比利时属于"中等–低"安全水平，这些国家当前安全状态处于中高安全水平，但保障能力排名相对靠后，未来可能会对能源安全带来负面影响。

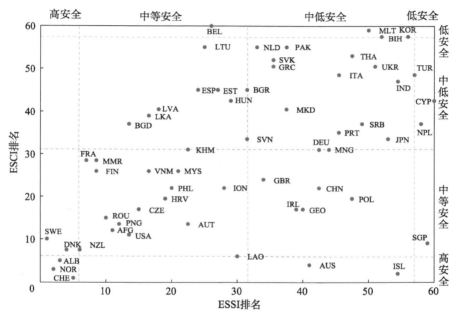

图 3-4　2018 年全球各国能源安全（ESSI-ESCI）组合点分布

3.5　典型国家能源安全状态及保障力对比分析

我们围绕世界主要经济体，即中国（CHN）、美国（USA）、日本（JPN）、印度（IND）、德国（DEU）和法国（FRA）这六个国家展开进一步探讨。为了探寻影响各国能源安全状态和保障力背后的关键要素，我们以表 3-4 和表 3-5 划分的指标维度为基础，计算了各国的供应安全指数（SQI）、价格安全指数（SPI）、环境安全指数（SEI）、资源获取能力指数（CQI）、价格承载能力指数（CPI）和长期保障能力指数（CEI），并以此为基础对各国进行排名。各指数的排名结果详见附表 A-4 和附表 A-5。

为了从整体上把握各国的能源安全的历年演化态势，图 3-5 展示了 1990～2018 年各国各指数及其子指数的排名分布情况；图 3-6 为各国 SQI、SPI、SEI、CQI、CPI 和 CEI 的平均排名。我们可以得出如下结论。

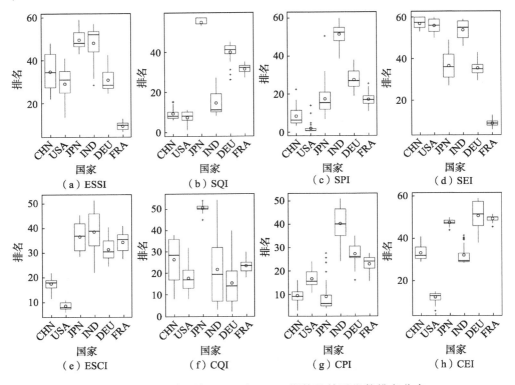

图 3-5　典型国家历年 ESSI 和 ESCI 指数及其子指数排名分布

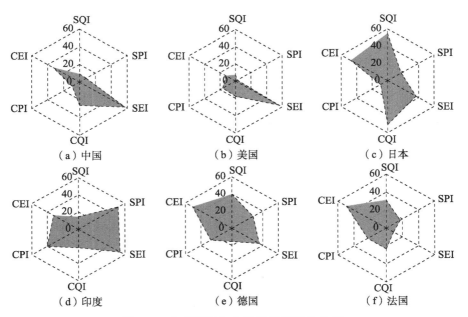

图 3-6　典型国家六个子指数的平均排名

第一，根据图 3-5 中的 ESSI 和 ESCI 可知，就当前所处的能源安全状态而言，法国始终维持在较高水平，中国、美国和德国次之，而日本和印度的安全性较低；就能源安全保障力而言，中国和美国的保障力相较于其他国家较强。从能源安全状态来看，1990~2018 年，法国的 ESSI 历史排名靠前且波动很小，所有年份均被划分入中等安全（Ⅱ）组；中国、美国和德国的 ESSI 历史排名存在一定的波动性，安全状态等级徘徊在中等及中低水平；日本和印度的 ESSI 历史排名靠后，安全状态多数划分入中低安全等级，甚至是低安全等级，说明这两个国家面临着严峻的安全问题。另外，从能源安全保障力来看，中国和美国的 ESCI 历史排名靠前，所有年份均被划分入中等安全（Ⅱ）组。

第二，对比图 3-5 和图 3-6 中的 SQI、SPI、SEI、CQI、CPI 和 CEI 可知，各国在能源安全上自有其优势和劣势，面临的安全问题各有其侧重点，无论是从当前所处的安全状态，还是从未来保障力来看，日本显然面临更严峻的进口安全问题，印度的主要问题则来源于价格安全维度的经济问题，而美国面临非常突出的环境问题。首先，日本的 SQI 和 CQI 的历史排名明显低于其他维度，进口能源的获取问题构成了其当前和未来能源问题的主要非安全要素。日本的能源非常匮乏，2018 年其石油、天然气和煤炭的对外依存度均在 95%以上，几乎所有的化石能源都需要依靠进口，而同时日本又是一个高度依赖化石能源的国家，化石能源占一次能源比重高达 87.6%。双重因素的叠加使日本的进口风险敞口倍增，国家始终面临着很大的供给减少和中断的可能。其次，印度的 SPI 和 CPI 的历史排名明显靠后，经济能力的欠缺是拉低其安全性的主导要素。巨大的人口基数和基础设施上的不足，使得印度的人均能源占有量很低，2018 年其人均一次能源占有量不到世界平均水平的一半。最后，页岩油气革命改变了美国的能源格局，成为保障其进口安全的重要依托，从 2016 年开始，美国成为天然气净出口国。随着页岩气技术的进步，页岩气产量不断攀升，美国目前已经是世界页岩气产量第一大国，在很大程度上掌握了能源主动权。但是，以化石能源为主的供给结构和发电结构使其始终无法回避二氧化碳的大量排放，能源转型背景下其所面临的气候政策威胁将会越来越大。

第三，根据图 3-5 和图 3-6 中的 SEI 可知，环境和气候问题给除法国以外的其余国家，尤其是拥有高比例化石能源供给结构的中国、美国和印度造成了巨大安全威胁，越发成为不容忽视的非安全要素。在能源转型的大背景下，随着能源低碳发展和气候政策的逐渐收紧，这些国家的能源供给安全面临越来越大的潜在政策冲击，甚至会带来能源的供给减少和中断，从而对整个国家的能源安全带来致命打击。具体而言，中国、美国、日本、印度和德国的 SEI 历史排名均比较靠后，其历史平均排名分别为 57、56、37、54 和 35，说明这些国家的能源系统当前所处的环境可持续性较低。相比而言，法国在环境安全上的表现很好，这主要得益于该国以核能为主的供电系统，法国的核电占总发电量的 70%，是世界上占比最高的国家。核能的发展大大降低了该国对化石能源的依赖，减少了二氧化碳的排放，使其不至于陷入巨大进口安全风险的同时，有效规避了气候政策冲击带来的潜在威胁。不过，核安全一直以来都是人们关注的重点，日本福岛核事故就对其核能的发展带来了巨大打击，使其不得不放弃大力发展核电的转型道路，因此，保障核电站的安全运行将是法国能源安全问题的关键点。

3.6　本章小结

本章在能源安全概念模型的基础上构建了能源安全状态和能源安全保障力指标体系，并采用 EW-TOPSIS-RSR 集成算法构建了能源安全状态指数和保障力指数。在此基础上，选取全球主要能源进口国为研究对象，实证测算了 1990～2018 年各国的能源安全状态和能源安全保障力，得到的主要结论如下。

首先，从历史趋势上看，就能源安全状态而言，法国、印度尼西亚、新西兰、挪威、瑞士和瑞典这六个国家的能源安全状态始终处于较高水平，而塞浦路斯、马耳他、韩国和新加坡这四个国家的安全性较差，能源安全问题最为突出；就能源安全保障力而言，阿尔巴尼亚、澳大利亚、冰岛、老挝、新西兰、挪威、瑞士、瑞典和美国这九个国家具有较强的能源安全保障力，能够较好地应对外部安全风险，而比利时、保加利亚、爱沙尼亚、韩国、意大利、立陶宛、斯洛伐克和乌克兰这八个国家的能力排名则一直相对靠后。

其次，从区域分布上来看，2018 年，除新加坡和泰国以外，东南亚国家（柬埔寨、印度尼西亚、老挝、马来西亚、缅甸、菲律宾和越南）的能源安全状态和保障力要普遍好于亚洲其他地区的国家；而绝大多数北欧国家（丹麦、芬兰、挪威和瑞典）的能源安全状态和保障力明显优于其他地区。

最后，针对典型国家来看。第一，法国的能源安全状态始终维持在较高水平，中国、美国和德国次之，日本和印度的安全性较低；而中国和美国的能源安全保障力相较于其他国家较强。第二，各国在能源安全上有其各自的优势和短板，面临的安全问题也不尽相同。日本面临十分严峻的进口安全问题，印度的主要问题则来源于价格安全维度的经济问题，而美国面临非常突出的环境问题。第三，环境和气候问题对除法国以外的其余国家，尤其是拥有高比例化石能源供给结构的中国、美国和印度带来了安全挑战，越发成为不容忽视的非安全要素。在能源转型的大背景下，随着能源低碳发展和气候政策的逐渐收紧，这些国家的能源供给安全面临越来越大的潜在政策冲击，甚至会带来能源的供给减少和中断，从而对整个国家的能源安全造成严重影响。

第 4 章

区域合作国家能源投资风险评价

区域合作国家油气资源丰富，能源合作潜力大，是能源安全国际合作的重要领域。但是，区域合作国家在政治、经济、营商环境等方面差异很大，存在较多风险和不确定性因素，在不同程度上制约着我国与区域合作国家的能源合作与投资活动，对能源安全格局的演化形成了一定的影响。对区域合作国家进行能源投资风险评价，有助于我国开展海外能源合作，并进一步保障我国能源安全。

4.1 区域合作国家能源投资风险背景

2013 年 9 月和 10 月，习近平在出访中亚和东南亚国家期间，先后提出了共建"丝绸之路经济带"和"21 世纪海上丝绸之路"的重大倡议。该倡议的主要内容是通过加强区域间合作，维护全球贸易体系与安全，实现国家间合作共赢的发展路径，推动开放型世界经济体系的发展。这一倡议的提出引起了相关国家、地区乃至世界的高度关注，截至 2022 年 3 月，已有 149 个国家和 32 个国际组织与中国开展了对话与合作。此倡议定位于区域间合作，而能源合作是该倡议的重点合作方向之一。

区域合作国家能源资源禀赋差异很大，经济互补性强，具有很大的合作潜力。区域合作国家包含东亚蒙古国、中亚 5 国、东盟 10 国、南亚 8 国、西亚北非 18 国、独联体 7 国、中东欧 16 国。根据美国能源信息署（U.S. Energy Information Administration，EIA）数据统计，区域合作国家石油、天然气和煤炭的探明储量分别占世界的 58.8%、79.9%和 54%。丰富的能源资源储备也为区域合作国家开展能源合作提供了可能性和合作基础。能源投资是促进资源国经济发展和保障需求国稳定供应的双赢的合作形式。然而，海外能源投资的高风险已经成为阻碍这种合作的最主要因素。能源投资具有投资周期长、投资不确定性高的特点，因而面临的风险因素也比较复杂。例如，能源资源比较集中的中东、中亚和俄罗斯等国家及地区，大多经济结构单一、政治风险突出、资金技术缺乏、能源行业发展落后，给跨国能源投资带来了很大的风险。因此，对区域合作国家的能源投资风险进行综合评价是开展能源投资活动的前提。

相关研究主要集中在对各个国家风险进行综合评价，针对能源投资风险的评价体系还相对较少。早期的国家风险评估大多是围绕债务违约的风险进行量化研究（Frank and Cline，1971；Feder and Just，1977；Kharas，1984）。随后，学者开始以全球主要评级机构（标普、惠誉、穆迪等）的评级结果作为国家整体风险的替代变量对其开展研究（Feder and Uy，1985；Brewer and Rivoli，1990）。国家风险国际指南（International Country Risk Guide，ICRG）是历史最悠久的风险评级，从1982年开始每月发布国家风险评级，评级分政治、经济和金融三类风险，三种风险进行加权平均后可以得到综合风险。接着，越来越多的学者认为对于境外直接投资风险需要从多维角度进行综合评估（Miller，1993；Brouthers，1995）。Kim和Hwang（1992）从政治、经济和社会三个角度综合评估企业海外投资的国家风险。Miller（1992）构建了国际环境风险感知模型，通过宏观环境、行业环境和企业微观环境三个层面来测量东道国投资风险。Hammer等（2006）使用9个经济指标、3个政治指标对69个国家的风险进行排序。Sánchez-Monedero等（2014）用9个经济指标对欧盟27个国家的主权进行分类。考虑到评价目标的差异化，一些学者采用更多的指标进行国家风险评价。Werner等（1996）设定了政策、经济、资源、服务等35个指标对投资环境进行了分析和评估。Agliardi等（2012）使用经济、政治、金融三大类，34个指标建立模型评价新兴市场国家的主权风险。Brown等（2015）在政治、经济、运营、社会四个方面选取了70个指标，用128个国家进行大数据分析，构建了更为全面的风险指数。

还有一些学者认为我国的对外投资更关注自然资源，该变量在解释我国对外投资行为时起到非常重要的作用（Buckley et al.，2007；Huang and Wang，2011；Hurst，2011）。Tan（2013）分析了中国在能源领域对外投资的规模、主要风险和相关建议。Sun等（2014a）从我国能源安全的角度介绍了我国主权基金在能源领域的投资情况。Li等（2012）使用分解混合法预测了主要原油出口国的国家风险。

从上述的文献综述可以发现，大部分文献重点考察了国家的一般性投资风险，针对能源投资的风险评估研究还比较少。作为世界主要的油气进口国，中国2019年的石油、天然气对外进口依存度分别超过了60%和30%，对海外能源资源的依赖决定了中国能源投资"走出去"已经成为中国能源安全战略的重要环节，特别是与区域合作国家的能源合作。然而，目前对区域合作国家风险因素的综合评估体系还不成熟，因为能源投资风险除了受国家风险的影响外，还更多地依赖于能源资源的可获性、能源相关投资环境的便利性等特殊条件，这与一般的投资存在差异。

　　我们在国家风险评估的基础上，建立了能源投资风险维度，对我国在区域合作国家的海外能源投资风险进行综合评估。从政治风险、经济基础、投资环境、资源属性、环境约束及中国因素六个维度选取指标，建立了海外能源投资风险评价指标体系，通过国家风险评价模型对海外投资风险进行综合评估，对区域合作国家的能源投资风险进行对比分析。

4.2　能源投资风险评价指标体系

　　建立合理的指标体系是评价的关键和基础。国际一些主要机构在评价国家风险时，主要从政治、经济和金融三个维度进行综合评价，如美国政治风险服务（political risk services，PRS）集团的 ICRG，而本章主要评价能源资源投资风险，针对能源投资的特殊性提出新的指标体系。我们将影响海外能源投资的风险因素划分为政治风险、经济基础、投资环境、资源属性、环境约束和中国因素六个维度，一共 35 个指标。具体的能源投资风险评价指标体系以及数据来源见表 4-1。

表 4-1　中国海外能源投资风险评价指标体系

维度	指标	指标来源
政治风险	政府稳固性	ICRG
	内部冲突	ICRG
	外部冲突	ICRG
	腐败	ICRG
	法治与秩序	ICRG
	民主责任制	ICRG
经济基础	人均 GDP	ICRG
	实际 GDP 增长率	ICRG
	年通胀率	ICRG
	预算平衡占 GDP 比例	ICRG
	外债占 GDP 比例	ICRG
	汇率稳定性	ICRG
投资环境	商务启动难易指数	世界银行
	获得施工许可难易指数	世界银行
	获得电力难易指数	世界银行
	纳税负担指数	世界银行
	合同执行力度指数	世界银行
	解决破产行政	世界银行

续表

维度	指标	指标来源
资源属性	石油产量	EIA
	石油探明储量	EIA
	天然气产量	EIA
	天然气探明储量	EIA
	燃料油炼化	EIA
环境约束	二氧化碳排放总量	EIA
	一氧化氮排放量	世界银行
	人均能源消费量	EIA
	碳排放强度	世界银行
	PM$_{2.5}$	世界银行
	森林面积占土地面积比例	世界银行
中国因素	建交年限	中国外交部
	中国对外直接投资存量	《中国对外直接投资统计公报》
	中国对外承包工程完成营业额	《中国统计年鉴》
	中国对外承包工程和劳务合作人数总和	《中国统计年鉴》
	资源国从中国进口贸易总额	联合国商品贸易统计数据库
	资源国向中国出口贸易总额	联合国商品贸易统计数据库

1）政治风险

政治风险考察的是资源国政府的国家治理能力和政局的稳定性，稳定的政局条件以及较低的政治风险是企业安全投资的先决条件之一。一国政府的行为与政策对外国企业的经营和投资影响很大，不利的政治因素往往会对外国企业的投资利益产生负面影响。我们考虑的政治风险指标包括政府稳固性、内部冲突、外部冲突、腐败、法治与秩序、民主责任制。

2）经济基础

经济基础反映了资源国经济运行状况，较好的经济基础是企业海外投资收益水平和安全性的根本保障。我们考虑的经济基础指标包括人均 GDP、实际 GDP 增长率、年通胀率、预算平衡占 GDP 比例、外债占 GDP 比例、汇率稳定性。

3）投资环境

投资环境反映了资源国企业运营环境状况，良好的投资环境能确保企业有序经营，也有利于外国企业海外投资活动的顺利开展。我们考虑的投资环境指标包括商务启动难易指数、获得施工许可难易指数、获得电力难易指数、纳税负担指数、合同执行力度指数、解决破产行政。

4）资源属性

资源属性是衡量资源国投资可行性的重要指标，特别是油气资源丰富和资源潜力大的国家更具投资价值，也是海外能源投资获取能源的根本。我们考虑的资源属性指标包括石油产量、石油探明储量、天然气产量、天然气探明储量、炼油能力。

5）环境约束

在全球气候变化的大背景下，生态安全和环境保护已经成为各国政府共同关注的焦点。海外投资中的环境约束也是投资能够可持续发展的重要保障，环境约束会影响国家的宏观政策制度和税收制度，从而对外国企业的投资环境和投资效率产生影响。我们考虑的环境约束指标包括：二氧化碳排放总量、一氧化氮排放量、人均能源消费量、碳排放强度、$PM_{2.5}$、森林面积占土地面积比例。

6）中国因素

不同国家在同一资源国投资面临的风险往往存在差异，这与国家间的政治、外交友好程度，贸易合作的紧密度等有很大的关系。我们针对中国在区域合作国家的投资，提出了中国因素的维度，主要衡量双边关系对投资风险的影响，较好的双边关系是降低投资风险的重要缓冲。我们考虑的中国因素指标包括建交年限、中国对外承包工程完成营业额、中国对外承包工程和劳务合作人数总和、中国对外直接投资存量、资源国从中国进口贸易总额、资源国向中国出口贸易总额。

4.3　基于 EW 的国家风险模糊综合评价模型

国家能源投资风险评价指标体系可以衡量资源国各个维度的风险。然而，任何一个维度的孤立风险都不足以完整地评价资源国的国家风险。我们需要从整体的角度出发，将各个维度的风险指标进行综合，构建能源投资风险的综合风险指数。在评价过程中，各个风险指标的权重对评价结果具有重要影响。如何合理设定各个风险指标的权重将直接影响资源国综合评价的质量和可靠性。考虑到主观确定权重的方法可能会导致对某些指标的高估或者低估，进而对评价结果产生偏差，我们选取数据驱动的 EW 法确定各个风险维度的指标权重。与此同时，考虑到该综合评价体系是一个关系复杂、模糊多变的体系，存在大量的不确定因素，具有随机性和模糊性。因此，我们引入模糊概率方法，将 EW 法和模糊评价相结合，对区域合作国家的能源投资风险进行客观评价。

4.3.1　EW 法确定指标权重

EW 法是一种客观赋权方法，主要根据指标相对变化程度对系统整体的影响来决定指标的权重，相对变化程度大的指标具有较大的权重（Wang and Lee, 2009；Shemshadi et al., 2011）。我们通过熵值法来获得每个维度下单个指标的权重，再由每个维度下单个指标的权重之和代表每个维度的权重。

假设采用 p 个维度指标对 m 个区域合作国家进行风险评级，则指标体系 X 由 p 个维度 $X_1, X_2, \cdots, X_p$ 构成，即 $X = [X_1, X_2, \cdots, X_p]$。本章中 X_1 为政治风险，X_2 为经济基础，X_3 为投资环境，X_4 为资源属性，X_5 为环境约束，X_6 为中国因素。设第 k 维度指标体系 X_k 由 n_k 个子指标构成，即 $X_k = [X_1^k, X_2^k, \cdots, X_{n_k}^k]$，则对于 m 个

区域合作国家，第 k 维度指标数值矩阵 $x_k = \begin{bmatrix} x_{11}^k & x_{12}^k & \cdots & x_{1n_k}^k \\ x_{21}^k & x_{22}^k & \cdots & x_{2n_k}^k \\ \vdots & \vdots & & \vdots \\ x_{m1}^k & x_{m2}^k & \cdots & x_{mn_k}^k \end{bmatrix}$，$k = 1, 2, \cdots, p$。

其中，$x_{mn_k}^k$ 为第 m 个国家第 k 维度中第 n_k 个子指标的值。

对于某个具体的维度来讲，指标间具有一定的可比性，从而可以认为指标的离散程度越大，该指标对综合评价的影响越大，而对于取值差异不大的指标，其权重大小对最终评价的影响不大。因此，对于某个具体的维度，我们采用熵值法确定指标权重。

1）指标归一化

首先进行数据归一化处理，对于第 k 维度的矩阵 $x_k = \begin{bmatrix} x_{11}^k & x_{12}^k & \cdots & x_{1n_k}^k \\ x_{21}^k & x_{22}^k & \cdots & x_{2n_k}^k \\ \vdots & \vdots & & \vdots \\ x_{m1}^k & x_{m2}^k & \cdots & x_{mn_k}^k \end{bmatrix}$，

令 $M_j^k = \max_i(x_{ij}^k)$，$m_j^k = \min_i(x_{ij}^k)$，$i = 1, 2, \cdots, m$，$j = 1, 2, \cdots, n_k$。M_j^k 为在 m 个国家中的第 k 维度中第 j 个子指标的最大值；m_j^k 为在 m 个国家中的第 k 维度中第 j 个子指标的最小值。由于原始数据的风险方向不一致，我们采用如下方法进行归一化处理。

当指标 X_j^k 为"效益型"指标，则令

$$y_{ij}^k = \frac{x_{ij}^k - m_j^k}{M_j^k - m_j^k} \tag{4-1}$$

当指标 X_j^k 为"成本型"指标，则令

$$y_{ij}^k = \frac{M_j^k - x_{ij}^k}{M_j^k - m_j^k} \tag{4-2}$$

从而，得到归一化矩阵 $y_k = \begin{bmatrix} y_{11}^k & y_{12}^k & \cdots & y_{1n_k}^k \\ y_{21}^k & y_{22}^k & \cdots & y_{2n_k}^k \\ \vdots & \vdots & & \vdots \\ y_{m1}^k & y_{m2}^k & \cdots & y_{mn_k}^k \end{bmatrix}$，$k = 1, 2, \cdots, p$。其中，$y_{mn_k}^k$ 为

第 m 个国家第 k 维度中第 n_k 个子指标的归一化后的数值。

2）指标同度量化

假设第 k 维度第 j 个子指标 X_j^k 下，第 i 个国家的指标值比重为 z_{ij}^k，则

$$z_{ij}^k = \frac{y_{ij}^k}{\sum\limits_{i=1}^{m} y_{ij}^k} \tag{4-3}$$

从而，对于第 k 维度指标体系 X_k，有比重矩阵 $z_k = \begin{bmatrix} z_{11}^k & z_{12}^k & \cdots & z_{1n_k}^k \\ z_{21}^k & z_{22}^k & \cdots & z_{2n_k}^k \\ \vdots & \vdots & & \vdots \\ z_{m1}^k & z_{m2}^k & \cdots & z_{mn_k}^k \end{bmatrix}$，

$k = 1, 2, \cdots, p$。其中，$z_{mn_k}^k$ 为第 k 维度中第 m 个国家第 n_k 个子指标的同度量化后的数值。

3）计算熵值

设第 k 维度中第 j 个子指标 X_j^k 的熵值为 e_j^k，则

$$e_j^k = -\frac{1}{\ln m} \sum_{i=1}^{m} z_{ij}^k \ln z_{ij}^k \tag{4-4}$$

显然，在实证研究中，当 $z_{ij}^k = 0$ 时 $\ln z_{ij}^k$ 无意义，因此需对 z_{ij}^k 加以修正，将其

定义为 $z_{ij}^k = \dfrac{q + y_{ij}^k}{\sum\limits_{i=1}^{m}(q + y_{ij}^k)}$，$q$ 取任意小的数字，本章中取 $q = 10^{-7}$。从而，对于第 k 维

度指标体系 X_k，有熵值向量 $e_k = [e_1^k, e_2^k, \cdots, e_{n_k}^k]$。由式（4-4）知，给定第 k 维度中

第 j 个子指标，m 个不同国家的指标比重 z_{ij}^k 间差异越大，则熵值 e_j^k 越小。

4）计算权重

首先，设第 k 维度指标体系 X_k 下第 j 个子指标 X_j^k 的权重为 a_j^k，则

$$a_j^k = (1 - e_j^k) \bigg/ \sum_{k=1}^{p} \sum_{j=1}^{n_k} (1 - e_j^k), \quad k = 1, 2, \cdots, p, \quad j = 1, 2, \cdots, n_k \tag{4-5}$$

从而，构成第 k 维度指标体系 X_k 下各个子指标的权重向量 $A^k = [a_1^k, a_2^k, \cdots, a_{n_k}^k]$，$k = 1, 2, \cdots, p$。

其次，通过公式 $w^k = \sum\limits_{j=1}^{n_k} a_j^k$，$k = 1, 2, \cdots, p$，得到每个维度的权重 $W = [w^1,$

$w^2, \cdots, w^p]$。显然，p 个维度的权重值和等于 1，即 $\sum\limits_{k=1}^{p} w^k = 1$。

4.3.2 模糊综合评价模型

通常，国家风险的大小往往是相对的概念，没有明显的界线，是典型的模糊集概念。因此，用模糊集理论来描述评价指标连续变化这一问题更合理（Levy and Yoon，1995；Dikmen et al.，2007）。根据模糊数学理论，可以通过定量的方法将各维度的风险指标分成若干等级，再将各指标的实际数值与相应指标的分级表相结合，推算出其属于某一等级的隶属度。参考 ICRG 的分级标准，我们将本章的各个指标分为五个等级，分别对应低风险、较低风险、中等风险、较高风险、高风险。

本章选择的评价指标都属于区间型指标，其隶属度函数如下：

$$r_{ij,l}^k(x) = \begin{cases} 1 - \dfrac{\max\{c_{j,l} - x, x - c_{j,l+1}\}}{\max\{c_{j,l} - \min\limits_i x, \max\limits_i x - c_{j,l+1}\}}, & x \notin [c_{j,l}, c_{j,l+1}] \\ 1, & x \in [c_{j,l}, c_{j,l+1}] \end{cases} \quad (4\text{-}6)$$

其中，$i = 1, 2, \cdots, m$；$j = 1, 2, \cdots, n_k$；$k = 1, 2, \cdots, p$；$l = 0, 1, 2, 3, 4$。

本章中，$r_{ij,l}^k(x)$ 为第 i 个国家在第 k 维度指标体系 X_k 下第 j 个子指标的值 x_{ij}^k 所属第 l 风险区间的隶属度，则第 i 个国家在第 k 维度的模糊关系矩阵

$$R_i^k = \begin{bmatrix} r_{i1,0}^k & r_{i1,1}^k & \cdots & r_{i1,4}^k \\ r_{i2,0}^k & r_{i2,1}^k & \cdots & r_{i2,4}^k \\ \vdots & \vdots & & \vdots \\ r_{in_k,0}^k & r_{in_k,1}^k & \cdots & r_{in_k,4}^k \end{bmatrix}, \quad i = 1, 2, \cdots, m, \quad k = 1, 2, \cdots, p$$。因此，第 i 个国家在第 k

维度的风险评判结果集为 $B_i^k = A^k R_i^k = [a_1^k, a_2^k, \cdots, a_{n_k}^k] \begin{bmatrix} r_{i1,0}^k & r_{i1,1}^k & \cdots & r_{i1,4}^k \\ r_{i2,0}^k & r_{i2,1}^k & \cdots & r_{i2,4}^k \\ \vdots & \vdots & & \vdots \\ r_{in_k,0}^k & r_{in_k,1}^k & \cdots & r_{in_k,4}^k \end{bmatrix} =$

$[b_{i,0}^k, b_{i,1}^k, \cdots, b_{i,4}^k]$，其中，$b_{i,0}^k$ 为第 i 个国家在第 k 维度指标隶属于低风险的评价结果

值；$b_{i,4}^k$ 为第 i 个国家在第 k 维度指标隶属于高风险的评价结果值，从而第 i 个国家在最终海外能源投资风险评价指标体系中 p 个维度的风险评判结果矩阵为

$$C_i = \begin{bmatrix} B_i^1 \\ B_i^2 \\ \vdots \\ B_i^p \end{bmatrix} = \begin{bmatrix} b_{i,0}^1 & b_{i,1}^1 & \cdots & b_{i,4}^1 \\ b_{i,0}^2 & b_{i,1}^2 & \cdots & b_{i,4}^2 \\ \vdots & \vdots & & \vdots \\ b_{i,0}^p & b_{i,1}^p & \cdots & b_{i,4}^p \end{bmatrix}。$$

进而，通过式（4-7）计算第 i 个国家的综合评判结果集：

$$V_i = WC_i = [w^1, w^2, \cdots, w^p] \begin{bmatrix} B_i^1 \\ B_i^2 \\ \vdots \\ B_i^p \end{bmatrix} = [w^1, w^2, \cdots, w^p] \begin{bmatrix} b_{i,0}^1 & b_{i,1}^1 & \cdots & b_{i,4}^1 \\ b_{i,0}^2 & b_{i,1}^2 & \cdots & b_{i,4}^2 \\ \vdots & \vdots & & \vdots \\ b_{i,0}^p & b_{i,1}^p & \cdots & b_{i,4}^p \end{bmatrix}$$

$$= [v_{i,0}, v_{i,1}, \cdots, v_{i,4}] \tag{4-7}$$

其中，$v_{i,0}$ 为第 i 个国家隶属于低风险的评价结果值；$v_{i,4}$ 为第 i 个国家隶属于高风险的评价结果值。选取 V_i 中值最大的 $v_{i,l}$ 为最终的综合风险评价指数，其所属的风险等级也是国家 i 的最终风险评价等级。

4.4　区域合作国家风险评级结果分析

中国提出的"一带一路"倡议对于提升区域合作国家乃至全球的能源安全，改善区域合作国家能源工业设施落后，实现共赢意义重大。这一倡议得到了许多国家的关注和支持，截至 2022 年 3 月，中国已经同 149 个国家和 32 个国际组织签署共建区域合作文件。根据数据的可获得性，本章对其中的 48 个国家 2019 年的能源投资风险进行综合评价①。由于其余国家无法获取完整的指标集，经济体量比较小，同时多数共建合作时间过短等，暂不对其进行评价。

表 4-2 展示了区域合作 48 个国家 2019 年的基本情况统计。从表 4-2 中可以发现这 48 个区域合作国家人口总数为 31.89 亿人，占全球人口的 41.50%，但 GDP 为 14.04 万亿美元，仅占全球的 16.00%，大部分国家属于发展中国家，经济比较落后。区域合作国家石油总产量达到 4858.9 万桶/天，占世界石油总产量的 49.59%，

---

① 由于数据可获性，一氧化氮排放量为 2012 年数据，碳排放强度为 2013 年数据，燃料油炼化为 2014 年数据，PM2.5 为 2017 年数据，二氧化碳排放总量、人均能源消费量、森林面积占土地面积比例以及部分国家天然气探明储量为 2018 年数据，其余均为 2019 年数据。

天然气年产量为 64.51 万亿立方英尺[①]，占世界总量的 46.82%。区域合作国家内石油和天然气储量分别为 9446.1 亿桶和 5022.2 万亿立方英尺，分别占世界的 56.93% 和 69.98%。根据 BP 统计，全球十大石油资源国中，有 6 个为区域合作国家。由此可见，区域合作国家涵盖了世界主要的油气资源国，是全球重要的能源生产基地。另外，根据 EIA 数据，区域合作国家的炼油能力在全球占有重要地位，截至 2014 年底[②]，区域合作国家燃料油炼化合计 835.3 万桶/天，占世界总能力的 30.47%。预计未来区域合作国家炼油能力将继续增长，增长主要集中在沙特阿拉伯、印度、中国、印度尼西亚和越南等国家。

表 4-2　区域合作 48 个国家基本情况统计

区域	国家	人口/万人	GDP/亿美元	石油产量/（万桶/天）	石油储量/亿桶	天然气产量/（亿英尺³/年）	天然气储量/万亿英尺³	燃料油炼化/（万桶/天）
东亚	蒙古国	322.5	140.0	1.8	0	0	0	0
中亚	哈萨克斯坦	1 851.4	1 816.7	196.3	300.0	9 106.1	85.0	10.8
东盟	文莱	43.3	134.7	12.1	11.0	4 466.8	9.2	0.2
	印度尼西亚	27 062.6	11 191.9	90.2	31.7	25 496.7	100.4	36.0
	马来西亚	3 195.0	3 646.8	69.6	36.0	25 815.7	41.8	19.3
	缅甸	5 404.5	760.9	0.9	1.4	6 341.2	22.5	0.3
	菲律宾	10 811.7	3 768.0	1.1	1.4	1 243.2	3.5	6.1
	新加坡	570.4	3 720.6	0	0	0	0	21.7
	泰国	6 962.6	5 435.5	50.2	3.2	13 291.8	6.4	41.5
	越南	9 646.2	2 619.2	25.2	44.0	2 911.3	24.7	5.9
南亚	孟加拉国	16 304.6	3 025.7	1.5	0.3	10 110.6	6.0	0.7
	印度	136 641.8	28 689.3	83.7	44.2	11 251.1	47.3	193.7
	巴基斯坦	21 656.5	2 782.2	10.2	3.4	13 612.3	14.2	9.2
	斯里兰卡	2 180.3	840.1	0	0	0	0	1.0
西亚	巴林	164.1	385.7	20.8	1.1	6 452.7	7.4	8.1
	埃及	10 038.8	3 030.9	63.9	33.0	22 704.9	63.0	15.6
	伊朗	8 291.4	0	331.4	1 556.0	81 380.5	1 194.0	60.4
	伊拉克	3 931.0	2 340.9	481.4	1 472.2	3 782.5	132.2	10.4
	以色列	905.4	3 946.5	0	0.1	3 660.6	6.2	11.0
	约旦	1 010.2	445.0	0	0	40.9	0.2	1.9

---

① EIA 国际能源统计数据中，多半数国家 2019 年天然气产量数据缺失，本章对缺失的部分国家采用 2018 年的天然气产量数据代替；1 立方英尺 = 2.831 685 × 10^{-2} 立方米。

② EIA 国际能源统计数据中，绝大多数国家燃料油炼化数据仅更新至 2014 年，本章对所有国家采用 2014 年的燃料油炼化数据。

区域	国家	人口/万人	GDP/亿美元	石油产量/（万桶/天）	石油储量/亿桶	天然气产量/（亿英尺³/年）	天然气储量/万亿英尺³	燃料油炼化/（万桶/天）
西亚	科威特	420.7	1 346.3	302.1	1 015.0	6 263.1	63.0	22.1
	黎巴嫩	685.6	519.9	0	0	0	0	0
	阿曼	497.5	763.3	98.0	53.7	12 648.4	31.2	5.4
	卡塔尔	283.2	1 758.4	189.1	252.4	59 138.4	842.6	4.5
	沙特阿拉伯	3 426.9	7 929.7	1 144.8	2 662.6	39 821.7	307.8	75.3
	叙利亚	1 707.0	0	3.9	25.0	1 247.0	8.5	3.5
	土耳其	8 343.0	7 614.3	6.2	3.2	151.0	0.2	12.7
	阿联酋	977.1	4 211.4	411.4	978.0	22 359.9	215.1	7.9
	也门	2 916.2	225.8	6.1	30.0	31.8	16.9	1.6
独联体	亚美尼亚	295.8	136.7	0	0	0	0	0
	阿塞拜疆	1 002.4	480.5	78.4	70.0	8 148.9	35.0	6.0
	白俄罗斯	942.0	630.8	3.4	2.0	24.4	0.1	16.9
	摩尔多瓦	266.5	119.7	0	0	3.5	0	0
	俄罗斯	14 440.6	16 998.8	1 144.7	800.0	239 376.4	1 688.2	157.5
	乌克兰	4 438.6	1 537.8	7.3	4.0	7 069.6	39.0	1.7
中东欧	阿尔巴尼亚	285.4	152.8	1.5	1.7	16.0	0.2	0.2
	保加利亚	697.6	685.6	0.4	0.2	11.6	0.2	4.0
	克罗地亚	406.5	607.5	1.4	0.7	432.3	0.9	2.2
	捷克	1 067.2	2 506.8	0.5	0.2	73.8	0.1	6.9
	爱沙尼亚	132.7	314.7	2.3	0	0	0	0
	匈牙利	977.1	1 634.7	3.6	0.2	671.6	0.2	7.5
	拉脱维亚	191.4	341.0	0.2	0	0	0	0
	立陶宛	279.4	546.3	0.5	0.1	0	0	5.2
	波兰	3 796.5	5 958.6	3.1	1.2	2 009.4	3.1	21.7
	罗马尼亚	1 937.2	2 500.8	7.7	6.0	3 737.1	3.7	10.6
	塞尔维亚	694.5	514.8	1.7	0.8	166.9	1.7	2.4
	斯洛伐克	545.4	1 050.8	0.3	0.1	20.2	0.5	5.7
	斯洛文尼亚	208.8	541.7	0	0	5.5	0	0
	合计总量	318 857.1	140 350.0	4 858.9	9 446.1	645 097.4	5 022.2	835.3
	世界总量	768 380.6	877 345.7	9 798.1	16 592.0	1 377 852.8	7 176.9	2 741.3
	占比	41.50%	16.00%	49.59%	56.93%	46.82%	69.98%	30.47%

　　根据本章构建的基于 EW 的国家风险模糊综合评价模型，我们采用六个维度 35 个指标对区域合作 48 个国家的海外能源投资风险进行综合评价，并与只考虑政治风险、经济基础和投资环境三个维度的结果进行对比，说明能源投资的特殊

性，识别这些国家在能源投资方面的风险因素和主要特征。

4.4.1　基于三维度的能源投资风险评价

参考 ICRG 的分级标准以及各指标在不同国家的数值分布特点，确定各指标在评价集的分级标准。根据得到的分级表，采用熵值法得到三维度的指标权重（表4-3）。从表 4-3 中可以看出，政治风险、经济基础和投资环境的权重分别为 0.473、0.299 和 0.228。这一结果也与预期相一致，即对于一般的投资而言，如果只考虑这三种因素，政治的稳定程度无疑对于外国企业投资的顺利实施影响最大。显然，一国的政治风险水平越高，外国企业在选择投资目标的时候需要面临的风险越大，这就需要更高的投资回报率，而如果投资利益达不到预期，投资被放弃的可能性也会变大。因此，政治风险水平与该国的外企投资规模往往呈现相反的关系。具体来看，在政治风险维度中，政府稳固性权重最大，为 0.164。而对于经济基础和投资环境两个维度而言，显然，一国的经济越发达，投资环境越优越，越容易吸引外国企业进行投资，投资风险也越小。在经济基础维度中，人均 GDP 的权重最大，为 0.133；在投资环境维度中，商务启动难易指数、纳税负担指数和解决破产行政三个指标权重均较大，分别为 0.047、0.044 和 0.046。

表 4-3　三维度风险评价指标权重

维度	维度权重	指标	指标权重
政治风险	0.473	政府稳固性	0.164
		内部冲突	0.055
		外部冲突	0.072
		腐败	0.071
		法治与秩序	0.046
		民主责任制	0.065
经济基础	0.299	人均 GDP	0.133
		实际 GDP 增长率	0.029
		年通胀率	0.029
		预算平衡占 GDP 比例	0.042
		外债占 GDP 比例	0.049
		汇率稳定性	0.017
投资环境	0.228	商务启动难易指数	0.047
		获得施工许可难易指数	0.016
		获得电力难易指数	0.036
		纳税负担指数	0.044
		合同执行力度指数	0.039
		解决破产行政	0.046

根据计算得到的各指标权重,采用模糊评级模型得到基于三维度的国家风险。表 4-4 展示了三维度指标体系下的区域合作国家能源投资风险综合评价。可以看出,在这 48 个国家中,有 14 个低风险国家,5 个较低风险国家,11 个中等风险国家,3 个较高风险国家,15 个高风险国家。其中,新加坡、阿联酋、卡塔尔等国家风险等级最低,而也门、叙利亚、巴基斯坦等国的风险等级最高。整体来看,中东欧国家大多属于较低风险国家,独联体国家多集中在中高风险区域,西亚国家多集中在较高风险和高风险区域,而东盟国家风险出现两极分化,其中新加坡、文莱等属于低风险国家,而缅甸属于高风险国家。

表 4-4　2019 年区域合作国家能源投资风险综合评价

区域	国家	三维评级	区域	国家	三维评级	区域	国家	三维评级
东亚	蒙古国	高	西亚	巴林	中等	独联体	亚美尼亚	低
中亚	哈萨克斯坦	中等		埃及	高		阿塞拜疆	中等
东盟	文莱	低		伊朗	高		白俄罗斯	高
	印度尼西亚	较低		伊拉克	高		摩尔多瓦	高
	马来西亚	中等		以色列	低		俄罗斯	中等
	缅甸	高		约旦	高		乌克兰	中等
	菲律宾	中等		科威特	较低	中东欧	阿尔巴尼亚	高
	新加坡	低		黎巴嫩	高		保加利亚	较高
	泰国	中等		阿曼	低		克罗地亚	低
	越南	较低		卡塔尔	低		捷克	低
南亚	孟加拉国	高		沙特阿拉伯	较低		爱沙尼亚	低
	印度	中等		叙利亚	高		匈牙利	较低
	巴基斯坦	高		土耳其	较高		拉脱维亚	低
	斯里兰卡	高		阿联酋	低		立陶宛	低
				也门	高		波兰	中等
							罗马尼亚	较高
							塞尔维亚	中等
							斯洛伐克	低
							斯洛文尼亚	低

4.4.2　基于六维度的能源投资风险评价

在 4.4.1 节三个维度的基础上,本节将资源属性、环境约束和中国因素三个维度加入评价体系,针对能源投资风险进行重新评价。通过 EW 法确定出六个维度的权重(表 4-5)。根据表 4-5 可知,政治风险、经济基础、投资环境、资源属性、环境约束和中国因素六个维度的权重分别为 0.059、0.037、0.029、0.474、

表 4-5 六维度风险评价指标权重

维度	维度权重	指标	指标权重
政治风险	0.059	政府稳固性	0.021
		内部冲突	0.007
		外部冲突	0.009
		腐败	0.009
		法治与秩序	0.005
		民主责任制	0.008
经济基础	0.037	人均 GDP	0.016
		实际 GDP 增长率	0.004
		年通胀率	0.004
		预算平衡占 GDP 比例	0.005
		外债占 GDP 比例	0.006
		汇率稳定性	0.002
投资环境	0.029	商务启动难易指数	0.006
		获得施工许可难易指数	0.001
		获得电力难易指数	0.005
		纳税负担指数	0.006
		合同执行力度指数	0.005
		解决破产行政	0.006
资源属性	0.474	石油产量	0.093
		石油探明储量	0.109
		天然气产量	0.090
		天然气探明储量	0.113
		炼油能力	0.069
环境约束	0.040	二氧化碳排放总量	0.002
		一氧化氮排放总量	0.001
		人均能源消费量	0.004
		碳排放强度	0.002
		$PM_{2.5}$	0.007
		森林面积占土地面积比例	0.024
中国因素	0.361	建交年限	0.028
		中国对外直接投资存量	0.079
		中国对外承包工程完成营业额	0.049
		中国对外承包工程和劳务合作人数总和	0.076
		资源国从中国进口贸易总额	0.061
		资源国向中国出口贸易总额	0.068

0.040 和 0.361。通过对比可以发现，在能源投资风险评价中，资源属性的指标权重要远大于政治风险，这意味着仅仅采用 4.4.1 节的国家风险的评价标准进行能源投资风险评价会导致对风险的评估存在偏差，进而忽略资源属性差异带来的投资风险。此外，可以发现，中国因素的权重排在第二位，这充分说明不同国家在同一资源国进行投资的风险是不同的，会受到两国关系紧密程度的影响。显然，投资国和被投资国的关系越紧密，投资会越顺利，风险也会降低。环境约束与政治风险的权重基本相同，也说明在考虑能源投资风险时，资源国的环境容量问题也是影响投资风险的重要因素。这与全球各国都在向绿色低碳经济转型，全面应对气候变化挑战密切相关。

从具体子指标权重来看，政治风险、经济基础和投资环境的子指标权重相对大小及其分布与三维度的结果基本一致。在资源属性维度中，石油探明储量和天然气探明储量的权重较大，均超过了 0.100，这说明资源属性对于能源投资选择非常重要，这也是尽管中东国家政治风险很高，但仍然吸引了大量的国际资金进行能源投资的主要原因。而在中国因素中，中国对外直接投资存量与中国对外承包工程和劳务合作人数总和两指标权重较大，分别高达 0.079 和 0.076，这也说明在众多区域合作国家中，中国是输出资本和劳动力较多的国家，能源投资风险相对较小。

表 4-6 展示了 2019 年六维度区域合作国家能源投资风险综合评价。从表 4-6 中可以看出，评价结果与三维度风险评价结果存在很大的差异。在评价的区域合作 48 个国家中，35 个国家的风险等级发生了变化。低风险国家 2 个，较低风险国家 12 个，中等风险国家 21 个，较高风险国家 10 个，高风险国家 3 个。从能源投资角度出发，仍有约 27% 的区域合作国家风险较高，也说明了能源投资决策的困难性和风险性。

表 4-6　2019 年区域合作国家能源投资风险综合评价

区域	国家	低风险	较低风险	中等风险	较高风险	高风险	风险评级
东亚	蒙古国	0.212	0.874	0.904	0.908	0.901	较高
中亚	哈萨克斯坦	0.547	0.906	0.907	0.875	0.854	中等
东盟	文莱	0.201	0.870	0.918	0.896	0.879	中等
	印度尼西亚	0.778	0.854	0.764	0.721	0.707	较低
	马来西亚	0.676	0.813	0.775	0.732	0.704	较低
	缅甸	0.329	0.921	0.910	0.879	0.878	较低
	菲律宾	0.193	0.909	0.952	0.916	0.898	中等
	新加坡	0.380	0.747	0.762	0.729	0.701	中等
	泰国	0.473	0.916	0.906	0.860	0.838	较低
	越南	0.490	0.880	0.817	0.782	0.778	较低

区域	国家	低风险	较低风险	中等风险	较高风险	高风险	风险评级
南亚	孟加拉国	0.332	0.901	0.906	0.874	0.877	中等
	印度	0.470	0.804	0.793	0.760	0.763	较低
	巴基斯坦	0.388	0.836	0.848	0.858	0.863	高
	斯里兰卡	0.182	0.907	0.929	0.912	0.899	中等
西亚	巴林	0.165	0.847	0.942	0.946	0.931	较高
	埃及	0.396	0.906	0.899	0.873	0.885	较低
	伊朗	0.693	0.744	0.727	0.703	0.696	较低
	伊拉克	0.660	0.855	0.783	0.757	0.760	较低
	以色列	0.301	0.886	0.940	0.918	0.880	中等
	约旦	0.122	0.863	0.951	0.954	0.938	较高
	科威特	0.591	0.919	0.863	0.833	0.814	较低
	黎巴嫩	0.089	0.852	0.943	0.953	0.946	较高
	阿曼	0.346	0.898	0.925	0.901	0.882	中等
	卡塔尔	0.427	0.797	0.826	0.813	0.806	中等
	沙特阿拉伯	0.735	0.638	0.650	0.628	0.618	低
	叙利亚	0.132	0.853	0.909	0.907	0.930	高
	土耳其	0.242	0.894	0.949	0.929	0.904	中等
	阿联酋	0.713	0.878	0.805	0.779	0.758	较低
	也门	0.116	0.835	0.903	0.925	0.946	高
独联体	亚美尼亚	0.107	0.848	0.928	0.937	0.928	较高
	阿塞拜疆	0.223	0.861	0.942	0.930	0.916	中等
	白俄罗斯	0.182	0.871	0.941	0.936	0.919	中等
	摩尔多瓦	0.090	0.832	0.928	0.948	0.941	较高
	俄罗斯	0.715	0.567	0.517	0.500	0.487	低
	乌克兰	0.184	0.859	0.954	0.946	0.932	中等
中东欧	阿尔巴尼亚	0.128	0.875	0.913	0.923	0.911	较高
	保加利亚	0.160	0.898	0.928	0.928	0.902	较高
	克罗地亚	0.142	0.872	0.947	0.948	0.917	较高
	捷克	0.226	0.917	0.921	0.899	0.870	中等
	爱沙尼亚	0.139	0.854	0.922	0.924	0.896	较高
	匈牙利	0.207	0.918	0.940	0.915	0.883	中等
	拉脱维亚	0.137	0.857	0.928	0.924	0.900	中等
	立陶宛	0.146	0.870	0.946	0.938	0.906	中等
	波兰	0.296	0.924	0.925	0.903	0.869	中等
	罗马尼亚	0.225	0.901	0.922	0.917	0.890	中等
	塞尔维亚	0.281	0.866	0.877	0.854	0.832	中等
	斯洛伐克	0.287	0.850	0.844	0.831	0.804	较低
	斯洛文尼亚	0.164	0.861	0.919	0.918	0.892	中等

整体来看，从能源投资的角度，一些大的资源国的投资风险出现了明显的下降，主要是因为这些资源国具有丰富的油气储量，从资源的开发潜力来看，在这些国家进行能源投资更容易获得需要的能源资源，在资源的可获性方面风险较低。对比表 4-4 和表 4-6 的变化可以发现，在能源投资风险评价中，中东欧国家的投资风险有所上升，大多集中在中高风险区域；独联体国家中的俄罗斯风险下降明显，成为低风险国家；部分西亚国家风险等级改善明显，从高风险变为较低风险，如伊朗和伊拉克；南亚国家风险也显著降低。通过这些变化可以看出，在考虑了能源投资的特殊性以后，资源属性和中国因素对于评价结果的影响很大，一些资源潜力大、与中国关系亲密的国家投资风险降低，更具有能源投资价值。

从具体维度来看，不同国家的能源投资风险具有很大的差异性。比如，新加坡的政治风险、经济基础和投资环境在区域合作国家中都属于比较靠前的，对于一般性的外商投资具有很大的吸引力。虽然新加坡的整体投资风险不高，但是从资源属性这个维度来看，新加坡基本排在最后，油气投资价值较低。而俄罗斯不仅资源属性在区域合作国家中排在最前面，投资环境和经济基础也相对较好，并且与中国接壤，具有很好的地理优势，中俄已经建立了多条天然气管道，具有很好的能源合作基础，对中国而言俄罗斯是很好的油气投资目标。

具有相邻地理位置的国家的能源投资风险也存在很大的差异性。中东地区一直是世界上地缘局势风险比较突出的区域，政局动荡、政权更替、战乱、宗教冲突等政治威胁使得中东地区的稳定性对于世界能源供需格局以及市场价格波动影响巨大。从分析来看，中东国家的资源潜力在区域合作国家中比较突出，中东国家也是世界上最主要的油气资源区。但是，中东国家的政治风险也是能源投资面临的最大风险。从结果来看，阿联酋、科威特和沙特阿拉伯属于中东地区政治相对稳定的国家，投资吸引力更强，伊朗和伊拉克虽然政局不稳定，但是油气的资源潜力排在世界前列，对于能源投资的开放程度也相对较高，并且与中国的外交关系相对稳定，因此，对于中国而言也具备很好的投资价值。

从均衡投资环境和资源属性的角度来看，中亚地区的哈萨克斯坦、东南亚的马来西亚也都是亚洲区域不错的能源投资选择。哈萨克斯坦是中亚最大的经济体，有非常丰富的能源资源。特别是哈萨克斯坦的煤炭、石油和天然气资源比较均衡，国内的能源投资政策也比较开放，与中国、美国和俄罗斯等大国都有战略合作关系，但其处于欧亚的中心地带，政治环境缺乏长期稳定性，也给投资带来一定的风险。马来西亚是东南亚地区政治风险相对较低的国家，并且经济比较开放，基础设施相对完善。马来西亚政府长期致力于改善投资环境，推出了一系列投资刺激政策，将油气能源作为国家经济关键领域，也是其吸引海外投资的重要手段。

总体来看，随着"一带一路"倡议的推进，区域合作国家的投资环境都会有所改善，国内市场的开放性、对外资的鼓励政策会有所提升。特别是在后金融危机时代，各国亟须找到刺激经济复苏的增长点，"一带一路"倡议拉动了国家间的能源投资合作，以能源投资为纽带，也会带动基础设施建设、劳务承包合同以及新能源技术等更广泛的合作领域。这些合作可以有效降低区域内资源国的投资风险，有利于全球能源的持续稳定供应，促进全球能源市场平稳有效运行，并对维护全球能源安全做出积极贡献。

4.5　本章小结

本章建立了基于 EW 的能源投资风险模糊综合评价模型，对区域合作国家的能源投资风险进行了综合评价。

在能源投资风险评价指标体系中，资源属性和中国因素权重较大，对风险评价的结果影响较大。这说明一国在选择资源国进行能源投资时，更多会优先考虑资源潜力丰富、与本国外交关系稳定且具有长期合作基础的资源国。除此之外，与一般性的投资相似，资源国的经济基础和投资环境也是进行能源投资需要考虑的主要因素。通过与国家风险评价结果进行对比，验证了能源投资的特殊性，在考虑了能源投资属性后，一些政治、经济风险较小的国家由于资源匮乏，在能源投资视角下反而变成了中高风险国家。如果仅凭国家风险做出简单的投资策略选择往往会加大投资的风险和失败的概率。

通过对区域合作国家的能源投资风险进行分析，我们发现区域合作资源国的投资风险整体相对较高，但是，中国在不同区域仍有很多合适的投资选择，如东盟的印度尼西亚和马来西亚、西亚的沙特阿拉伯和阿联酋、中亚的哈萨克斯坦、独联体国家的俄罗斯等。在全球各国应对气候变化和能源安全的双重挑战下，能源合作变成了能源需求国和资源国的共同诉求。"一带一路"倡议下的能源投资，涵盖了更多元化的国家角色，更符合全球能源治理的理念和构想。

针对中国在区域合作国家的能源投资可能面临的风险，我们提出以下建议：①综合考虑多方面风险，优化整体布局。我国在进行海外资源投资时，不应仅着眼单一项目风险，而应着眼于全球整体性风险的评估和防范；不应着眼于消极被动的风险规避，而应着眼于未来的市场机遇和海外投资的可持续发展。②为投资者拓展提供信息咨询服务的渠道，构建海外投资风险预警机制。中国企业往往对海外投资市场、竞争环境以及法律法规的了解不够，市场信息不对称的问题增加了企业进入海外市场的风险。应该建立国家级海外投资信息平台，跟踪国际资源市场变化，定期发布信息和预警提示，形成防范海外投资风险预警机制。③加强海外投资风险管理的立法和政策支持。加紧制定对外投资法规体系，完善海外资源投资的财税扶植政策；设立能源海外投资基金，建立海外投资保险制度。完善双边、区域投资保护机制，争取尽可能地与各资源国政府签订关于相互鼓励和保护投资的双边、区域以及多边合作协议。

第 **5** 章

中国能源转型与能源安全监测预警

伴随全球能源转型趋势，我国的能源体系也正在经历从化石能源向非化石能源加速演变的过程。复杂多变的国际局势和国际能源格局给我国能源安全带来了新的挑战，能源安全对策的时效性和有效性被提升到新的高度。在这种形势下，如何建立科学的能源安全监测和预警体系具有重要意义。为此，本章从我国能源消费、生产及进出口的角度出发，在系统总结近年来我国能源转型的规律特征的基础上，构建我国宏观能源安全月度指数，并据此深入分析我国当前面临的能源安全问题，提出我国能源安全监测预警及政策建议。

5.1 中国能源转型与能源安全监测背景

能源是国民经济的重要支撑，能源安全直接影响国家的可持续发展和社会稳定。作为世界上最大的能源进口国，中国能源安全始终面临着严峻的挑战。海关总署和国家统计局数据表明，2020 年，中国的原油和天然气进口量分别为 5.42 亿吨和 1397 亿立方米；同时，由于我国高污染性煤电发电量占总发电量的 63.15%，二氧化碳排放量一直居高不下。根据 BP 统计，2020 年中国的二氧化碳排放量高达 98.94 亿吨，居世界首位。在能源转型的背景下，以高污染能源为主的消费结构会进一步加剧我国能源供给的不稳定性与不确定性，对我国能源安全带来巨大影响。

当前，我国政府和实业界都在积极应对能源安全面临的新挑战。伴随能源风险不确定性的不断加剧，国家能源系统对能源安全的监测和预警能力提出了更高要求。据新华社报道，2021 年 3 月 15 日，习近平主持召开中央财经委员会第九次会议，并强调"要加强国际交流合作，有效统筹国内国际能源资源。要加强风险识别和管控，处理好减污降碳和能源安全、产业链供应链安全、粮食安全、群众正常生活的关系"[①]。在此背景下，能源安全监测和预警体系具有重要意义，它

---

① 《习近平主持召开中央财经委员会第九次会议》，http://www.gov.cn/xinwen/2021-03/15/content_5593154.htm[2022-11-06].

能够帮助我们准确识别我国所面临的能源风险并研判未来的能源安全形势，从而为能源安全政策的制定和实施提供科学指导。

事实上，能源的生产、消费和进出口是能源流转的关键环节，也是存在能源安全性漏洞的关键环节。因此，通过选取特定指标，从能源的生产、消费和进出口三个方面出发，就能够实现对能源安全的全方位监测。然而，我国宏观能源时间序列指标数量多且关系复杂，能源消费、能源生产以及能源系统结构单个或单类指标可以从单个方面反映我国能源转型以及能源安全特征，但难以从整体上对能源安全进行直观的定量刻画。一些学者构建了中国能源安全评价指标体系，从而评估了中国地区的综合或重要维度的年度能源安全（Zhang et al.，2013；Geng and Ji，2014；Zhang et al.，2017）。然而，一国能源安全短期对策需要及时响应，年度的能源安全综合指数难以及时评估极端地缘风险下的我国能源安全水平，在能源安全短期对策方面的应用存在一定局限。因此，构建高频的月度能源安全综合指数，对于及时有效地制定短期能源安全对策、保障能源持续供应和经济平稳发展至关重要。

综上，本章首先从我国能源消费、生产及进出口的角度，系统总结 2000～2018 年我国能源转型的规律特征，分析我国当前能源安全存在的问题。在此基础上，通过动态因子模型构建我国宏观能源安全月度指数，对我国能源安全进行动态监测和预警分析，并结合能源消费、生产及进出口趋势特征，提出能源安全应对策略。

5.2　中国能源消费与能源安全

作为世界上最大的能源消费国，中国的消费总量逐年攀升，增速远高于世界平均水平。从消费结构上看，受环境保护和气候变化等压力的影响，我国能源消费结构不断优化，化石能源在我国消费总量中呈下降趋势，核能和可再生能源整体消费比重上升，但能源结构依然是煤炭占据主导地位。

5.2.1　我国一次能源消费总量及消费结构

一次能源是指从自然界取得的未经任何加工、改变或转换的能源。在统计核算中包含原煤、原油、天然气[①]、核能、水电和其他可再生能源[②]（风能、太阳能、地热能、生物质能等），其中前三种能源被称为化石能源，后两种能源被称为可再生能源，而天然气、核能、水电和其他可再生能源又被统称为清洁能源。附表 B-1 和附表 B-2 分别为中国及世界一次能源消费总量，图 5-1 和图 5-2 分别展示了我国 2000～2018 年一次能源消费量和消费结构的演变趋势。具体可以归纳为以下特点。

---

　① 如不做特别说明，本章煤炭和石油均表示原煤和原油，天然气为管道天然气和液体天然气（liquefied natural gas，LNG）总和。

　② 根据《BP 世界能源统计年鉴》（2019），其他可再生能源以可再生资源发电总量为基准，包括风能、热能、太阳能、生物质能和垃圾发电。

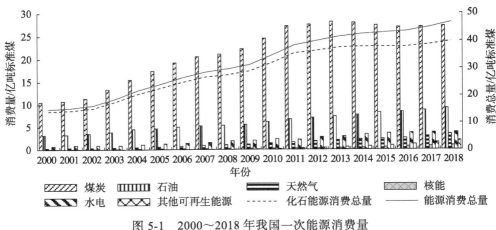

图 5-1 2000～2018 年我国一次能源消费量

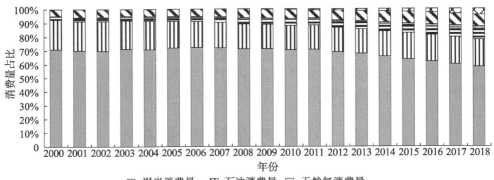

图 5-2 2000～2018 年我国一次能源消费结构

（1）我国一次能源消费总量不断攀升，增速远高于世界平均水平。从 2000 年的 14.83 亿吨标准煤上升至 2018 年的 46.76 亿吨标准煤，18 年间消费量上涨了 215.31%，平均每年涨幅为 6.59%。根据 BP 发布的《BP 世界能源统计年鉴》（2019），2000 年和 2018 年世界能源消费总量分别为 134.04 亿吨标准煤和 198.08 亿吨标准煤，18 年间消费量上涨了 47.78%，平均每年涨幅为 2.19%。可见，在 2000～2018 年，中国能源消费年均涨幅约为世界能源消费年均涨幅的 3 倍。

（2）我国一次能源消费结构不断优化，化石能源在我国消费总量中的占比呈下降趋势。2000 年，我国化石能源消费量和能源消费总量分别为 14.05 亿吨标准煤和 14.83 亿吨标准煤，化石能源占比高达 94.74%；2018 年，我国化石能源消费量和能源消费总量分别为 39.88 亿吨标准煤和 46.76 亿吨标准煤，化石能源占比降低至 85.29%，相较于 2000 年，占比减少了 9.45 个百分点。但总体来看，我国能源消费结构依然以化石能源为主。

（3）煤炭消费比例居高不下，能源转型缓慢进行中。首先，尽管 2011 年之后煤炭消费比重有所下降，但煤炭依然占据主导地位。2000～2006 年，我国煤炭消费比重呈现上涨趋势，并于 2006 年达到峰值 72.33%。随后，该比重不断下降，尤其是 2011 年后，受资源约束和气候变化等压力的影响，我国煤炭消费量增速放缓，消费占比加速下降，并于 2018 年下降至 18 年间最低水平（58.25%）。其次，石油的消费量呈现稳步上升趋势，消费占比基本持平。2000 年，石油消费量为 3.20 亿吨标准煤，2018 年上涨至 9.16 亿吨标准煤，增幅为 186.25%，消费占比一直在 20%左右徘徊。再次，天然气消费量和消费占比增速明显。2018 年天然气消费量为 3.48 亿吨标准煤，是 2000 年消费量的 10.88 倍，且天然气消费占比一直呈上涨趋势，从 2000 年的 2.13%增至 2018 年的 7.43%，年均增幅达 7.19%。最后，核能和可再生能源整体消费比重上升，2018 年占比增至 14.73%。其中，水电、核能和其他可再生能源分别占比 8.31%、2.04%和 4.38%，相较于 2000 年的 4.84%、0.37%和 0.07%，分别上涨了 3.47 个百分点、1.67 个百分点和 4.31 个百分点。天然气、核能、水电等清洁能源消费量和消费占比的增加有助于优化我国能源消费结构，降低环境污染的同时，减少对能源进口的依赖，提升我国的能源安全水平。

5.2.2　我国一次能源消费增速及全球占比

对比分析我国能源消费量和全球能源消费量，能够帮助我们更加清晰地认识我国能源体系在全球中的角色与定位。图 5-3 展示了世界一次能源主要消费国消费总量及全球占比，图 5-4 和图 5-5 分别展示了 2000～2018 年我国化石能源和非化石能源消费全球占比及消费增速。具体呈现以下特点。

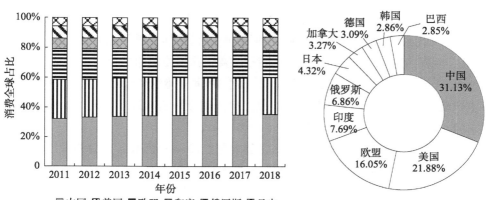

(a) 2011~2018年世界一次能源主要消费国（地区）消费总量

(b) 2018年世界前十能源消费国（地区）一次能源消费全球占比

图 5-3　世界一次能源主要消费国（地区）消费总量及全球占比

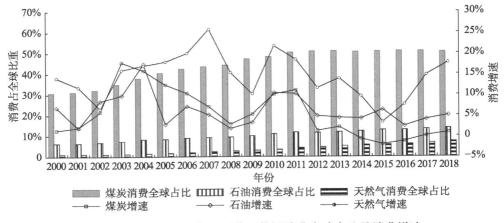

图 5-4　2000~2018 年我国化石能源消费全球占比及消费增速

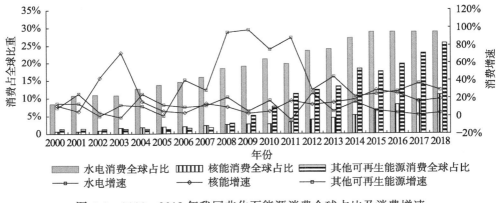

图 5-5　2000~2018 年我国非化石能源消费全球占比及消费增速

（1）我国是世界上最大的能源消费国，且能源消费全球占比逐年增加。2000~2018 年，我国和世界能源消费总量分别从 14.83 亿吨标准煤和 134.04 亿吨标准煤上涨至 46.76 亿吨标准煤和 198.08 亿吨标准煤，我国能源消费全球占比从 11.06% 上涨至 23.61%，增加了 12.55 个百分点。据《BP 世界能源统计年鉴》（2019），2018 年中国能源消费量排名世界第一，能源消费占比分别超出第二名美国和第三名欧盟 7.02 个百分点和 11.43 个百分点。

（2）我国化石能源消费量均排名世界前列。2018 年煤炭、石油和天然气消费全球占比分别为 50.55%、13.75% 和 7.35%，排世界第一名、第三名和第四名。具体而言，首先，我国是世界上最大的煤炭消费国，煤炭消费量接近全球一半。2000~2011 年，我国煤炭消费全球占比不断攀升，从 30.72% 增长至 50.33%，首次突破 50%，年均增幅 4.59%。随后随着煤炭消费量增速放缓，全球占比基本持平，直至 2018 年连续八年维持在 50% 的水平线上。其次，石油和天然气消费全球占比稳步攀升，分别从 2000 年的 6.28%和 1.02%上涨至 2018 年的 13.75%和 7.35%，累计增加了 7.47 个百分点和 6.33 个百分点。随着"十三五"期间对环保要求的进一步严格，我国更加注重天然气的发展，多地推行"煤改气"等政策，使得天然气消费增速于 2015 年后有明显提升，从 2016 年的 12.84%快速增加至 2018 年的 17.71%。

（3）我国非化石能源消费量明显增加，消费全球占比排名不断提升。首先，我国水电相对成熟，其消费量多年来稳步上升，2018 年消费全球占比排名世界第一。2000～2015 年，水电消费全球占比从 8.39%上升至 28.69%，随后一直保持在 28%的水平区间上。其次，核能和其他可再生能源消费全球占比在 2008 年后有较为明显的提升，从 2008 年的 2.50%和 2.86%迅速增加到 2018 年的 10.89%和 25.57%，核能的消费占比全球排名也从第九名迅速上升至第三名，其他可再生能源消费全球占比排名则从 2010 年第四名上涨至 2018 年的第一名[①]。

5.3　中国能源生产与能源安全

作为世界上最大的能源生产国，2000～2018 年我国能源生产总量整体呈上升态势，产量增速远超世界平均水平。从一次能源生产结构上看，我国能源生产一直以煤炭为主，2018 年中国煤炭产量占全球总产量的 46.69%，但清洁能源占比不断增加，2018 年是世界第一大可再生能源生产国。从电力生产结构上看，我国电力生产仍以火电为主，但 2011 年以来核电和可再生能源发电比重逐年增多，电力生产结构持续优化。此外，我国化石能源自给率整体呈下降趋势，能源供应缺口逐年拉大，能源安全形势不容乐观。

5.3.1　我国一次能源生产总量及生产结构

把握国家能源生产的历史和现状有助于我们理解我国消费格局，厘清未来能源发展方向。图 5-6 和图 5-7 分别展示了我国 2000～2018 年一次能源生产量和生产结构，附表 B-3 和附表 B-4 分别为中国及世界一次能源生产总量。具体表现为以下特点。

（1）我国一次能源生产总量整体呈上升态势，产量增速远超世界平均水平。从 2000 年的 14.35 亿吨标准煤上升至 2018 年的 37.80 亿吨标准煤，18 年间生产量上涨了 163.41%，平均每年涨幅为 5.53%。2000 年和 2018 年世界能源生产总量分别为 133.97 亿吨标准煤和 197.71 亿吨标准煤，18 年间生产量上涨了 47.58%，平均每年涨幅为 2.19%。可见，在 2000～2018 年，中国能源生产年均涨幅约为世

---

① 数据来源于各年《BP 世界能源统计年鉴》，由于 2010 年之前该年鉴不统计其他可再生能源消费量，因此这里的排名比较未能与核能一样从 2008 年开始计算。

界能源生产年均涨幅的 2.53 倍。

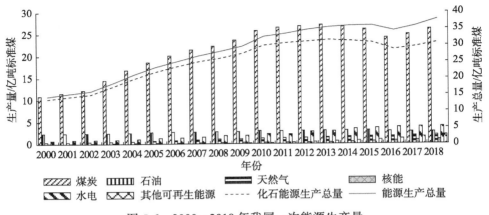

图 5-6　2000～2018 年我国一次能源生产量

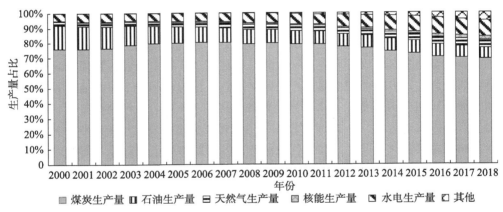

图 5-7　2000～2018 年我国一次能源生产结构

（2）我国能源生产一直以煤炭为主，但清洁能源占比不断增加。2000～2013
年我国煤炭产量一直呈上升趋势，从 2000 年的 10.89 亿吨标准煤增加至 2013 年
的 27.07 亿吨标准煤，年均增幅约为 7.26%，其后受国家产业结构调整和去产能等
政策的影响，煤炭产量有所下降，2016 年产量仅为 24.16 亿吨标准煤，较 2013 年
减少了 10.75%。之后煤炭产业表现出回暖态势，煤炭产量有所上升，但 2018 年
产量仍低于历史最高水平。纵观 2000～2018 年，我国煤炭生产占比均大于 69.00%，
2006 年这一比例更是高达 80.29%，呈现以煤炭为主的生产结构，但随着煤炭资源
的消耗和新能源的不断发展，自 2006 年之后，我国煤炭生产占比开始呈现下降趋
势，2018 年该比例下降至 69.11%，较 2006 年减少了 11.18 个百分点。与此类似
地，受资源禀赋等因素的影响，我国石油产量近年来也有所下降，2018 年石油生

产占比为 7.15%，相较于 2000 年的 16.19%减少了 9.04 个百分点。同时，我国天然气、核能、水电和其他可再生能源等清洁能源的产量均呈上升趋势，从 2000 年的 1.13 亿吨标准煤增长至 2018 年的 8.97 亿吨标准煤，18 年间增加了近 7 倍。相应地，清洁能源生产占比从 2000 年的 7.90%上涨至 2018 年的 23.74%，增加了 15.84 个百分点，发展势头迅猛。

5.3.2 我国一次能源生产增速及全球占比

图 5-8 和图 5-9 分别展示了 2000～2018 年我国化石能源和非化石能源生产全球占比及生产增速。结合附表 B-3 和附表 B-4，我们可以归纳为以下特点。

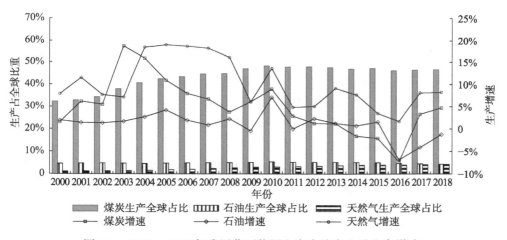

图 5-8   2000～2018 年我国化石能源生产全球占比及生产增速

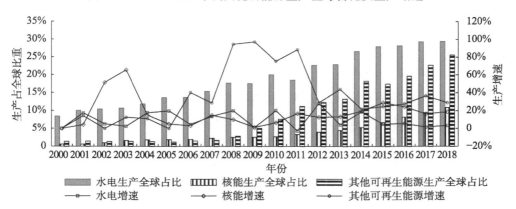

图 5-9   2000～2018 年我国非化石能源生产全球占比及生产增速

（1）我国是世界上最大的能源生产国，全球占比近年来趋于平缓。2000～2018 年，我国和世界能源生产总量分别从 14.35 亿吨标准煤和 133.97 亿吨标准煤上涨至 37.8 亿吨标准煤和 197.71 亿吨标准煤，我国能源生产全球占比从 10.71%上涨至 19.12%，增加了 8.41 个百分点。据 2019 年 IEA 发布的《世界能源平衡表》(World Energy Balances)，2018 年中国能源生产量排名世界第一[1]。自 2011 年后，生产全球占比增速明显放缓，并在 2014 年后出现明显下跌，但 2016 年以来随着我国能源生产结构的不断优化调整，这一比例再次出现上升趋势。

（2）我国化石能源产量全球份额差异较大。2018 年，中国煤炭、石油和天然气的产量分别排名全球第一、第七和第六，分别占全球煤炭、石油和天然气总产量的 46.69%、4.23%和 4.18%。具体而言，首先，我国是世界上第一大煤炭生产国，占据了世界煤炭生产的半壁江山。2000～2010 年，我国煤炭生产全球占比从 32.41%一路上升至 48.25%，上涨了 15.84 个百分点。在此之后，我国煤炭生产全球占比基本持平，一直维持在 47%左右。其次，我国石油生产全球占比 2010 年后有所下跌，受资源禀赋和技术限制等因素的影响，从 2010 年的 5.19%降低至 2018 年的 4.23%，共计下降了 0.96 个百分点。最后，相较于煤炭和石油这两种化石能源，天然气的清洁性十分凸显，因此我国一直重视天然气的开采利用，天然气生产增速一直保持在较高水平。2000~2018 年，天然气生产全球占比从 2000 年的 1.12%上升至 2018 年的 4.18%，增加了近 3 倍。

（3）我国非化石能源生产全球占比增速明显，已成为世界第一大可再生能源生产国。2018 年，我国核能、水电和其他可再生能源生产全球占比分别为 10.9%、29.4%和 25.55%（排名世界第二、第一、第一），相较于 2000 年的 0.65%、8.39%和 1.37%，分别增加了 10.25 个百分点、21.01 个百分点和 24.18 个百分点。随着政策扶持和装机容量的不断上升，未来可再生能源发展潜力巨大。

5.3.3　我国电力生产结构

图 5-10 和图 5-11 分别展示了我国 2011～2018 年的分电源发电量及发电结构，附表 B-5 为我国各类电源的发电量。具体表现为以下特点。

（1）我国发电总量整体呈上升趋势，各类电源发电增速差异较大。2011~2018 年，我国各类电源发电总量从 47 306 亿千瓦时增加至 69 940 亿千瓦时，上涨了 47.85%，年均增幅约为 5.74%。其中，火电、水电、核电、风电和太阳能发电年均增幅分别为 3.38%、9.15%、18.98%、25.63%和 125.42%。可以看出，太阳能发电量增速巨大，这和我国这些年来的光伏扶持政策密不可分。

---

① 截至 2020 年 5 月，2019 年 BP 尚未统计各国能源产量，这里以 IEA 数据暂替。由于统计口径和转换方式略有不同，我国能源生产全球占比的数据有些许出入，但整体不会影响分析和趋势研判。

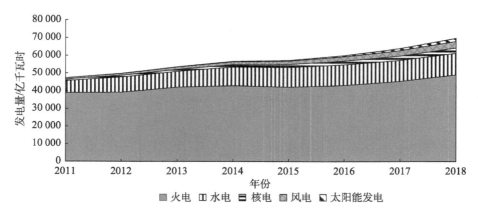

图 5-10　2011～2018 年我国分电源发电量

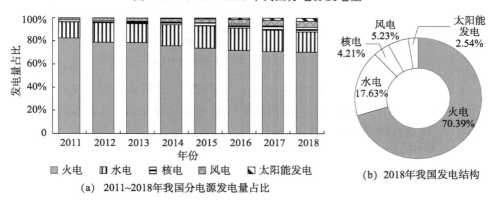

（a）2011~2018年我国分电源发电量占比

（b）2018年我国发电结构

图 5-11　2011～2018 年我国分电源发电量占比和发电结构

（2）我国电力生产仍以火电为主，但 2011 年以来核电和可再生能源发电比重逐年增多，电力生产结构持续优化。2018 年，我国火电占发电总量的 70.39%，远超于其他种类电源发电量，但纵观 2011~2018 年，可以发现我国电力生产结构呈现出明显的优化态势。相较于 2011 年的 82.45%，2018 年的火电占比下降了 12.06 个百分点，而核电、水电和其他可再生能源发电占比则分别从 2011 年的 1.84%、14.12% 和 1.58%，上涨至 2018 年的 4.21%、17.63% 和 7.77%，分别增加了 2.37 个百分点、3.51 个百分点和 6.19 个百分点。

5.3.4　我国一次能源供应缺口及自给率

2018 年，我国对化石能源的依赖度相对较高，能源供应缺口也主要体现在化石能源上，因此本节主要分析我国的化石能源供应缺口[①]及自给率。图 5-12 展示

---

① 供应缺口一般表示为：供应缺口 = 生产量 − 消费量。这里为了文字表述方便，取相反值，即供应缺口 = 消费量 − 生产量。

了 2000~2018 年我国三大化石能源的供应缺口和自给率, 附表 B-6 为我国化石能源供应缺口量及自给率的相关数据。具体特点可以归纳为以下几点。

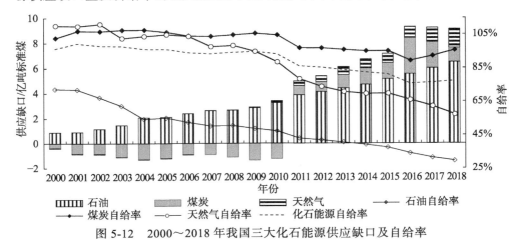

图 5-12　2000~2018 年我国三大化石能源供应缺口及自给率

（1）我国化石能源自给率整体呈下降趋势, 能源供应缺口逐年拉大。2000~2018 年, 我国化石能源供应缺口从 0.48 亿吨标准煤增长至 9.06 亿吨标准煤, 上涨了近 18 倍, 年均增幅高达 17.73%。与之相对应地, 2000~2018 年, 我国化石能源自给率从 99.56% 一直下跌至 77.27%, 累计减少了 22.29 个百分点。

（2）我国石油的安全问题较为严峻, 天然气次之, 最后是煤炭。首先, 受资源禀赋等因素的影响, 我国石油产量一直无法满足本国的石油需求, 石油供应缺口一直偏高。2018 年, 我国石油供应缺口高达 6.46 亿吨标准煤, 相较于 2000 年的 0.88 亿吨标准煤, 18 年间增长了约 6.34 倍, 年均涨幅为 11.71%；而我国石油自给率更是在 2018 年跌破 30%, 低至 29.49%, 与 2000 年的 72.52% 相比, 18 年间降低了 43.03 个百分点。考虑到世界石油市场的动荡性和多变性, 明显偏低的自给率使我国可能面临石油供应中断风险。其次, 2007 年之前, 我国天然气产量大于消费量, 本国需求能基本得到满足, 但 2007 年之后, 随着我国对清洁能源的依赖增强, 天然气的需求量大量增加, 尽管其产量增速较快, 但依旧无法满足国内的消费需求。2007~2018 年, 天然气供应缺口从 0.02 亿吨标准煤扩大至 1.49 亿吨标准煤, 增加了 73.5 倍, 年均涨幅高达 47.98%；其自给率也从 2007 年的 98.11% 下降至 2018 年的 57.09%, 减少了 41.02 个百分点。最后, 作为世界第一大煤炭生产国, 我国煤炭产量依旧无法跟上近年来我国快速的能源消费步伐。从 2011 年开始, 我国能源供应缺口由负转正, 从 0.75 亿吨标准煤快速增至 2016 年的 2.82 亿吨标准煤, 年均涨幅高达 30.33%, 但之后随着我国煤炭行业的复苏, 该缺口有逐渐缩窄的趋势, 煤炭自给率从 2016 年的 89.53% 大致回升至 2018 年的 95.91%。

5.4　中国能源进出口与能源安全

我国能源净进口量逐年增加，能源对外依存度不断攀升，严重威胁国家能源安全。2018 年石油对外依存度高达 70.83%。从商品结构来看，石油依旧是我国能源进口的主力军，进口量占比常年大于 50%，而天然气的进口份额自 2006 年以来有显著增加。从市场结构来看，我国石油进口来源国相对而言较为多样化，但中东地区占比依旧偏高，2018 年中东地区累计占比高达 45.05%，该地区常年受到地缘局势的影响，动乱较大，这就使得我国面临严峻的石油供应中断风险。

5.4.1　中国能源进出口规模及对外依存度

图 5-13 展示了中国能源进口总额及其在世界能源进口总额的比重，附表 B-7 展示了中国能源进口总额及其在世界能源进口总额比重的相关数据。可以看到，由于世界能源贸易活动的不断繁盛，2018 年能源进口额相较于 2000 年显著提升，但受到价格等因素的影响，能源进口额呈现出明显的"涨—跌—涨"波动性特征，并且我国及世界能源进口总额表现出同向波动的规律。具体而言，2000~2012 年，世界能源进口总额从 7981.79 亿美元上涨至 39 690.85 亿美元，增加了近 4 倍，年均涨幅高达 14.30%；其后世界能源进口总额有所下跌，并于 2016 年触底反弹，2018 年回升到 29 258.30 亿美元。与之类似地，中国能源进口总额从 2000 年的 206.81 亿美元一路上涨至 2014 年的 3167.88 亿美元，14 年间增加了 14.32 倍，年均涨幅 21.52%；之后能源进口总额有所下降，并于 2016 年后再次回升，2018 年增至 3477.83 亿美元。值得注意的是，尽管中国及世界能源进口总额呈现波动特征，但我国能源进口总额占世界能源进口总额的份额一直呈显著上升趋势，从 2000 年

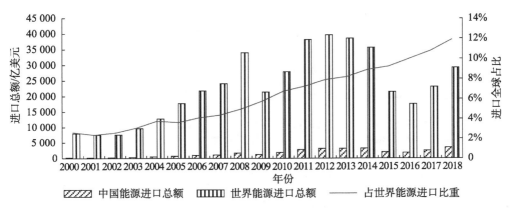

图 5-13　中国能源进口总额及其在世界能源进口总额的比重

2.59%上涨至 2018 年的 11.89%，18 年间上升了 3.6 倍，年均涨幅约 8.84%。由此可见，一方面，我国在世界能源贸易市场上扮演着越来越重要的角色；另一方面，能源进口份额的增大也昭示着我国对外部能源的依赖在不断增加。

为准确把握我国对外部能源的依赖程度及演变规律，我们收集了 2000～2018 年我国煤炭、石油及天然气的进出口量，并计算了我国能源的对外依存度（附表 B-8 和附表 B-9）。图 5-14 展示了 2000～2018 年中国煤炭、石油及天然气进出口量，图 5-15 展示了 2000～2018 年中国煤炭、石油、天然气净进口量及对外依存度[①]。具体特点表现为以下方面。

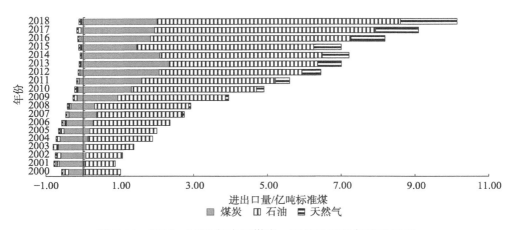

图 5-14　2000～2018 年中国煤炭、石油及天然气进出口量

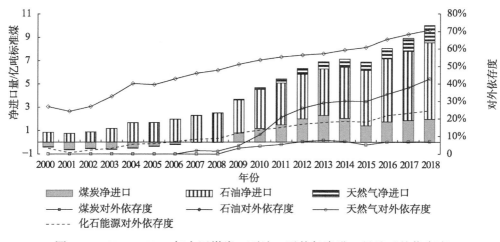

图 5-15　2000～2018 年中国煤炭、石油、天然气净进口量及对外依存度

---

① 由于我国的世界能源贸易主要集中在化石能源领域，可再生能源的交易体系尚处于初级发展阶段，整体份额较少，因此我们主要探讨我国化石能源的进出口问题。

（1）我国能源净进口量逐年增加。2000~2018 年，我国化石能源净进口量从 0.44 亿吨标准煤上涨至 10.03 亿吨标准煤，年均涨幅约为 18.97%。其中，进口量从 2000 年的 1.02 亿吨标准煤增加至 2018 年的 10.14 亿吨标准煤，年均涨幅为 13.61%；出口量从 2000 年的 0.58 亿吨标准煤降低至 2018 年的 0.12 亿吨标准煤，年均跌幅约为 8.38%。

（2）我国能源对外依存度不断攀升，国家能源安全挑战增加。2000~2018 年，我国化石能源对外依存度从 3.14% 攀升至 24.55%，上涨了 21.41 个百分点。具体而言，2009 年之前，我国煤炭产量整体大于消费量，煤炭贸易以出口为主，对外依存度长期为 0，但随着我国能源消费的持续攀升，2009 年开始，我国煤炭进入净进口时代，对外依存度从 2009 年的 3.21% 持续上涨至 2018 年的 7.02%，增加了 3.81 个百分点；与此类似地，2007 年之前，我国天然气以出口为主，但此后能源进口量不断加大，对外依存度从 2007 年的 1.92% 快速上涨至 2018 年的 42.90%，增加了 40.98 个百分点；而我国的石油从 1996 年开始依赖进口，2000~2018 年，石油净进口量从 0.86 亿吨标准煤上涨至 6.56 亿吨标准煤，18 年间增加了 6.63 倍，年均涨幅为 11.95%，而石油对外依存度从 2000 年的 26.94% 上涨至 2018 年的 70.83%，增加了 43.89 个百分点。

5.4.2　中国能源进口结构

图 5-16 展示了 2000～2018 年中国化石能源进口商品结构及进口总量，结合附表 B-8 和附表 B-9，我们可以发现，化石能源进口总量不断攀升的同时，我国能源进口结构不断优化，多样化程度逐渐增加，能源进口商品集中度[①] 从 2000 年的 0.96 下降至 2018 年的 0.49。首先，近年来石油进口占比有所下跌，2000~2018 年，我国

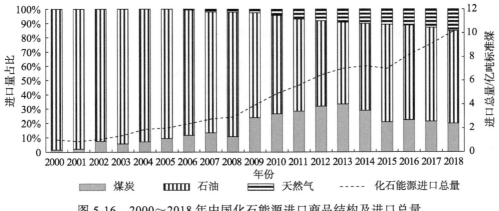

图 5-16　2000～2018 年中国化石能源进口商品结构及进口总量

[①] 能源进口商品集中度为煤炭、石油和天然气进口量的 HHI，计算公式为 $\sum_f (\mathrm{Im}_f / \sum_f \mathrm{Im}_f)^2$，其中 Im_f 为进量，$f \in \{煤炭、石油、天然气\}$。

石油进口量占总进口量的比重从 98.47%下滑至 65.08%，18 年间减少了 33.39 个百分点。但同时我们也注意到，石油依旧是我国能源进口的主力军，进口量占比常年大于 50%。其次，天然气的进口份额自 2006 年以来有显著增加。从 2006 年开始，天然气进口占比从 0.49%逐渐增加至 2018 年的 15.11%，12 年间上涨了 14.62 个百分点。最后，煤炭在化石能源进口中的比重呈现先增后减的趋势。2000~2013 年，煤炭进口量占比从 1.53%上涨至 33.34%，其后开始回落，2018 年该比例下降至 19.81%。总的来说，我国能源进口结构更加合理，清洁能源占比加大，风险较大的石油能源和污染严重的煤炭能源占比降低，从整体上看，这将有利于提高我国环境质量，并在一定程度上降低境外能源安全风险。

5.4.3　中国能源进口市场结构

图 5-17、图 5-18 与图 5-19 分别展示了 2018 年中国煤炭、石油和天然气的进口市场结构。结合各类能源进口来源国的具体数据（详见附表 B-10~附表 B-15），我们可以得到如下特征。

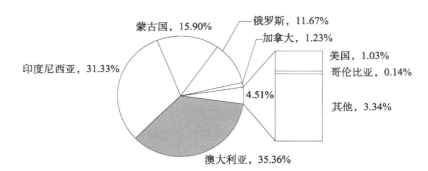

图 5-17　2018 年中国主要煤炭进口来源国及进口量占比

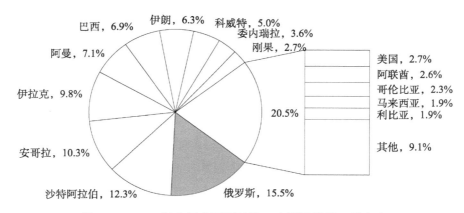

图 5-18　2018 年中国主要石油进口来源国及进口量占比

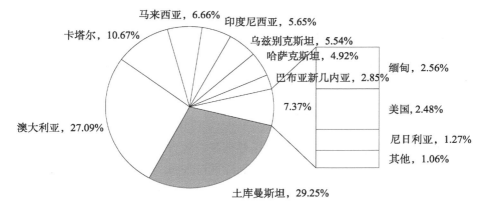

图 5-19　2018 年中国主要天然气进口来源国及进口量占比

（1）2018 年我国煤炭进口来源国主要是澳大利亚、印度尼西亚、蒙古国和俄罗斯，四国进口比重分别为 35.36%、31.33%、15.90% 和 11.67%，总计超过 90%，进口来源集中度为 0.26。进口市场结构相对来说比较单一，但鉴于进口来源国国家环境相对稳定，所面临的进口中断风险相对较低。

（2）我国石油进口来源国相对而言较为多样化，但中东地区占比依旧偏高。2018 年，我国主要石油进口来源国为俄罗斯、沙特阿拉伯、安哥拉、伊拉克、阿曼、巴西、伊朗、科威特、委内瑞拉、刚果（布）、美国、阿联酋、哥伦比亚、马来西亚和利比亚，占比分别为 15.5%、12.3%、10.3%、9.8%、7.1%、6.9%、6.3%、5.0%、3.6%、2.7%、2.7%、2.6%、2.3%、1.9% 和 1.9%，总计 90.90%。与煤炭市场结构相比，进口来源相对分散，进口来源集中度为 0.09。但值得注意的是，在这些国家中，沙特阿拉伯、伊拉克、阿曼、伊朗、科威特、阿联酋和利比亚均属于中东地区①（中东地区累计占比高达 45.05%），该地区常年受到地缘局势的影响，动乱较大，这就使得我国面临严峻的石油供应中断风险。

（3）2018 年我国主要天然气进口来源国是土库曼斯坦、澳大利亚、卡塔尔、马来西亚、印度尼西亚、乌兹别克斯坦和哈萨克斯坦，分别占比 29.25%、27.09%、10.67%、6.66%、5.65%、5.54% 和 4.92%，占比近 90%。其中，卡塔尔属于中东地区，中国从卡塔尔进口的天然气数量超过总天然气进口量的 15%。进口来源集中度为 0.18，介于煤炭和石油之间。

5.5　中国能源安全监测预警指数

我国宏观能源时间序列指标数量多且关系复杂，5.2~5.4 节的描述性分析虽有

---

① 中东地区包含国家（共计 21 个）：沙特阿拉伯、伊朗、伊拉克、科威特、阿联酋、阿曼、卡塔尔、巴林、土耳其、以色列、巴勒斯坦、叙利亚、黎巴嫩、约旦、也门、塞浦路斯、埃及、利比亚、突尼斯、阿尔及利亚、摩洛哥。

助于对我国能源系统的能源消费、能源生产以及能源进出口结构进行初步的认识，但难以从整体上对我国能源安全形势进行直观的了解。本节通过动态因子模型构建我国综合的月度能源安全指数，从而对我国能源安全水平进行综合定量分析，进而预测预警我国未来短期的能源安全趋势。

5.5.1 能源安全监测预警指标体系

表 5-1 展示了能源安全监测预警指标体系，包含了石油、天然气、煤炭、电力、可再生能源等主要能源要素，涉及能源进口来源、能源生产消费及能源系统结构等三个方面，共计 18 个指标。其中，能源进口来源指标包含原油进口来源集中度、天然气进口来源集中度和煤炭进口来源集中度，原油中东依赖度和天然气中东依赖度；进口来源集中度用 HHI 刻画，且进口来源越集中，能源供应风险越高；中东依赖度从地缘局势角度考虑能源供应的风险程度，且中东依赖度越高，我国能源安全越不乐观。能源生产消费指标主要包含石油、天然气、煤炭、电力等能源工业的工业生产者购进价格指数（industrial producer purchase price index，简写为 IPI）、工业生产者出厂价格指数（producer price index for industrial products，简写为 PPI）、商品零售价格指数（retail price index，RPI）等价格指数的同比变化情

表 5-1　能源安全监测预警指标体系

指标	指标类型	指标描述	数据来源
原油进口来源集中度	−	原油进口 HHI	海关总署
天然气进口来源集中度	−	天然气进口 HHI	海关总署
煤炭进口来源集中度	−	煤炭进口 HHI	海关总署
原油中东依赖度	−	自中东地区进口原油占比	海关总署
天然气中东依赖度	−	自中东地区进口天然气占比	海关总署
燃料动力类 PPI 同比	−	上年同月同比	国家统计局
石油开采 PPI 同比	−	上年同月同比	国家统计局
精炼石油产品制造 PPI 同比	−	上年同月同比	国家统计局
天然气开采 PPI 同比	−	上年同月同比	国家统计局
烟煤和无烟煤开采洗选 PPI 同比	−	上年同月同比	国家统计局
褐煤开采洗选 PPI 同比	−	上年同月同比	国家统计局
煤炭加工 PPI 同比	−	上年同月同比	国家统计局
电力生产 PPI 同比	−	上年同月同比	国家统计局
电力供应 PPI 同比	−	上年同月同比	国家统计局
热力生产和供应 PPI 同比	−	上年同月同比	国家统计局
燃料类 RPI 同比	−	上年同月同比	国家统计局
可再生能源发电量占比	+	1−(火力发电量/发电总量)	国家统计局
一次能源生产结构集中度	−	各类一次能源产量 HHI	国家统计局；国家煤炭工业网

况，价格指数同比变化与能源安全的关系是负向的。能源系统结构指标包含可再生能源发电量占比和一次能源生产结构集中度，非火力发电的占比越高，能源环境越可持续，而一次能源生产结构越集中，能源风险越大。总的来讲，表 5-1 选取的能源安全监测预警指标体系能够较全面地反映我国的能源安全状况。

5.5.2　中国能源安全监测预警模型

动态因子模型可以用少量潜在的不可观测因子序列来描述众多观测变量之间的关联动态，从而简化数据结构以更好地描述经济系统的共同因子，在宏观经济金融状态或预警指数方面具有广泛应用（王金明和刘旭阳，2016；桂预风和李巍，2017；肖强和轩媛媛，2022）。本章采用动态因子模型的共同因子所代表的共同成分表示中国能源安全水平指数，共同因子无法代表的异质性部分因能源指标而异。因此，对于表 5-1 的能源指标构成的 $N \times 1$ 维向量 $X_t = (X_{1t}, X_{2t}, \cdots, X_{Nt})^{\mathrm{T}}$，$N = 18$，$t = 1, 2, \cdots, T$，构建动态因子模型如下：

$$X_t = Cf_t + \varepsilon_t \tag{5-1}$$

$$f_t = A_1 f_{t-1} + A_2 f_{t-2} + \cdots + A_p f_{t-p} + u_t \tag{5-2}$$

其中，C 为 $N \times q$ 系数矩阵；$f_t = (f_{1t}, f_{2t}, \cdots, f_{qt})^{\mathrm{T}}$ 为 $q \times 1$ 维向量表示 q 个共同因子；ε_t 为 X_t 的异质性成分；A_i 为 $q \times q$ 系数矩阵；u_t 为因子的冲击向量。假设观测变量的异质性成分 ε_t 和因子的冲击 u_t 在所有时期不相关，即对所有 t 和 k，$E(\varepsilon_t u_{t-k}^{\mathrm{T}}) = 0$。

本章取因子个数 q 为 1，共同因子的向量自回归阶数 p 为 3，模型估计方法包括 PCA（principal component analysis，主成分分析）估计（Stock and Watson, 2002）、两阶段估计（Doz et al., 2011）和 QML（quasi-maximum likelihood，拟极大似然）估计（Doz et al., 2012）。此时，估计的 $\hat{f}_t$ 序列即为中国能源安全监测指数，将 $\hat{f}_t$ 基于式（5-2）进行样本外预测得到的 $\hat{f}_{t+1}, \hat{f}_{t+2}, \cdots, \hat{f}_{t+12}$ 作为未来 12 个月的能源安全预警指数。

5.5.3　中国能源安全监测预警实证分析

中国能源安全监测预警指标体系中，5 个能源进口来源指标来源于海关总署，而 11 个能源生产消费指标与 2 个能源系统结构指标均来源于国家统计局，所有指标均为从 2017 年 1 月到 2021 年 3 月的月度数据。本章在进行中国能源安全监测预警分析时，将 2017 年 1 月到 2021 年 3 月样本阶段作为我国能源安全监测阶段，将 2021 年 4 月到 2022 年 3 月的 12 个月作为中国能源安全预警阶段。图 5-20 展示了我国原油、天然气及煤炭的进口来源集中度，其为中国能源安全监测预警指标体系的代表性指标。图 5-20 中，实线表示原油进口来源集中度，虚线表示天然气进口来源集中度，点线表示煤炭进口来源集中度。可以发现，原油和天然气的进口来源集中度相对较低且变化幅度较小，而煤炭进口来源集中度相对较高且变化较快，尤其是 2020 年 12 月出现了较大的增长。

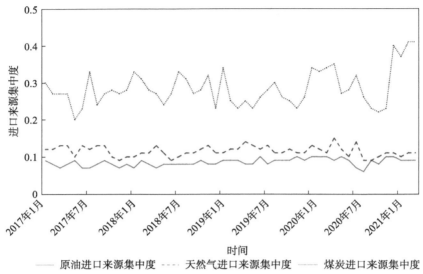

图 5-20　我国原油、天然气及煤炭的进口来源集中度

基于 18 个能源指标时间序列，分别采用 PCA 估计、两阶段估计和 QML 估计三种估计方法估计动态因子模型，进而构建中国能源安全监测预警指数。特别地，2021 年 4 月到 2022 年 3 月为预测值，具有对能源安全的预警效果。

图 5-21 展示了中国能源安全监测预警指数，其中实线代表 PCA 估计，虚线代表两阶段估计，点线代表 QML 估计。整体来讲，上述三种估计方法得到的中国能源安全监测预警指数均呈现先下降后上升的趋势，2017 年 2 月为最高点，之后波动下跌，由正值变为负值，经历 2018 年 8 月、2019 年 4 月和 2019 年 11 月左右的小幅回升后，在 2020 年 1 月至 5 月大幅下降，于 2020 年 5 月达到最低点，随后转而走高，并于 2021 年 3 月也就是监测期间的最后 1 个月回到正值。综上，三种估计方法得到的指数走势基本一致，其中两阶段估计相对平滑，而 QML 估计的极端情形相对明显，表明三种估计产生的中国能源安全监测预警指数是稳健的。

图 5-22 展示了中国能源安全监测指数与石油开采 PPI 同比走势，主轴为中国能源安全监测指数坐标，次轴为石油开采 PPI 同比坐标。可以发现，中国能源安全监测指数与石油开采 PPI 同比走势比较接近。由于石油开采 PPI 同比为负向指标，其取值越大，能源安全程度越低，而能源安全监测指数的拟合结果与负向指标的趋势一致，在监测期间内几乎同增同减，表明估计得到的能源安全监测指数

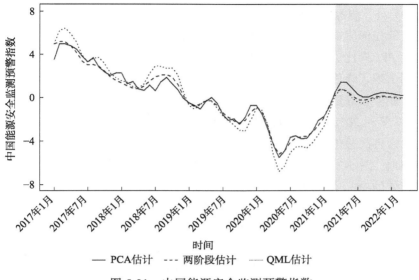

图 5-21 　 中国能源安全监测预警指数

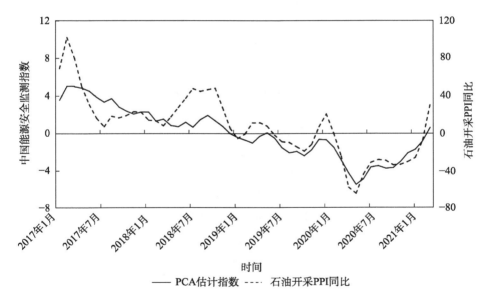

图 5-22 　 中国能源安全监测指数与石油开采 PPI 同比走势

应是能源安全的负向指标，即能源安全监测指数越大，代表中国能源安全形势越差，能源经济风险越高。

结合图 5-21 和图 5-22 可以发现，在 2017 年 1 月到 2021 年 3 月样本期内，能源安全总体呈现先向好后变差，即 2017 年至 2020 年 5 月能源安全态势总体向好发展，自 2020 年 6 月至 2021 年 3 月全球疫情暴发期间逐渐向能源不安全的趋势变化。另外,能源安全形势在 2017 年 2 月较差,可能是由于原油和天然气的中东依赖度等指标值在 2017 年 1 月至 2 月较大,且烟煤和无烟煤开采洗选 PPI 同比、煤炭加工 PPI 同比、石油开采 PPI 同比、精炼石油产品制造 PPI 同比等观测指标也在此刻出现了峰值。以上实证结果表明,本章构建的中国能源安全指数是负向指数,其能够较好地反映出我国能源安全及其监测预警指标体系的特征和状况,同时 2017 年和 2018 年我国能源安全形势相对较差,但整体情况在逐步改善,而疫情暴发后再次恶化。

特别地,图 5-21 中的浅色阴影区域为能源安全预警指数,其是能源安全指数在样本期外的 12 个月预测值,可以对我国能源安全进行预警。总的来讲,2021年 4 月到 2022 年 3 月,能源安全预警指数水平基本上在 0 值附近变动。具体地,2021 年 4 月,预警指数延续了样本期末的增长趋势,但很快转为下降走势,且在2021 年 5 月至 9 月下跌幅度相对较大。随后,预警指数的变动较为平缓,在 2021年末略有回升,并于 2022 年初稳中有降。上述结果表明,我国能源安全形势在2021 年第二季度、第三季度向好发展,于 2021 年第四季度和 2022 年第一季度趋于稳定,其与 2018 年末能源安全水平大致相当,2021 年 3 月～2022 年 2 月的能源安全形势虽不够好但并未发现十分明显的恶化。

5.6　本 章 小 结

本章系统梳理了近年来我国能源生产和消费在总量和结构上的演变趋势及现实图景,揭示了我国能源进出口的主要特征,分析了我国能源转型的进程和能源安全状态。在此基础上,构建了中国能源安全月度指数,对我国能源安全状态进行深入分析,并对我国未来能源安全进行预测预警。主要结论如下。

第一,我国是世界上最大的能源消费国,消费总量不断攀升,增速高于世界平均水平。从消费结构上看,为了应对气候变化,近年来我国能源消费结构不断优化,化石能源在我国消费总量中呈下降趋势,核能和可再生能源整体消费比重上升,但能源结构依然是煤炭占据主导地位。

第二,我国是世界上最大的能源生产国,近年来生产总量整体呈上升态势,产量增速超世界平均水平。从一次能源生产结构上看,我国能源生产一直以煤炭为主,2018 年中国煤炭产量占全球总产量的 46.69%,但近年来清洁能源占比不断增加,中国已成为世界第一大可再生能源生产国。从电力生产结构上看,我国电力生产仍以火电为主,但近年来核电和可再生能源发电比重逐年增多,电力生产结构持续优化。

第三,我国化石能源自给率整体呈下降趋势,能源供应缺口逐年拉大。受资源禀赋等因素的影响，我国石油产量无法满足本国的石油需求，石油供应缺口一直偏高，2018 年石油自给率为 29.49%。随着我国能源的清洁化进程提升，天然气的需求量大幅增加，尽管其产量增速较快，但依旧无法满足国内的消费需求，2018 年的自给率为 57.09%。

第四，我国能源净进口量逐年增加，能源对外依存度不断攀升，国家能源安全隐患在加大。2018 年石油对外依存度高达 70.83%。从商品结构来看，石油依旧是我国能源进口的主力军，进口量占比常年大于 50%，而天然气的进口份额近年来显著增加。从市场结构来看，我国石油进口来源国相对而言较为多样化，但中东地区占比依旧偏高，2018 年中东地区累计占比高达 45.05%，该地区常年受到地缘局势的影响，动乱频发，这就使得我国面临严峻的石油供应中断风险。

第五，我们提出的能源安全指数能较好地反映我国能源安全及其监测预警指标体系的特征和状况。能源安全指数的演化趋势表明，2017 年和 2018 年我国能源安全状态相对较差，但整体情况在逐步改善，疫情暴发后再次恶化。特别地，能源安全指数的样本外预测表明，能源安全形势在 2021 年第二季度、第三季度向好发展，于 2021 年第四季度和 2022 年第一季度趋于稳定，其与 2018 年末能源安全状态大致相当。

第 6 章

原油进口优化及风险评估

进入 21 世纪，国际局势和能源格局发生深刻变革。中东等主要原油出口地区和国家局势持续动荡，地缘局势不稳定，严重影响全球原油的稳定供应。美国的页岩油气革命增加了其在国际原油市场中的话语权。OPEC 对原油产量的控制以及新冠疫情对世界经济的冲击加剧了国际原油价格的波动。我国提出"一带一路"倡议后，因其沿线地区的石油资源丰富，涵盖了如俄罗斯、沙特阿拉伯等原油出口大国，对我国的能源安全和世界能源供应格局都具有重要意义。

在新的复杂形势下，我国原油进口安全面临着新的机遇和挑战。因此，对我国当前原油进口策略和进口通道风险进行合理评估和优化调整，将有利于更好地应对新形势下的风险，确保我国原油进口的安全和稳定，并指导我国海外能源基地的布局。

6.1　我国原油进口来源与进口通道现状

改革开放以来，随着我国经济的快速发展，原油作为现代工业社会重要的生产原料之一，其需求量也在快速攀升。由于原油资产能力有限，自 1993 年起，中国由原油净出口国转变为原油净进口国，原油对外依存度不断增加，截至 2020 年，原油对外依存度高于 50%的对外依存度"安全警戒线"。与此同时，我国原油进口数量已经由 1994 年的 1235 万吨增加到了 2020 年的 5.4 亿吨，增长幅度超过 40 倍，原油进口总量全球排名第一位（陈如一，2021）。

图 6-1 展示了 2017~2020 年我国主要境外原油进口来源国份额。可以看出，图 6-1 中具体列出的 18 个国家对我国原油的出口量基本占据了我国原油总进口量的 90%以上。其中，沙特阿拉伯和俄罗斯是我国原油进口的主要来源，在 2020年的占比分别达到 15.67%和 15.40%。排在第三位的是伊拉克，占到我国 2020 年原油进口总量的 11.09%，并且有逐年上升的趋势。巴西位列第四，在 2020 年的占比达到 7.78%。安哥拉位列第五，在 2020 年的占比达到 7.71%，并且有逐年下

降的趋势，重要性相对减弱。整体来讲，我国原油进口的来源分布呈现出多元化、分散化的特征，并且存在一定的时序演化规律，不同来源地的份额占比随时间不断发生变化。

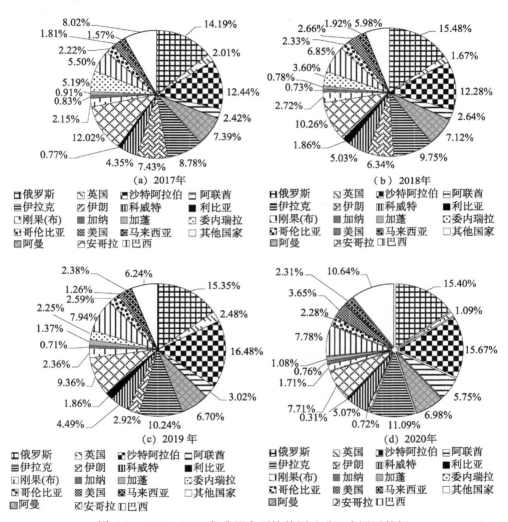

图 6-1　2017～2020 年我国主要境外原油进口来源国份额
资料来源：海关总署

为了满足日益增加的原油进口需求，我国长期致力于打造多样化的原油进口运输通道，通道类型可以分为陆路和海路两类。目前，陆路运输通道主要有：中国—哈萨克斯坦原油管道、中国—缅甸原油管道、中国—俄罗斯原油管道一线和二线。由于陆路运输无法满足我国对原油进口的需求，并且与陆路运输相比，海路运输具有效率高、成本低、灵活性较高的特点，因此海路运输是我国原油进口的主要方式（王丹等，2020）。海路运输的线路较为多样，主要包含以中东、非洲、美洲、东南亚和欧洲地区为起点的多条运输通道，其缺点主要来自海路运输的不确定性。

根据我国原油进口的来源与通道现状可以发现，我国原油主要进口来源地众多，与多元化的进口通道构成了复杂的进口网络。网络中的风险可以分为两类，分别是来源风险与通道风险。其中，来源风险包括出口国自身的油价波动、政治局势变化等因素，通道风险包括关键运输路线周边的地缘局势、民族冲突、大国博弈和自然灾害等因素。这些风险都会对我国原油供应安全造成较大的影响（程中海等，2019）。在我国的原油对外依存度和进口数量不断增加的情况下，对我国原油进口风险的测度和评估成为确保我国能源安全的重要研究内容（Zhang et al.，2013；姬强和范英，2017）。

原油来源方面，由于原油贸易具有高度的全球化，原油进口的不确定性不仅受到石油输出国个体因素的影响，也会受到世界性因素的影响。其中，世界性共同因素导致的系统风险无法通过构建进口组合进行规避，而个体因素往往与进口来源国有关且存在异质性，其风险为个体风险，原油进口策略的多元化是降低原油进口个体风险的重要途径。因此，优化投资组合以降低投资风险的现代资产组合理论对于构建原油进口组合策略具有重要意义（Coq and Paltseva，2009；Cohen et al.，2011；Ge and Fan，2013；Yao and Chang，2014）。

原油通道方面，已有学者将我国的原油进口路线看成具有节点和边的网络，对我国原油进口通道的连通性和运输能力进行了评价，并对进口通道进行了优化。具体地，吕靖和王爽（2017）假设节点面临随机和选择性攻击，评价了在这两类攻击下我国原油进口通道的连通性；王丹等（2020）基于我国的海路运输通道，对我国海路运输能力进行了评价；王尧和吕靖（2014）建立了运输成本和风险最小的多目标规划模型，对我国海路运输主要的三条通道进行了优化。

通过以上的文献回顾，可以看到现有文献已经针对我国原油进口的来源风险、策略优化、通道风险等问题进行了相关研究，形成了成熟的方法论。但是，随着国际局势的变化，在新形势下我们有必要对上述问题开展新的评估与优化，这对于保障我国的能源进口安全和指导海外能源基地布局具有参考意义。

因此，本章首先测度2017～2020年我国主要境外原油进口来源国以及原油进口策略的系统风险和个体风险。其次，在考虑原油进口来源国供应能力的前提下，建立我国原油进口组合的优化模型，比较分析我国实际进口策略和最优策略的风险差异。最后，基于海外原油资源国，对我国目前主要的原油进口通道进行梳理，并在此基础上对我国原油进口通道的关键性节点进行识别和风险评估。

6.2 原油进口优化及风险评估模型

原油进口的风险可以分为两类，第一类是进口来源地的自身风险，第二类是进口通道节点的风险。其中，来源地风险可以细分为系统风险和个体风险，主要与油价波动、国家风险指数等因素相关，而通道节点风险主要与通道的自然条件、通道周边的战争、民族冲突风险等因素相关。为此，我们建立了原油进口国的风险评估模型、原油进口策略的风险评估模型、原油进口策略优化模型以及原油进口通道节点的重要性测度模型。以这些模型为基础，评估我国原油进口的风险，优化原油进口策略，以期为我国原油进口策略的提升提供一定的参考依据。

6.2.1 原油进口策略的风险测度

根据资产组合理论，Lesbirel（2004）将原油进口国面临的风险分为系统风险和个体风险。系统风险是指能够影响国际原油市场的因素对原油进口国带来的风险。例如，全球经济对原油需求的影响以及主要原油输出国在生产上的联合行动（Wabiri and Amusa，2010）。由于几乎所有的原油输出国均会受到这些因素的影响，因此对于原油进口国而言，系统风险是无法通过优化进口组合进行规避和分散的。与系统风险不同，个体风险则是指能够影响某个或一部分原油输出国的因素对原油进口国带来的风险。由于这些因素的影响范围较小，因此原油进口国可以通过调整其进口组合对个体风险进行预防和消除。

根据 Lesbirel（2004）的研究，国际原油价格的整体变化导致进口油价波动的部分可以看成原油进口的系统风险，而无法被全球价格变动所解释的进口油价波动的部分被作为个体风险。国际原油价格和从第 i（$i = 1, 2, \cdots, N$）个国家的进口原油价格关系可以表示为

$$p_{im} = \alpha_{i0} + \alpha_{i1} p_{b,m} + \varepsilon_{im} \tag{6-1}$$

其中，p_{im} 为第 m 月从 i 国进口的原油价格；$p_{b,m}$ 为第 m 月的布伦特原油价格；α_{i1} 为国际原油价格对从 i 国进口原油的价格的影响程度，可以作为对系统风险的测度；ε_{im} 为从第 i 国进口原油价格无法由国际原油价格解释的部分，可以用来对个体风险进行测度。

本节采用布伦特原油现货价格作为国际原油价格，图 6-2 为 2017～2020 年我国月度原油进口平均价格和布伦特原油价格。可以看出，我国原油进口平均价格趋势滞后于布伦特原油价格。因此，在探究我国原油进口平均价格和国际原油价格的关系时需要考虑到时间滞后效应。

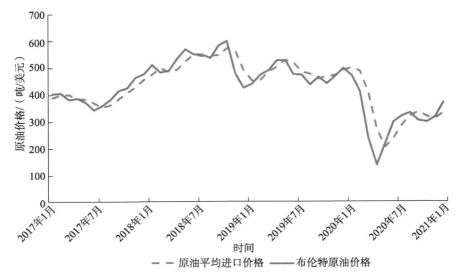

图 6-2　2017～2020 年我国月度原油进口平均价格和布伦特原油价格

资料来源：布伦特原油价格来源于 EIA，原油进口平均价格来源于海关总署

为此，本节对式（6-1）进行了调整以反映价格上的滞后效应，根据范英等（2013）、Ge 和 Fan（2013）的研究，将我国从不同国家 i 的进口原油价格与国家油价的关系表示为

$$p_{im} = \alpha_{i0} + \alpha_{i1}p_{b,m-1} + \varepsilon_{im} \tag{6-2}$$

1）原油进口来源国的系统风险和个体风险

进口原油的风险会受到进口份额和石油输出国自身差异的影响（Wabiri and Amusa，2010），在其他因素相同的情况下，从一国进口原油的份额越小，则进口风险越小。然而，在进口份额相同的情况下，从一个政治、经济等的风险较低的国家进口原油的风险要低于从一个风险较高的国家进口原油的风险。参考 Wang 等（2018），第 t 年从 i 国进口原油的系统风险 $\sigma_{s,it}^2$ 和个体风险 $\sigma_{p,it}^2$ 可以表示为

$$\sigma_{s,it}^2 = \alpha_{i1}^2\sigma_{b,t}^2q_{it}^2 \tag{6-3}$$

$$\sigma_{p,it}^2 = w_{it}^2\sigma_{\varepsilon,it}^2q_{it}^2 \tag{6-4}$$

其中，$\sigma_{b,t}^2$ 为第 t 年国际原油月度价格 $p_{b,m}$ 的方差；$\sigma_{\varepsilon,it}^2$ 为第 t 年 ε_{im} 的方差；q_{it} 为第 t 年从 i 国进口原油量占总进口量的实际份额[①]；α_{i1} 为国际原油价格对从 i 国进口原油的价格的影响程度；$w_{it} = 1 - \dfrac{\mathrm{CR}_{it}}{100}$ 为 i 国的国家风险权重，CR_{it} 为 i 国的综

[①] 在进行风险评估时，q_{it} 表示原油进口的实际份额，在后续进行进口策略优化时，q_{it} 表示原油进口的最优份额。

合国家风险指数。$\sigma_{s,it}^2$ 和 $\sigma_{p,it}^2$ 的值越大，说明第 t 年从 i 国进口原油的系统风险和个体风险越高。根据系统风险和个体风险的表达式可以看出，进口来源国 i 的系统风险源自国际油价的波动对其油价的影响，个体风险源自自身油价波动和自身其他类型风险，并且两种风险均与进口份额呈正相关关系。

2）原油进口策略的系统风险指数和个体风险指数

由于原油进口的来源具有多样性的特点，因此评价原油进口的风险需要综合考虑所有的进口来源国风险，即原油进口策略风险。为了综合考量策略风险，我们将在本节中定义原油进口策略的系统风险指数和个体风险指数。根据式（6-3），第 t 年原油进口策略的系统风险指数可以表示为

$$I_{s,t} = \sqrt{\sum_{i=1}^{N} \sigma_{s,it}^2} \tag{6-5}$$

可以看出，系统风险指数是对于进口策略中所有国家的系统风险的综合考量，$I_{s,t}$ 值越大，说明第 t 年原油进口策略的系统风险越高。

原油进口策略的个体风险指数中除了包含每个原油来源国的个体风险，还需考虑原油来源国之间的联合风险（Ge and Fan，2013）。由于全球主要原油输出国联系相对紧密，因此一国的个体风险很可能会增加其他部分国家的风险，从而使从一国进口原油的价格波动会影响从其他部分国家进口的原油价格。因此，在对一个原油进口组合方案进行的个体风险进行测度时，需要考虑这种联合风险。我们将第 t 年原油进口策略的个体风险指数表示为

$$I_{p,t} = \sqrt{\sum_{i=1}^{N}\sum_{j=1}^{N} \sigma_{p,ijt}^2} = \sqrt{\sum_{i=1}^{N}\sum_{j=1}^{N} w_{it} w_{jt} \sigma_{\varepsilon,it} \sigma_{\varepsilon,jt} q_{it} q_{jt} r_{ij}} \tag{6-6}$$

其中，当 $i \neq j$ 时，$\sigma_{p,ijt}^2$ 为第 t 年 i 国和 j 国的联合个体风险；当 $i = j$ 时，$\sigma_{p,ijt}^2$ 为该国的独立个体风险；w_{it} 和 w_{jt} 分别为 i 国和 j 国第 t 年的国家风险权重；$\sigma_{\varepsilon,it}$ 和 $\sigma_{\varepsilon,jt}$ 分别为第 t 年 i 国和 j 国进口原油价格残差的标准差；q_{it} 和 q_{jt} 分别为第 t 年从 i 国和 j 国进口原油量占从 N 个主要境外原油来源国进口原油总量的份额；r_{ij} 为 i 国和 j 国进口原油价格的相关系数。在其他因素不变的情况下，r_{ij} 越大，联合个体风险越大。这是因为较大的 r_{ij} 表明这两个国家的原油进口价格呈现一种较高的正相关关系，同时从这两个国家进口原油时的联合风险倾向于偏高。总之，进口策略的个体风险指数综合考量了原油进口的所有来源国的独立个体风险和联合个体风险。$I_{p,t}$ 值越大，说明第 t 年原油进口策略的个体风险越高。

6.2.2 原油进口策略优化模型

对于一个原油进口策略来说，其系统风险指数是无法避免和分散的，而个体风险是可以通过调整进口策略加以避免的。因此，本节基于资产组合优化模型，在考虑了进口成本以及系统风险下对我国从 N 个主要境外原油来源国进口原油的策略进行优化以降低策略的个体风险。结合式（6-5）和式（6-6），第 t 年原油进口策略的优化模型可以表示为

$$\min_{\{q_{kt}\}_{k=1}^{N}} \sum_{i=1}^{N}\sum_{j=1}^{N} w_{it} w_{jt} \sigma_{\varepsilon,it} \sigma_{\varepsilon,jt} q_{it} q_{jt} r_{ij}$$

$$\text{s.t.} \sum_{i=1}^{N} p_{it} D_t q_{it} \leqslant \sum_{i=1}^{N} p_{it} D_t \tilde{q}_{it}$$

$$\sum_{i=1}^{N} \sigma_{b,t}^2 \alpha_{i1}^2 q_{it}^2 \leqslant \sum_{i=1}^{N} \sigma_{b,t}^2 \alpha_{i1}^2 \tilde{q}_{it}^2$$

$$\sum_{i=1}^{N} q_{it} = 1$$

$$0 \leqslant q_{it} \leqslant q_{it}^{\text{up}} \tag{6-7}$$

其中，$\tilde{q}_{it}$ 和 q_{it}^{up} 分别为第 t 年从 i 国进口原油量占从 N 个主要境外原油来源国进口原油总量的实际份额和可能的最大份额；D_t 为第 t 年从这 N 个主要境外原油来源国进口原油的实际总量，这里假设原油进口策略优化前后原油实际总量是保持不变的。

式（6-7）的目标函数为第 t 年进口策略的个体风险最小。约束条件 $\sum_{i=1}^{N} p_{it} D_t q_{it} \leqslant \sum_{i=1}^{N} p_{it} D_t \tilde{q}_{it}$ 为优化后的进口策略的总成本不能高于优化前的实际总成本；$\sum_{i=1}^{N} \sigma_{bt}^2 \alpha_{i1}^2 q_{it}^2 \leqslant \sum_{i=1}^{N} \sigma_{b,t}^2 \alpha_{i1}^2 \tilde{q}_{it}^2$ 为最优策略的系统风险不能高于原来进口策略的系统风险；$\sum_{i=1}^{N} q_{it} = 1$ 为从 N 个境外原油来源国进口原油的份额加总应该等于 1；$0 \leqslant q_{it} \leqslant q_{it}^{\text{up}}$ 为第 t 年从 i 国进口原油的份额不能大于从该国进口原油可能的最大份额。由于一个国家每年出口的原油量是有限的，并且为了降低出口风险，一般会和多个国家进行原油交易。因此，第 t 年我国从 i 国进口原油的份额是有上限的。但是现实当中 q_{it}^{up} 受到许多因素的影响，如这些国家为了减小石油出口的风险，需要与多个国家进行石油交易。因此准确地得到每个国家的 q_{it}^{up} 是较为困难的。本章

假设第 t 年从 i 国进口原油的最大份额是原有份额的一个比例，即 $q_{it}^{\mathrm{up}} = \tilde{q}_{it}(1+a)$，其中，$a$ 为调整系数。

6.2.3　原油进口通道节点的重要性测度

原油进口通道可以看成一个由多个节点构成的网络，该网络的节点为运输过程中需要经过的海峡、港口等地。因此，可以根据图论的相关知识对不同节点的重要性进行测度。本章利用中心度和节点工作强度两个指标反映节点的重要性。节点的中心度表示与该节点相连的节点个数。一个节点的中心度越大，说明该节点在网络中的重要性也越大（Reggiani et al.，2015）。虽然中心度指标能够一定程度上反映节点与整个网络的相关性，但是由于我国从不同地区和国家进口原油的份额具有相当大的差异，因而即使中心度相同的节点，也可能有不同的原油量从该节点通过。因此，本节参考吕靖和王爽（2017）所提出的节点工作强度概念，即每年经过该节点的原油量占该年总原油量的比重以反映不同节点承担的原油量的差异，其定义如下：

$$\delta_{it} = \frac{o_{it}}{D_t} \tag{6-8}$$

其中，δ_{it} 为第 i 个节点第 t 年的工作强度；D_t 为第 t 年的原油进口总量；o_{it} 为第 t 年经过第 i 个节点的原油进口量。需要说明的是，为了获得每个节点的工作强度，需要确定采用超大油船和其他油船运输原油的比例，这是因为一些节点无法允许超大油船通过。为此，本节根据王丹等（2020）所给出的全球油船种类和数量相关数据，将超大油船总载重占全球所有油船总载重的比值作为采用超大油船和其他油船运输原油的比例，该比值为 0.39，即采用超大油船运输原油占总运输量的 39%。

6.3　原油进口来源地风险评估与优化

根据 6.2 节定义的风险评估与优化模型，我们对我国主要原油进口来源国的系统风险和个体风险进行评估，并在此基础上提出优化原油进口的策略方案。

6.3.1　我国主要境外原油进口来源国的风险度量

根据式（6-2）进行最小二乘回归得到国际原油价格对 i 国进口原油的价格的影响程度 α_{i1} 和回归残差 $\sigma_{\varepsilon,it}$，然后再计算各国的风险权重指数 w_{it}。最后通过计算布伦特原油价格的方差 $\sigma_{b,t}$ 和原油进口份额 q_{it}，即可根据式（6-3）和式（6-4）

来计算各国的系统风险和个体风险。其中，原油价格和份额数据均来自海关总署，风险指数数据来自 PRS 集团发布的国家综合风险指数（ICRG 指数），该指数已经被部分研究所采用以反映国家的综合风险（Wabiri and Amusa，2010；Wang et al.，2018）。

利用 2017～2020 年 18 个我国原油进口来源国家的原油进口价格和布伦特原油价格数据，根据式（6-2）分别对这 18 个国家的数据进行最小二乘回归，结果见表 6-1。可以看出，一方面，国际原油价格对不同国家的影响存在一定的差异，这表明不同国家对国际原油价格波动的敏感程度是不同的；另一方面，整体而言我国主要境外原油来源国的原油进口价格与国际原油价格之间存在较强的正相关关系，这表明原油进口价格的波动主要还是受到国际原油价格的影响。

表 6-1　我国主要境外原油来源国原油进口价格和布伦特原油价格回归系数

国家	α_{i1}	国家	α_{i1}	国家	α_{i1}
阿联酋	0.95	哥伦比亚	0.85	美国	0.98
阿曼	0.88	加纳	1.00	沙特阿拉伯	0.95
安哥拉	0.92	加蓬	0.94	委内瑞拉	0.82
巴西	0.88	科威特	0.91	伊拉克	0.86
俄罗斯	0.95	利比亚	0.85	伊朗	0.92
刚果（布）	0.89	马来西亚	1.05	英国	0.97

注：回归系数的显著性水平均高于 95%；进口原油的价格数据来源于海关总署

表 6-2 为我国主要境外原油来源国原油进口价格和布伦特原油价格回归残差的年度标准差。可以看到，相较于 2017～2019 年，在 2020 年由于受到新冠疫情的影响，各来源国的标准差数据相对较高。除了时间维度上的差异之外，标准差

表 6-2　我国主要境外原油来源国原油进口价格和布伦特原油价格回归残差的年度标准差

年份	阿联酋	阿曼	安哥拉	巴西	俄罗斯	刚果（布）	哥伦比亚	加纳	加蓬
2017	28.71	10.54	7.06	12.81	5.10	18.29	7.60	7.40	18.20
2018	22.11	21.47	14.53	25.32	10.15	18.57	10.71	13.91	26.22
2019	15.12	12.84	10.81	12.09	12.24	12.33	16.65	18.55	7.77
2020	24.95	31.65	20.04	21.92	21.04	15.52	25.83	40.48	25.73

年份	科威特	沙特阿拉伯	伊拉克	美国	利比亚	委内瑞拉	马来西亚	伊朗	英国
2017	11.39	6.12	10.68	22.28	13.64	11.43	24.31	4.89	13.30
2018	13.51	13.10	16.18	60.85	14.73	18.26	21.97	12.20	17.47
2019	11.45	12.66	9.54	18.13	16.59	12.66	23.75	16.22	15.18
2020	23.84	19.45	21.97	88.81	87.65	—	63.75	27.35	47.05

注：2020 年我国从委内瑞拉进口原油的份额为零，因此 2020 年委内瑞拉的标准差空缺

在空间维度上也存在区别，如美国、马来西亚的油价波动幅度相对较高，而俄罗斯、伊拉克的油价相对稳定。

评估系统风险和个体风险还需要根据 PRS 集团的 ICRG 指数来计算国家风险权重 w_{it}。根据 ICRG 指数，图 6-3 展示了 2017～2020 年我国主要境外原油来源国的政治风险、经济风险和金融风险，该指数是基于政治风险、经济风险和金融风险三个维度共 22 个指标加权得到的，取值范围为 0～100，取值越大表示国家的综合风险越低。一般而言，低于 50 表示国家风险非常高，而高于 80 表示国家风险非常低。总体来看，英美等经济发达地区政治风险和经济风险较低，俄罗斯由于外交政策激进、地缘局势冲突等因素有着相对较高的政治风险，而伊拉克、伊朗、利比亚、安哥拉和委内瑞拉等战争冲突较多、经济动荡的地区有着相对较高的政治风险和经济风险。高风险地区包含了多个原油出口大国，是我国的主要原油进口地，因此对各主要原油进口国的风险评估对我国能源安全发展具有重要意义。

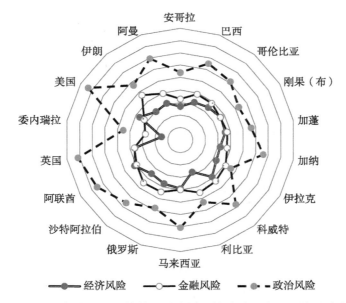

图 6-3　2017～2020 年我国主要境外原油来源国的政治风险、经济风险和金融风险

资料来源：PRS 集团发布的 ICRG 指数

进一步地，基于上述 ICRG 指数，我们计算得到了 2017～2020 年我国主要境外原油来源国的风险权重，见表 6-3。可以看出，各国风险权重在时间维度上变化不大。在空间维度上，发达国家和地区的风险权重相对较低，综合风险较小。

接下来，根据式（6-2）、式（6-3）、式（6-4）和表 6-3 中对于风险权重的计

表 6-3　2017～2020 年我国主要境外原油来源国的风险权重

年份	阿联酋	阿曼	安哥拉	巴西	俄罗斯	刚果（布）	哥伦比亚	加纳	加蓬
2017	0.21	0.31	0.42	0.32	0.31	0.40	0.32	0.34	0.35
2018	0.22	0.29	0.44	0.31	0.29	0.39	0.32	0.31	0.35
2019	0.20	0.28	0.41	0.29	0.28	0.34	0.33	0.32	0.35
2020	0.25	0.32	0.46	0.35	0.32	0.36	0.36	0.33	0.36

年份	科威特	沙特阿拉伯	伊拉克	美国	利比亚	委内瑞拉	马来西亚	伊朗	英国
2017	0.26	0.29	0.44	0.23	0.45	0.54	0.25	0.27	0.22
2018	0.24	0.26	0.40	0.22	0.34	0.54	0.24	0.30	0.22
2019	0.23	0.24	0.34	0.23	0.32	0.58	0.24	0.35	0.22
2020	0.29	0.28	0.43	0.27	0.37	0.58	0.27	0.41	0.25

算结果，可以得到各国的系统风险和个体风险值。同时参考祝孔超等（2020）的方法，将主要原油来源国的系统风险和个体风险分为三类。具体而言，风险值低于平均风险值定义为中低风险，风险值位于其平均值和其平均值加一倍标准差之间的定义为中高风险，风险值大于其平均值加一倍标准差的定义为高风险。

表 6-4 展示了 2017～2020 年我国主要原油来源国的系统风险。可以看出，俄罗斯和沙特阿拉伯等国家的系统风险较高，主要是由于其份额占比较大，且与国际原油价格波动趋势相关性高。绝大多数国家在 2020 年有明显的增加趋势，这主要是因为新冠疫情暴发导致了经济停滞，进而原油供应大于需求，国际原油价格经历了大幅的波动，其中利比亚、委内瑞拉和伊朗的系统风险在 2020 年有所下降，主要原因是其原油供应份额大幅下降。

表 6-4　2017～2020 年我国主要原油来源国的系统风险

年份	阿联酋	阿曼	安哥拉	巴西	俄罗斯	刚果（布）	哥伦比亚	加纳	加蓬
2017	0.97	7.70 [M]	22.58 [H]	4.31	33.57 [H]	0.67	0.65	0.13	0.13
2018	1.79	13.00 [M]	26.95 [M]	12.01 [M]	61.37 [H]	1.90	1.39	0.14	0.16
2019	0.86	4.22	8.23 [M]	5.92 [M]	22.12 [H]	0.52	0.63	0.05	0.18
2020	28.53	42.04	51.26 [M]	52.29 [M]	204.69 [H]	2.51	4.50	0.50	1.01

年份	科威特	沙特阿拉伯	伊拉克	美国	利比亚	委内瑞拉	马来西亚	伊朗	英国
2017	2.89	25.91 [H]	10.56 [M]	0.58	0.08	3.34	0.50	8.58 [M]	0.70
2018	6.47	38.65 [H]	24.37 [M]	1.81	0.88	3.32	0.95	10.29	0.72
2019	1.89	25.50 [H]	9.85 [M]	0.15	0.32	0.48	0.53	0.80	0.58
2020	22.2	211.81 [H]	106.15 [M]	11.46	0.08	—	4.60	0.45	1.02

注：2020 年我国委内瑞拉进口原油的份额为零，因此 2020 年委内瑞拉的系统风险空缺；（H）表示高风险，（M）表示中高风险，其余为中低风险

　　表 6-5 展示了 2017～2020 年我国主要原油来源国的个体风险。可以看出 2020 年由于国家原油出口价格波动较大，绝大多数来源国个体风险也有明显的增幅，仅委内瑞拉、伊朗和刚果（布）由于进口份额的减少个体风险有所下降。在 2017～2019 年，安哥拉、俄罗斯、沙特阿拉伯和伊拉克的个体风险较高，且俄罗斯和沙特阿拉伯有逐年增加的趋势。

表 6-5　2017～2020 年我国主要原油来源国的个体风险

年份	阿联酋	阿曼	安哥拉	巴西	俄罗斯	刚果（布）	哥伦比亚	加纳	加蓬
2017	2.62	6.73 (M)	14.92 (H)	5.99 (M)	5.94 (M)	2.89	0.35	0.05	0.40
2018	1.78	21.65 (M)	48.11 (H)	33.59 (H)	23.91 (M)	4.36	0.72	0.11	0.59
2019	0.95	6.66	19.55 (H)	9.07 (M)	31.45 (H)	1.13	2.24	0.20	0.15
2020	15.67	62.57 (M)	63.58 (M)	44.43 (H)	135.67 (H)	1.11	5.62	1.32	1.25

年份	科威特	沙特阿拉伯	伊拉克	美国	利比亚	委内瑞拉	马来西亚	伊朗	英国
2017	1.98	5.78 (M)	20.41 (H)	0.97	0.27	11.93 (H)	1.11	1.13	0.42
2018	2.88	20.36 (M)	45.24 (H)	14.74 (M)	0.97	14.33 (M)	1.17	6.19	0.48
2019	1.52	29.53 (H)	12.52 (M)	0.30	1.13	3.09	2.10	3.20	0.79
2020	15.01	90.81 (H)	137.67 (H)	97.46 (H)	1.32	—	19.71	0.80	2.12

　　注：本表结果为个体风险值乘以 100；2020 年委内瑞拉进口原油的份额为零，因此 2020 年委内瑞拉的个体风险空缺；(H)表示高风险，(M)表示中高风险，其余为中低风险

　　结合表 6-4 和表 6-5，可以发现，有 11 个国家在 2017～2020 年系统风险均位于中低风险水平，而俄罗斯和沙特阿拉伯的系统风险在四年中均属于高风险水平，这主要与其原油进口份额较高以及从这两个国家进口原油的价格与国际原油市场相关性较大有关。同时，有 10 个国家的个体风险在 2017～2020 年均处于中低风险水平，安哥拉、巴西、沙特阿拉伯、俄罗斯和伊拉克在 2017～2020 年个体风险均处于中高水平之上。

6.3.2　我国原油进口策略的风险评估和优化

　　在 6.3.1 节的基础上，本节将进一步对我国原油进口策略的风险进行评估，并对原油进口策略进行优化调整。

　　根据式（6-5）和式（6-6），计算得到我国 2017～2020 年原油进口策略的系统风险指数和个体风险指数，结果见图 6-4。整体而言，2017～2020 年我国从主要境外原油来源国进口原油策略的系统风险指数均大于个体风险指数，这表明目前进口原油策略的风险主要是受到国际原油价格波动的影响，而个别原油来源国进口原油价格的波动对我国进口原油策略风险的影响较小，该结果与现实情况是

相对一致的。由于石油市场是高度国际化的市场，全球主要原油输出国的原油价格的相关性较高，因此各国原油价格对国际原油市场的反映较为一致，这增加了原油进口策略的系统风险。

图 6-4　我国 2017～2020 年原油进口策略的系统风险指数和个体风险指数

我国原油进口策略的系统风险指数在 2017～2018 年呈现增长趋势，而在 2019 年下降，然后 2020 年又迅速增加。该趋势与这几年国际原油价格的波动情况相一致。具体而言，2017 年全球主要原油输出国的石油生产较为稳定，全球石油市场的供需基本达到平衡，这使得国际原油价格较为平稳。2018 年美国对伊朗进行了一系列的制裁，其中包括对其原油出口的限制。尽管只是对伊朗单个国家的制裁，但是该制裁行动还是对国际原油价格造成了冲击，从而使得原油价格波动较 2017 年更大。2019 年，国际原油市场整体较为平稳，国际原油价格波动是 2017～2020 内最小的。2020 年，国际原油市场表现跌宕起伏，一方面，OPEC 与俄罗斯就原油产量谈判破裂，这使得全球主要原油输出国开始进行价格竞争；另一方面，新冠疫情严重影响了全球生产和经济活动，原油需求量大幅度下降。这些因素导致 2020 年的国际原油波动是 2017～2020 年中最大的。

同时，2017～2020 年我国进口原油策略的个体风险指数的变化趋势与系统风险指数的变化趋势相一致。2018 年美国对伊朗的制裁使得从伊朗进口原油的风险增加，尽管我国在进口策略上进行了调整，将伊朗的原有进口份额由 7.43% 降低至 6.34%，但是整体上进口策略的个体风险还是比 2017 年增加了。2019 年，尽管美国对伊朗的制裁依然存在，但是全球原油市场较为平稳，并且我国原油进口策略调整较为迅速，大幅降低了从伊朗进口原油的份额，同时增加了从沙特阿拉伯进口原油的份额，以抵消从伊朗进口原油的风险。2020 年，全球新冠疫情等事件减缓了许多国家的经济生产活动，这使得我国原油进口策略的个体风险指数增加。

接下来，根据原油进口策略优化模型，以进口策略的个体风险指数最小化为目标，设定从 i 国进口原油的最大份额不能超过原始份额的 $100a\%$ 的情况下，对各国原油进口份额进行优化调整。

　　表 6-6 展示了 2017～2020 年各地区的实际份额和最优份额（$a=0.1$）。可以看出，非洲、东南亚和欧洲地区 2017～2020 年实际份额变化趋势与最优份额变化趋势基本一致，而中东、美洲地区实际份额变化趋势与最优份额变化趋势存在一定的差异。这一定程度上反映出我国在这些地区整体上的风险控制情况较好。这表明我国在这两个地区上的原油进口策略仍需进一步提升。导致上述结果的原因可能是：一方面，全球主要原油出口国在中东地区，这使得个别国家的政治、经济等的波动可能造成连锁反应，从而影响该地区的原油生产，这增加了对该地区进口原油风险控制的难度；另一方面，近几年我国与美国的国际贸易关系较为紧张，而委内瑞拉在 2019 年受到了美国制裁，严重影响其原油的生产和出口。这些事件增加了我国对美洲地区风险控制的难度。

表 6-6　2017～2020 年各地区的实际份额和最优份额

地区	2017 年		2018 年		2019 年		2020 年	
	实际份额	最优份额	实际份额	最优份额	实际份额	最优份额	实际份额	最优份额
中东	46.54%	48.60%	45.91%	49.77%	46.76%	47.81%	50.68%	53.44%
非洲	18.13%	15.15%	17.39%	16.77%	16.71%	15.24%	12.94%	13.85%
美洲	16.00%	17.12%	16.42%	14.07%	14.97%	15.71%	15.35%	15.23%
东南亚	1.71%	1.88%	2.05%	2.25%	2.54%	2.79%	2.58%	2.84%
欧洲	17.62%	17.25%	18.24%	17.14%	19.02%	18.45%	18.45%	17.10%

　　相对来讲，伊拉克和美国这两个国家在实际份额和最优份额上差异相对较大。具体而言，尽管 2017～2020 年我国从伊拉克进口原油的份额在逐步增加，但是最优份额表明增加的幅度仍然较低。而 2017～2020 年我国从美国进口原油的份额整体上呈现逐步增加的趋势，但是最优份额显示目前增加的幅度过大。因此，我国在制定原油进口策略时，应更加关注从伊拉克和美国进口原油的情况。

　　在得到优化份额的基础上，图 6-5 展示了中国 2017～2020 年最优原油进口策略的个体风险指数的降低率（纵坐标中的降低率表示优化后的个体风险指数相对于原始进口策略个体风险指数的百分比变化）。可以看出，当调整系数 $a=0.1$ 时，份额优化可以使得进口策略的个体风险指数下降 2.15%～6.22%，其变动趋势与国际原油价格的波动趋势较为一致。这表明当国际原油市场不稳定时，优化份额可以更大幅度地降低进口策略的个体风险。因此，我国在制定原油进口策略时更需要注重和预测国际原油市场的变化，从而确保实现一个较为理想的原油进口策略。另外，可以看出除了 2020 年外，其余年份的降低率均较小，这反映出我国原油进口策略整体上是较为理想的。

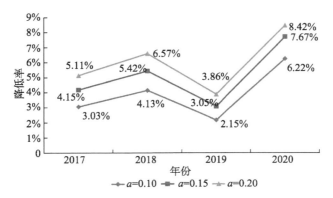

图 6-5　中国 2017～2020 年最优原油进口策略的个体风险指数的降低率

为了进一步验证结果的稳健性，分别令调整系数 $a = 0.15$ 和 $a = 0.20$ 得到不同 s_{it}^{up} 下的最优策略。可以看到，不同参数下 2017～2020 年的降低率变化趋势是一致的。随着最大进口份额的不断放宽，求解模型的可行域变大，此时我国原油进口份额有更大的优化空间，所以个体风险指数的降低率更大。

6.4　原油进口通道的风险评估

原油进口的风险不仅包括进口来源国的自身风险，进口通道的风险也同样重要。原油进口通道的自然地理条件、周边国家风险等因素都会对原油进口的安全性造成影响。因此，本节将对我国主要原油进口通道的网络特征进行分析，并量化分析各通道节点的重要性，结合定量、定性的分析方法来对原油进口通道的风险展开评估。

6.4.1　我国主要原油进口通道网络特征

原油进口的方式主要分为陆路运输与海路运输。其中，在陆路运输中主要采用管道运输的方式，我国的原油进口管道主要包括中哈原油管道、中缅原油管道和中俄原油管道。海路原油进口通道的节点主要有霍尔木兹海峡、好望角、巴拿马运河和马六甲海峡等，主要分布在中东、非洲、美洲和东南亚等地区。

中哈原油管道是我国第一条陆上原油进口输送管道，具有重要战略意义，于 2009 年 7 月正式建成投产。设计运输能力为 2000 万吨/年。该管道同时也是中俄两国运输原油的重要途径，预计至 2023 年中俄经中哈原油管道输送的原油将达到 9100 万吨（袁海云等，2018）。中缅原油管道在缅甸境内长度为 771 千米，设计输送量为 2200 万吨/年。中国境内包括一期工程瑞丽—昆明段干线和二期昆明—

重庆干线，设计输送量分别为 2000 万吨/年和 1000 万吨/年（王保群，2016）。该管道可以绕开马六甲海峡，缩短了 1200 海里的原油运输距离，能够有效替代马六甲海峡的部分运输能力，可以缓解由马六甲海峡风险所造成的原油进口安全问题。中俄原油管道是俄罗斯远东原油管道的支线，全长约 1000 千米，一线和二线的总运输量为 3000 万吨/年（王尧和吕靖，2014）。中国和俄罗斯一直以来都有原油贸易往来，在管道建成之前，多以铁路运输为主，其容量有限，且风险和成本较高。2010 年原油管道第一条线路顺利建成，有效地缓解了原油运输的成本和风险压力，俄罗斯也逐渐成为我国原油进口的主要来源国之一。

尽管原油管道运输在一定程度上缓解了我国对于海运原油进口方式的高度依赖，为进口原油开拓了新的多元化局面，但是同样存在一定的弊端。首先，原油管道的建设周期较长，对地理条件、建设材料等要求较高；其次，管道运输方式的跨边境和跨国家的运输特点导致法律主体众多，难以制定有效的监管标准和经营法则。除此之外，原油管道运输终点多为我国边境地区，距离发达地区较远，其国内的运输成本较高同样是重要的阻碍建设因素。以上因素使得管道运输无法提供充足的运力以满足我国巨大的原油需求。相比之下，海路运输的效率和灵活性更高，并且成本较低，因此海路运输是我国主要的原油进口方式。海路进口量占我国原油总进口量的 80%以上（王丹等，2020）。因此，本章主要对海路通道进行分析。

图 6-6 绘制了我国主要海路原油进口通道网络，从中可以看出，我国海路原油进口通道的节点主要有直布罗陀海峡、曼德海峡、霍尔木兹海峡、实兑港、苏伊士运河、好望角、巴拿马运河、马六甲海峡/巽他海峡/龙目海峡。

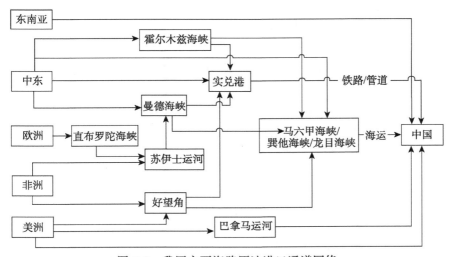

图 6-6　我国主要海路原油进口通道网络

就海路运输而言，中东地区向来是我国原油进口的重要地区，2017～2020年每年的原油进口份额约为47.47%，主要的原油进口来源国为阿联酋、阿曼、科威特、沙特阿拉伯、伊拉克和伊朗。根据这些国家的地理位置可以看出，中东到中国的原油进口通道主要为6条（王丹等，2020）。阿联酋、科威特、伊拉克毗邻波斯湾，其原油输送到中国需要经过霍尔木兹海峡，主要有2条线路，分别为：霍尔木兹海峡—实兑港—中国；霍尔木兹海峡—马六甲海峡/巽他海峡/龙目海峡—中国。阿曼在霍尔木兹海峡外侧，因此原油输出并不需要通过该海峡，其主要运输路线有2条，分别为：实兑港—中国；马六甲海峡/巽他海峡/龙目海峡—中国。沙特阿拉伯东临波斯湾，西临红海，因此其原油运输需要经过霍尔木兹海峡或者曼德海峡，其主要运输路线有4条，分别为：霍尔木兹海峡—实兑港—中国；霍尔木兹海峡—马六甲海峡/巽他海峡/龙目海峡—中国；曼德海峡—实兑港—中国；曼德海峡—马六甲海峡/巽他海峡/龙目海峡—中国。

非洲地区也是我国重要的原油进口地区，其中安哥拉、刚果（布）、加纳、加蓬、利比亚是我国在该地区主要的原油进口来源国家，共有4条通道。由于利比亚位于非洲北部，毗邻地中海，因此其原油运输需要经过苏伊士运河和曼德海峡，其主要运输路线有2条，分别为：苏伊士运河—曼德海峡—实兑港—中国；苏伊士运河—曼德海峡—马六甲海峡/巽他海峡/龙目海峡—中国。其余4个国家位于非洲西部，因此它们的运输路线一致，需要经过南非的好望角，主要有2条，分别为：好望角—马六甲海峡/巽他海峡/龙目海峡—中国；好望角—实兑港—中国。

对于美洲地区我国主要从巴西、哥伦比亚、委内瑞拉进口原油，近年来我国从美国进口原油的比重呈现上升趋势，该地区共有3条运输通道。美国和哥伦比亚运输原油的路线较为简单，直接经过太平洋抵达中国；巴西和委内瑞拉位于南美洲的西部和北部，其主要线路有3条，分别为：巴拿马运河—中国；好望角—马六甲海峡/巽他海峡/龙目海峡—中国；好望角—实兑港—中国。

东南亚地区的马来西亚是我国主要原油进口来源国之一，在马六甲海峡的东侧，因此可以直接运输原油到我国，不必经过马六甲海峡。我国从欧洲地区通过海路运输进口原油的国家是英国，从英国运输原油距离较远且经过的海峡或运河较多，其主要运输路线有2条，分别为：直布罗陀海峡—苏伊士运河—曼德海峡—实兑港—中国；直布罗陀海峡—苏伊士运河—曼德海峡—马六甲海峡/巽他海峡/龙目海峡—中国。

可以看出，与陆路运输原油路线相比，海路运输路线一般相对复杂，大部分路线需要经过一个或多个海峡和运河。因此，这些海峡和运河自身的情况对于海路运输路线而言至关重要。马六甲海峡、苏伊士运河和巴拿马运河较为狭窄和拥挤，且受到水深的限制，使得超大型油船无法从该处通过，只能选择距离更长的路线抵达中国,这增加了海路运输的风险(吕靖和王爽,2017;史春林和史凯册,2018)。

6.4.2　进口通道关键性节点的识别和评价

本节将进一步识别和评价原油通道的关键性,由于部分原油通道的运输数据难以获得,我们在已有信息的基础上,对计算过程做了以下简化处理。首先,考虑到马六甲海峡、巽他海峡和龙目海峡地理位置相近,马六甲海峡的地理条件导致超大型船只难以通过,但是其具有运输距离短、设备条件优越等优势,因此我们假设经过此片区域的超大型油轮从巽他海峡和龙目海峡通过(在分析时,将巽他海峡和龙目海峡作为同一个节点),其他船只从马六甲海峡通过。类似地,考虑到巴拿马运河也无法通过超大型船只,所以本节假设从美洲运输原油的超大型船只均从好望角通过,其他从巴拿马运河通过。其次,由于无法得到实兑港每年运往中国的原油量,考虑到实兑港运输原油不需经过马六甲等海峡,极大地缩短了运输时间,因此本节假设每年实兑港原油运输量能达到该原油管道的设计运输量,即 2200 万吨/年。最后,由于沙特阿拉伯东临波斯湾,西临红海,因此其原油运输需要经过霍尔木兹海峡或者曼德海峡,本节假设从这两个海峡经过的原油量比例为 1:1。

基于上述合理假设,表 6-7 列出了我国主要海路原油进口通道网络节点中心度和 2017~2020 年节点工作强度。中心度方面,马六甲海峡、巽他海峡/龙目海峡和实兑港的中心度最高,这表明在我国海路运输网络中这几个地方是较为重要的,这是由于主要原油来源国的原油进入我国几乎都需要选择从这几个地方之一经过。另外,好望角和曼德海峡也是较为重要的节点。这是由于曼德海峡是中东、欧洲、非洲地区原油进口路线的要道,而好望角是非洲和美洲地区原油进口的要道。相

表 6-7　我国主要海路原油进口通道网络节点中心度和 2017~2020 年节点工作强度

节点	中心度	工作强度			
		2017 年	2018 年	2019 年	2020 年
马六甲海峡	5	52.29%	51.84%	51.91%	48.52%
巽他海峡/龙目海峡	5	28.24%	28.14%	29.97%	31.50%
实兑港	5	6.74%	6.07%	5.55%	5.49%
好望角	4	25.81%	23.66%	22.69%	19.34%
苏伊士运河	3	3.57%	4.49%	5.54%	1.90%
直布罗陀海峡	2	2.59%	2.13%	3.16%	1.47%
曼德海峡	4	11.57%	12.32%	16.05%	12.50%
霍尔木兹海峡	3	27.99%	30.02%	33.16%	40.26%
巴拿马运河	2	8.39%	8.12%	7.93%	6.43%

较而言，巴拿马运河和直布罗陀海峡的重要性较低，这是由于这两个地方只分别为欧洲地区和美洲地区运输原油的要道。

工作强度方面，排在前四名的分别是马六甲海峡、霍尔木兹海峡、巽他海峡/龙目海峡和好望角。其中，马六甲海峡连接印度洋和太平洋，由新加坡、马来西亚和印度尼西亚三国共同管辖，是国际海上贸易的重要通道，我国进口原油约50%需要从马六甲海峡经过，因此该通道的工作强度最高，在2020年达到48.52%。第二是霍尔木兹海峡，该海峡毗邻伊朗和阿曼，是全球运输量最大的石油贸易通道。作为我国从中东进口原油的主要通道之一，霍尔木兹海峡在2020年的工作强度达到40.26%，并且有逐年增加的趋势。排在第三名的是巽他海峡/龙目海峡，隶属于印度尼西亚，在2020年的工作强度达到31.5%，有效分担了马六甲海峡繁重的运输任务。最后，隶属于南非的好望角是西非国家运送原油到我国的必经之地，同时可以通过南美洲地区的大型船只，工作强度在2020年达到19.34%。可以看到，马六甲海峡及其周边的巽他海峡/龙目海峡是我国原油进口的重要通道，但是由于该地区大国博弈激烈，政治局势不稳定，给我国原油进口的安全性带来一定的威胁与挑战。

为了降低马六甲海峡进口风险，我国积极寻求原油进口的替代路线。例如，中缅原油管道的开通使得邮轮可以在实兑港停靠，通过该管道将原油输送至我国。从表6-7中可以看到，实兑港的工作强度在2020年也达到了5.49%。同时，我国在巴基斯坦运营的瓜达尔港已于2016年正式通航，截至2020年5月从瓜达尔港通向我国的原油输送线路还未建成，但是该条线路建成后能够使来自中东地区的原油多一种选择，直接停靠瓜达尔港，这能够一定程度上缓解我国原油进口对马六甲海峡的依赖（Anwar，2011；王爽等，2018）。

尽管已有上述解决方案，但是受到运输能力、运输成本等问题的限制，马六甲海峡、巽他海峡/龙目海峡在我国原油进口海路网络中的地位依然无法替代。下面，我们根据ICRG指数对上述提及的重要节点进行评价，以探究这些节点的潜在风险。

表6-8展示了我国主要海路原油进口通道网络关键节点周边国家的风险指数，该表各指标为2017~2020年ICRG指数对应指标的平均值，数值越大表示风险越低。可以看出，马六甲海峡区域，印度尼西亚的各项风险较高，尤其恐怖主义较为明显，风险指数为2.06，同时，其边境冲突（2.50）、外部冲突（9.08）和内部冲突（8.45）风险也相对较高。马六甲海峡在菲利普斯航道宽度只有约2.7千米，是一个航行瓶颈，易发生碰撞和海盗劫持，并且20万吨以上邮轮通过马六甲海峡有一定难度，可以绕道南部的巽他海峡/龙目海峡。然而，印度尼西亚同时也是巽他海峡和龙目海峡的隶属国，因此从巽他海峡/龙目海峡通过的船只同样受到该国的高风险威胁。

表6-8　我国主要海路原油进口通道网络关键节点周边国家的风险指数

主要节点	周边国家	民族战争	边境冲突	外部冲突	内部冲突	恐怖主义
霍尔木兹海峡	伊朗	4.00	2.16	7.01	8.97	2.50
	阿曼	4.00	3.00	10.00	9.29	2.50
马六甲海峡	印度尼西亚	3.95	2.50	9.08	8.45	2.06
	马来西亚	4.00	3.25	10.25	9.74	3.00
	新加坡	4.00	3.50	10.50	9.50	2.50
巽他海峡/龙目海峡	印度尼西亚	3.95	2.50	9.08	8.45	2.06
好望角	南非	4.00	3.50	10.50	9.46	3.00
实兑港	缅甸	2.68	2.00	8.72	6.91	2.08

　　实兑港也是马六甲海峡的备用通道之一，位于孟加拉湾的东岸，优良的深水条件使其可以停靠20万吨级以上的大邮轮。该通道隶属于缅甸，整体风险较高。其中，民族战争（2.68）、边境冲突（2.00）、外部冲突（8.72）、内部冲突（6.91）和恐怖主义（2.08）在我国各条原油进口通道中均属于风险相对较高的水平，具有极大的不确定性，同时也可能对中缅原油通道的安全性造成一定威胁。

　　霍尔木兹海峡毗邻伊朗和阿曼，由于其重要的地理区位和贸易地位，自19世纪80年代至今一直动荡不安，存在较多风险因素。近年来主要矛盾由中东内部国家地区的民族宗教冲突转向美伊冲突，美伊紧张局势给霍尔木兹海峡带来了更多的不确定性。同时，狭窄的水道易造成航行风险，海盗劫持事件频发也是一种安全隐患。因此，其边境冲突（2.16）、外部冲突（7.01）和内部冲突（8.97）问题较为突出，为该通道带来较多风险因素。

　　好望角位于非洲大陆南部，连接大西洋和印度洋，其隶属国南非整体风险不高，但是从西非进入好望角之前要经过几内亚湾，该地区是海盗活动频繁的区域。

　　总的来说，我国原油的进口通道网络较为复杂，途经多个重要的海上贸易通道，受到周边国家风险、恐怖主义风险和政治关系等风险因素的影响，对我国原油进口安全构成了一定的挑战。因此，应积极拓展原油进口的备用通道，进一步加强陆路通道的建设，强化海路运输安全保障能力，进而使得我国原油进口运输途中的安全性得以保障。

6.5　本　章　小　结

　　本章分别从原油进口来源地和进口通道两个维度对我国原油进口风险进行评估和优化。结果表明，当前我国原油进口策略的系统风险远高于个体风险，因此在制定原油进口策略时更需要关注并预测国际原油市场变化，从而提高原油进口的安全性。通过与最优进口策略的比较，我们发现我国在非洲、东南亚和欧洲地区的风险控制情况相对较好，而在中东和美洲地区的情况较差，这主要是由于从伊拉克和美国进口原油的份额与最优份额差异较大，因此我国在制定原油进口策略时，应更加注重从这两个国家进口原油的情况。

　　基于原油进口来源国信息，本章总结和梳理了我国主要原油进口通道，识别了我国原油进口的海路运输网络的关键性节点，并分析和评价了这些节点所面临的风险。目前，我国主要的原油进口运输网络有四条管道运输线路和较为多样的海路运输线路，并主要以海路运输网络为主。当前，马六甲海峡、巽他海峡、龙目海峡、霍尔木兹海峡以及好望角是我国海路运输网络中较为重要的节点，其中马六甲海峡最为重要，每年我国超过 50%的原油进口份额需要经过此处。另外，中缅原油管道能够在一定程度上缓解我国从马六甲海峡、巽他海峡或龙目海峡运输原油的压力，但是考虑到该原油管道的设计能力以及我国巨大的原油进口量，其缓解作用相对有限。未来，瓜达尔港和相应的中巴原油输送路线对于我国海上原油运输网络的影响是相对重要的，能够进一步缓解我国原油进口对马六甲海峡的依赖。

第 7 章

替代能源发展对我国能源安全的影响

替代能源发展是能源转型的重点，也是保障能源安全的关键长期发展战略。在"碳中和"背景下，大规模发展可再生替代能源是我国推动能源革命和低碳转型的重要着力点和发展方向，而电力系统是其中之重中之重。可再生能源支持政策和碳排放交易体系将有利于电力行业的低碳发展，并在长期提升我国能源安全的保障能力。因此，通过构建中国多区域电力系统优化模型，并在此基础上探讨可再生能源和碳减排政策及其政策组合效果，对我国推动替代能源发展和能源结构转型，进而保障能源安全和可持续发展具有重要意义。

7.1 替代能源发展趋势

替代能源技术大规模发展是实现能源转型、保障长期能源安全的根本途径，尤其在全球气候治理的背景下，能源安全协同收益有利于推动国家能源独立目标的实现（Jewell et al.，2016）。尽管经过多年发展，中国已成为全球最大的风电和光伏太阳能技术市场，但替代能源的供能占比依然十分有限。根据《中国可再生能源发展报告 2018》，截至 2018 年底，中国各类电源装机容量为 18.99 亿千瓦，但可再生能源发电装机容量仅占全部电力装机容量的 38.4%（涉及水电、风电、光伏、生物质能、地热五种可再生能源发电形式），而其在一次能源供给总量中的比重则更低（水电水利规划设计总院，2019）。归结起来，替代能源技术发展受到成本、技术和政策等诸多因素的影响，未来替代能源技术的大规模发展需着力解决这些问题（周亚虹等，2015）。

补贴是替代能源利基市场发展的催化剂，其在近些年中国风电和太阳能市场扩张中扮演了不可或缺的角色（Tu et al.，2019）；特别地，补贴通过促进可持续性能源系统转型，继而实质性促进国家能源发展和排放控制目标的实现（Iyer et al.，2018）。然而，随着 2019 年第一批风电、光伏平价上网项目的实施，风光平价上网已是大势所趋，但目前仅有少数省份具备实施平价项目能力，应付未来平价上网的趋势，需要进一步提高技术发展质量，同时降低建设、投资和运维的成本（Tu et al.，2019）。事实上，新能源补贴与传统能源碳定价政策的组合在促进替代能源技术大规模发展方面效果显著，有利于以可控的政策成本实现国家既定的能源消费控制和温室气体减排目标（莫建雷等，2018），同时带来巨大的能源安全协同效益（Debnath and Mourshed，2018）。

一方面，随着补贴的逐渐退坡，2019 年中国提出了可再生能源电力消纳责任权重，其实质是一种可再生能源配额制度；另一方面，中国于 2017 年启动全国统一碳市场，并于 2021 年以电力行业为突破口开始正式运行。可再生能源配额政策和碳排放交易体系将在未来共同促进电力行业的低碳发展和国家的能源安全。这两种政策均需要合理设置总量约束目标，既能够符合国家战略层面的长远规划，又能够给市场参与者提供准确的价格信号。

这两类政策的作用机理有所差异，不同的政策组合会对电力系统造成不同的影响。而且，这两类政策也彼此相互影响，政策效果有一定的重叠，其中一项政策如果设置得非常严格，另一项政策可能会因此失效（Delarue and van den Bergh，2016）。在政策共存的情况下，如何合理设置政策目标是政策设计过程中的一个主要工作。基于上述背景，本章旨在通过中国多区域电力系统优化模型对可再生能源配额政策和碳减排政策进行模拟，探究不同政策组合下的替代能源技术的发展路径，定量分析政策共存的协同区间，从而为我国替代能源发展和能源安全长期战略提供政策启示。

7.2 低碳政策的影响

一些研究认为从应对气候变化的角度来看，可再生能源政策没有存在的必要，因为它并不能保证以最小的成本达到减排的目的（Paltsev et al.，2009；Frondel et al.，2010），但可再生能源政策的目的并不仅仅包括应对气候变化。图 7-1 展示了碳减排政策与可再生能源政策的目的与措施。从政策目的方面来看，碳减排政策主要是为了缓解气候变化，尽管有研究表明其与环境政策有一定的协同效应（Lee and van de Meene，2013），而可再生能源政策的目的较多样化，缓解气候变化是其中一个主要的因素。除此之外，中国的石油和天然气资源匮乏，而且资源潜力有限，因此可再生能源能够增强能源供应安全、降低资源的对外依存度，同时可以减少对化石燃料的依赖，从长期角度来看可以应对化石燃料枯竭的危机。而且，可再生能源行业作为一个快速发展的新兴产业，各国都希望能够在技术层面有所突破，抢占市场，成为行业的领跑者并提供更多的就业岗位。

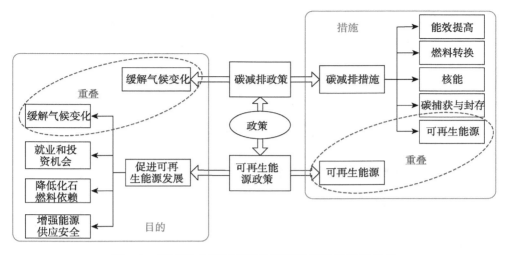

图 7-1　碳减排政策与可再生能源政策的目的和措施

从政策措施方面来看，可再生能源政策主要通过发展可再生能源来实现。一般来讲，水电由于成本优势并不会被纳入政策激励范畴之内，关键的技术包括利用风能、太阳能和生物质能进行发电，而碳减排政策的措施有很多种，可再生能源是其中之一。除此之外，核能的利用、碳捕获与封存技术的试点与普及、提高火电机组的能源利用效率、增加燃气机组比例等均能够实现不同程度的碳减排。

除了上述差异之外，这两类政策还有一定的共性，即政策效果有部分重叠（Boots，2003），如图 7-1 所示。可再生能源的开发可以大幅减少碳排放量，而碳减排政策也可以促进可再生能源的发展。在电力行业，可再生能源是实现碳减排的主要手段之一。因为与钢铁或水泥等其他能源密集型行业不同，电力行业的能效改进技术较少，主要通过机组的更替来提高能源利用效率（Wen et al.，2014；He and Wang，2017；Xu et al.，2016）。当可再生能源配额政策和碳排放交易体系共同作用于电力行业时，可再生能源配额紧缩会导致碳价的下降以及其他行业碳排放量的增加。类似地，更严格的碳排放量约束会导致绿色证书的价格下降（del Río，2017）。这些相互作用不可避免地会影响两种政策工具的效率。

可再生能源配额政策和碳减排政策同时实施的国家或地区并非很多（Shahnazari et al.，2017），主要集中在欧盟成员国和美国的一部分州。因此，只有少数研究对上述两个政策的协同进行实证分析（Unger and Ahlgren，2005；Linares et al.，2008；de Jonghe et al.，2009）。Bird 等（2011）使用由美国国家可再生能源实验室开发的区域能源部署系统（regional energy deployment system，ReEDS）模型分析了可再生能源支持机制和碳排放交易体系对美国电力部门的影响。Weigt 等（2013）发现德国电力行业 2006~2010 年实施的可再生能源配额制度导致欧盟配额需求减少，据估算，需求的降幅大约在 2.7%。虽然这些研究提供了有价值的分析，但由于中国与其他国家在资源禀赋和电网结构方面存在显著差异，上述模型很难用来研究中国问题。随着可再生能源配额政策和碳减排政策的稳步推进，如何设计和协调这些政策对决策者而言是一个关键问题，需要进一步研究和探讨。

7.3 低碳能源系统演化模型

7.3.1 中国多区域电力系统优化模型

本章构建的中国多区域电力系统优化模型将短期的电力调度模块引入长期的产能扩张框架内。模型既刻画了发电机组基于小时维度的启停运作及爬坡约束等电力调度特点，又涵盖了发电及输电技术的年度投资决策，并将中国分成 10 个区域，各区域的电源结构、资源禀赋、电力需求各不相同。区域之间可以建设输电线路，并在此基础上进行电力传输。模型以研究期内电力行业总成本最小化为目标函数，通过电力生产、调度以及传输来满足各区域的电力需求。主要的结果包括最优的区域电源结构、跨区输电网络、小时维度的电力产出、发电机组的运作模式等。

中国多区域电力系统优化模型框架如图 7-2 所示，共包括三个模块：产能扩张模块、电力调度模块以及电力传输模块。产能扩张模块每年初进行一次投资决策，决定是否要新建发电机组和跨区输电线路，达到使用寿命的机组要被淘汰，未达使用寿命的机组也可能因为经济或政策因素被提前淘汰，该模块主要决策每年在哪些区域建设哪类技术以及具体的建设规模。当产能扩张模块确定该年度的发电技术和输电技术的产能之后，电力调度模块开始模拟每小时机组的生产运作，包括火电机组的开启与关闭、机组输出功率的变化、可再生能源发电上网等。各区域每小时的电力供给与电力需求是平衡的，本地区的电力生产既可以用来满足本地区的电力需求，也可以通过电力传输模块满足其他区域的电力需求，能够进行电力传输的前提是区域间有输电线路连接。当一年之内的每个小时均模拟完之后，模型进入下一年，产能扩张模块在年初继续进行投资决策，以此类推，直到研究期结束（He et al.，2016）。上述内容是基于时间顺序对模型决策过程进行的解释，但是在实际求解中是通过一次优化过程解出每个时间点的决策。

本模型将原有的六大区域电网进一步细分，依据地理位置、资源禀赋、电网结构等因素，将全国电力行业分为 10 个区域（Xu et al.，2020）。其中，将华北电网分为华北和晋蒙西地区是因为这两个区域在资源禀赋和电力需求方面存在巨大差异。晋蒙西的煤炭和可再生能源资源丰富且电力需求较低，而华北地区恰好相反。

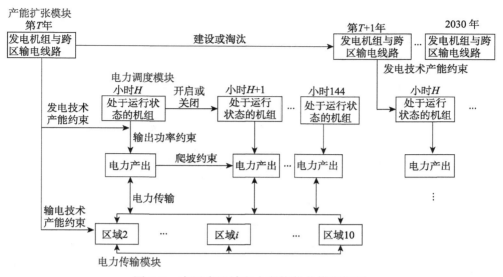

图 7-2　中国多区域电力系统优化模型框架

将西北电网分为西北和新疆地区是因为地理位置因素。新疆的地理位置十分偏远，且与西北电网其他地区相距较远。如果将西北电网看作一个整体会严重影响区域间电力传输的准确性。华中电网和南方电网的划分依据均是水电资源的区域差异。四川、华南地区的水电资源极其丰富，而水电的季节性特征十分明显，与火电的调度模式差异较大，因此有必要对水电资源丰富的区域进行单独考量。

本模型共包括两种时间尺度：年份与小时。从宏观视角来看，模型的基期为2014 年，即基于 2014 年及之前的数据向后进行模拟，研究期为 2015～2030 年。发电技术和输电技术的投资发生在每一年的年初。从微观视角来看，由于计算能力的限制，本模型同样采用典型天方法，每两个月选取一个典型天，每天由 24 个一小时的时间点构成，因此研究期内共包括 2304（6×24×16）个时间点。在每个时间点上各区域的电力供给和需求都是平衡的。

本模型共包括 12 类电力生产技术。其中，火力发电机组包括小型燃煤机组、超临界机组、燃煤热电联产机组、碳捕获与封存机组、燃气机组。在本模型中，超临界机组与超超临界机组被统一称为超临界机组。除了超临界机组、燃煤热电联产机组之外的燃煤机组被定义为小型燃煤机组（Yi et al.，2019）。燃油机组在整个电力行业中的占比很小，且历史数据难以获得，因此没有包括在模型内。碳捕获与封存机组定义为配备碳捕获与封存技术的超临界机组。非化石燃料发电包括核电、水电、陆上风电、光伏发电、生物质能、海上风电和光热发电。本模型所采用的电力传输技术为特高压直流输电技术，即电压在±800 千伏及以上的直流输电技术。模型将每个区域看作一个整体，各区域电网内部复杂的交流输电线路互联不在本书的范畴之内。

模型的目标函数为电力行业研究期内的总成本（TPC），包括发电技术的投资成本（IC）、运营维护成本（OMC）、能源消费成本（EC）、输电技术的投资成本（TIC）、运营维护成本（TOMC）、火电机组的启停成本（SUC）和碳排放成本（COC），如式（7-1）所示。

$$\text{TPC} = \sum_t (\text{IC}_t + \text{OMC}_t + \text{EC}_t + \text{TIC}_t + \text{TOMC}_t + \text{SUC}_t + \text{COC}_t) \qquad （7-1）$$

模型通过最小化目标函数进行求解，决策变量主要包括各区域发电技术每年的建设容量及每小时的电力生产量、跨区输电线路每年的建设容量及每小时的电力传输量、火电机组每小时的开启及关闭量等。本模型是一个大规模的线性规划问题，包括约 44 万个变量，模型程序的编写主要基于 GAMS（the general algebraic modeling system，通用代数建模系统）软件平台，利用软件内嵌的 CPLEX 算法可以求得模型的最优解。

7.3.2　电力行业碳强度指数分解

为了考察碳减排政策对可再生能源的依赖程度，本节对中国多区域电力系统优化模型的结果进行了处理，采用对数平均迪式指数法将碳强度分解为能效提高、燃料转换、核电、水电、非水电可再生能源效应，以此来评估非水电可再生能源对电力行业减排的贡献程度。其中，能效提高指代通过新建超临界机组或淘汰落后的小型燃煤机组来提高火力发电的能源利用效率，而燃料转换指代天然气机组对燃煤机组的替代。

为了实现上述碳强度分解要求，需要对传统的对数平均迪式指数法进行改进。本章采用的多级分解方法包含两个结构效应：无碳能源效应和燃料转换效应（Xu and Ang，2014；Yi et al.，2016）。电力行业的碳强度可以表示为一个扩展的 Kaya 恒等式，如式（7-2）所示。

$$\text{CI}^t = \frac{C^t}{P^t} = \sum_u \sum_v \frac{C_{uv}^t}{P^t} = \sum_u \sum_v \frac{P_u^t}{P^t} \frac{P_{uv}^t}{P_u^t} \frac{C_{uv}^t}{P_{uv}^t} = \sum_u \sum_v R_u^t S_{uv}^t I_{uv}^t \qquad （7-2）$$

其中，CI^t 为第 t 年的碳强度；C^t 为碳排放量；P^t 为电力生产量；u 为能源结构，包括无碳能源和化石燃料；v 为火电结构，包括燃气发电和燃煤发电；$R_u^t = \dfrac{P_u^t}{P^t}$ 为无碳能源和化石燃料在电力行业中的比例；$S_{uv}^t = \dfrac{P_{uv}^t}{P_u^t}$ 为燃气发电和燃煤发电在火电中的比例；$I_{uv}^t = \dfrac{C_{uv}^t}{P_{uv}^t}$ 为燃煤机组的发电效率。

如式（7-3）所示，碳强度从基期到目标年 t 的变化量（ΔCI_{tot}）被分解为无碳能源效应（ΔCI_{cle}）、燃料转换效应（ΔCI_{str}）和能效提高效应（ΔCI_{eff}）。

$$\Delta CI_{tot} = CI^t - CI^0 = \Delta CI_{cle} + \Delta CI_{str} + \Delta CI_{eff} \qquad (7\text{-}3)$$

根据 LMDI（logarithmic mean Divisia index，对数平均迪氏指数）加法分解方法的计算公式可以得到上述三类效应的具体数值（Ang，2005），如式（7-4）～式（7-6）所示。

$$\Delta CI_{cle} = \sum_u \sum_v \frac{CI^t_{uv} - CI^0_{uv}}{\ln CI^t_{uv} - \ln CI^0_{uv}} \ln\left(\frac{R^t_u}{R^0_u}\right) \qquad (7\text{-}4)$$

$$\Delta CI_{str} = \sum_u \sum_v \frac{CI^t_{uv} - CI^0_{uv}}{\ln CI^t_{uv} - \ln CI^0_{uv}} \ln\left(\frac{S^t_{uv}}{S^0_{uv}}\right) \qquad (7\text{-}5)$$

$$\Delta CI_{eff} = \sum_u \sum_v \frac{CI^t_{uv} - CI^0_{uv}}{\ln CI^t_{uv} - \ln CI^0_{uv}} \ln\left(\frac{I^t_{uv}}{I^0_{uv}}\right) \qquad (7\text{-}6)$$

上述方法无法将各类无碳能源的减排贡献分离出来，因此，本章根据各类无碳能源在研究期内发电量的增量占总增量的比例作为权重，将无碳能源效应进一步分解为水电效应（ΔCI_{hyd}）、非水电可再生能源效应（ΔCI_{nhy}）和核电效应（ΔCI_{ncl}），如式（7-7）所示，各类效应的计算公式如式（7-8）～式（7-10）所示。

$$\Delta CI_{cle} = \Delta CI_{hyd} + \Delta CI_{nhy} + \Delta CI_{ncl} \qquad (7\text{-}7)$$

$$\Delta CI_{hyd} = \frac{(P^t_{hyd} - P^0_{hyd}) \cdot \Delta CI_{cle}}{(P^t_{hyd} + P^t_{nhy} + P^t_{ncl} - P^0_{hyd} - P^0_{nhy} - P^0_{ncl})} \qquad (7\text{-}8)$$

$$\Delta CI_{nhy} = \frac{(P^t_{nhy} - P^0_{nhy}) \cdot \Delta CI_{cle}}{(P^t_{hyd} + P^t_{nhy} + P^t_{ncl} - P^0_{hyd} - P^0_{nhy} - P^0_{ncl})} \qquad (7\text{-}9)$$

$$\Delta CI_{ncl} = \frac{(P^t_{ncl} - P^0_{ncl}) \cdot \Delta CI_{cle}}{(P^t_{hyd} + P^t_{nhy} + P^t_{ncl} - P^0_{hyd} - P^0_{nhy} - P^0_{ncl})} \qquad (7\text{-}10)$$

7.3.3　情景设置

为了比较可再生能源配额政策和碳减排政策对电力系统的影响，本章建立了 REF、RPS、CAP 和 MIX 等四个政策情景（表 7-1）。其中，REF 情景没有强制性的政策目标，可再生能源和其他低碳技术的发展完全取决于成本效益。

RPS 情景假设研究期内存在可再生能源配额政策，2030 年非水电可再生能源在总发电量中的占比须达到 17%（衣博文等，2017）。

CAP 情景假设研究期内存在碳排放约束目标。依据 He（2014）的预测，中国电力行业每千瓦时的二氧化碳排放量（碳强度）在 2011～2030 年将会降低 35%。

根据历史数据计算可知，2030 年碳强度需要低于 0.486 千克/千瓦时，与基期相比降低 30%。因此，本章在 CAP 情景中设置了碳强度降低 30% 的政策目标，如式（7-11）所示，其中 c_i 为基期碳强度；δ 为研究期内碳强度的降低率；PD 为电力需求；TCE 为总二氧化碳排放量。由于假设电力的需求弹性为零，而 2030 年的电力需求是外生给定的，因此碳强度目标与碳总量目标是相同的。

$$TCE_t \leqslant PD_t \cdot c_i \cdot (1-\delta) \tag{7-11}$$

MIX 情景假设研究期内同时存在可再生能源配额政策和碳减排政策，且各政策目标的设置分别与 RPS 和 CAP 情景相同。

表 7-1　REF、RPS、CAP 和 MIX 政策情景

情景	情景缩写	情景描述
无政策情景	REF	无政策目标
可再生能源政策情景	RPS	2030 年非水电可再生能源占比超过 17%
碳减排政策情景	CAP	2030 年碳强度降低 30%
混合政策情景	MIX	可再生能源政策与碳减排政策的结合

7.4　低碳能源发展路径及其对能源安全的影响

7.4.1　各政策组合对电力系统的影响分析

1. 政策组合对低碳目标实现的影响

表 7-2 展示了 REF、RPS、CAP 和 MIX 政策情景的主要结果。在 REF 情景下，2030 年非水电可再生能源占比仅为 1.5%，而碳强度相比于基期也仅降低了 8.4%，表明无论是可再生能源的发展还是二氧化碳排放量的降低都必然需要政策支持。CAP 情景下，2030 年非水电可再生能源占比达到了 11.7%，表明碳减排目标在一定程度需要依赖于可再生能源，但是这个比例要远低于 RPS 情景下的非水电可再生能源占比，尽管 RPS 情景碳强度的下降幅度低于 CAP 情景。这说明上述两类政策尽管在实施措施上有部分重叠，但都有各自主要的政策效果，彼此不能相互替代。

表 7-2 还展示了各情景下的二氧化碳排放量和总系统成本。可再生能源的生产成本相对较高，导致 RPS 情景的研究期内总成本比 REF 情景高出了 3.86%，相当于 11 073 亿元。CAP 情景的研究期内总成本较低，但有可能推迟减排。因为在 CAP 情景下，尽管在 2030 年其碳强度降低比例与 MIX 情景相同，但研究期内总碳排放量却高出了 6 亿吨。

表 7-2　**REF、RPS、CAP 和 MIX 情景的主要结果**

情景	REF	RPS	CAP	MIX
2030 年碳强度降低比例	8.4%	26.8%	**30%**	**30%**
2030 年非水电可再生能源占比	1.5%	**17%**	11.7%	**17%**
研究期内总成本/亿元	286 531	297 604	295 041	297 819
研究期内总碳排放量/亿吨	662	601	600	594

注：加粗的数字代表已设定好的政策目标

2. 政策组合对低碳措施减排贡献率的影响

为了分析上述两种政策的重叠效应，本部分探索了碳减排对可再生能源的依赖程度。根据 7.3 节的计算公式，不同政策情景下各类低碳措施对碳强度下降的贡献率如图 7-3 所示。

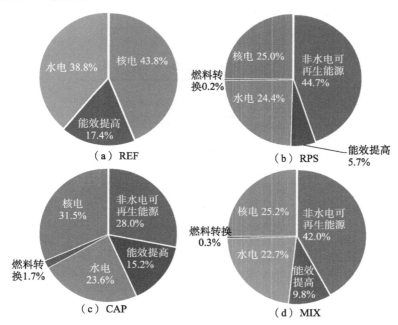

图 7-3　不同政策情景下各类低碳措施对碳强度下降的贡献率

从图 7-3 中可以看出，其一，即使没有政策促进，一些低碳措施也会由于经济效益而自发实施，包括水电、超临界机组以及一部分核电，这是因为在某些地区或某时间段它们的发电成本要低于小型燃煤机组。其二，除了自发性措施之外，RPS 情景下的减排贡献几乎全部来自非水电可再生能源，占贡献总额的 44.7%。相反，CAP 情景下多种低碳措施促进碳减排。尽管非水电可再生能源仍然是主要驱动因素之一，占 28%，但其他因素的贡献同样不可忽视，如核电和先进火电机组的发展，以及小型燃煤机组的提前淘汰。其三，虽然 CAP 和 MIX 情景下碳强度的降低程度相同，但 MIX 情景下非水电可再生能源的贡献率要比 CAP 情景高14 个百分点，而核电、能效提高和燃料转换的贡献率分别降低 6.3 个百分点、5.4个百分点和 1.4 个百分点。这意味着为了实现可再生能源的发展，超临界机组、燃气机组等新技术的普及速度会放缓。

3. 政策组合对替代能源结构的影响

各区域电力行业 2030 年装机容量如表 7-3 所示。可再生能源配额政策导致西北和晋蒙西等资源富集区的陆上风电和光伏发电装机容量大幅增加。与 CAP 情景相比，上述两区域的陆上风电装机容量分别增加了约 3000 万千瓦和 3300 万千瓦，而光伏发电装机容量分别增加了约 5500 万千瓦和 2900 万千瓦。西北和晋蒙西地区的可再生能源发电成本相对较低，增加这些区域可再生能源的产能是实现 RPS情景中政策目标的最经济方式。

表 7-3　各区域电力行业 2030 年装机容量　　　　单位：万千瓦

区域	情景	小型燃煤机组	热电联产	超临界火电机组	碳捕获与封存机组	燃气机组	核电	水电	陆上风电	光伏发电	生物质能
东北	REF	841	6300	6558	0	35	709	1680	902	9	79
	RPS	0	6300	4700	0	35	1003	1680	6000	1564	406
	CAP	0	6300	4800	0	288	1091	1680	6500	1446	371
	MIX	0	6300	4400	0	35	1014	1680	6100	1687	408
华北	REF	0	10500	8000	0	439	1264	391	790	39	109
	RPS	0	10500	5100	0	439	1492	391	6000	2300	395
	CAP	0	10500	5600	0	631	1492	391	6000	423	288
	MIX	0	10500	5000	0	439	1492	391	6000	2000	384
晋蒙西	REF	3900	5700	6000	0	119	0	585	730	135	16
	RPS	2000	5700	7600	0	119	0	585	7000	3600	334
	CAP	0	5700	5400	0	165	0	585	3700	700	103
	MIX	800	5700	7900	0	119	0	585	6400	3200	311
西北	REF	7041	3000	2000	0	78	0	4185	723	930	22
	RPS	4644	3000	4500	0	468	0	4185	8000	7000	909
	CAP	1281	3000	2300	1830	1025	0	4185	5365	1506	136
	MIX	1705	3000	6600	0	666	0	4185	7800	6500	909
新疆	REF	1592	1700	1261	0	468	0	1657	401	277	11
	RPS	1148	1700	828	0	106	0	1657	4200	3800	103
	CAP	213	1700	1410	570	553	0	1657	2647	476	58
	MIX	817	1700	1114	0	161	0	1657	4200	3800	103

续表

区域	情景	小型燃煤机组	热电联产	超临界火电机组	碳捕获与封存机组	燃气机组	核电	水电	陆上风电	光伏发电	生物质能
华东	REF	2500	8600	20328	0	2374	4360	2667	250	124	127
	RPS	1000	8600	10900	0	2374	3360	2667	4800	2900	376
	CAP	0	8600	20700	0	4686	5021	2667	5100	3200	436
	MIX	1000	8600	11600	0	2374	3550	2667	4400	3300	415
华中	REF	3037	2500	11000	0	191	1269	6910	109	15	107
	RPS	676	2500	10000	0	191	1129	6910	1800	1300	301
	CAP	0	2500	12000	0	326	1188	6910	800	205	238
	MIX	0	2500	9000	0	191	1089	6910	1800	1000	285
四川	REF	950	200	1513	0	23	400	12004	11	3	11
	RPS	401	200	649	0	23	400	12004	400	139	129
	CAP	0	200	1080	0	137	400	12004	363	65	86
	MIX	195	200	834	0	72	400	12004	400	139	129
华南	REF	4473	0	1228	0	0	800	14034	312	15	32
	RPS	3311	0	592	0	0	800	14034	900	204	206
	CAP	630	0	2137	0	74	800	14034	900	193	137
	MIX	2060	0	795	0	0	800	14034	900	309	197
广东	REF	2177	0	6563	0	1065	3112	1319	117	4	24
	RPS	992	0	5019	0	1065	2640	1319	831	193	142
	CAP	0	0	8780	0	1384	3692	1319	1162	528	195
	MIX	572	0	7107	0	1065	3236	1319	1018	463	172

在碳减排政策下，华东和广东等高电力需求地区的产能显著增加。这部分增量来源于核电和先进的超临界火电机组。与 RPS 情景相比，华东和广东地区的核电装机容量分别增加了约 1700 万千瓦和 1100 万千瓦，而超临界火电机组分别增加了约 9800 万千瓦和 3700 万千瓦。上述结果一方面是因为核电一般需要部署在沿海地区（包括华北、华东和广东等地区），另一方面是因为上述区域需要大量的电力供给，这为先进的火电机组提供了更多的上网空间。

由于中国能源资源和电力需求的逆向分布，大部分高需求地区的能源资源十分匮乏。因此，可再生能源配额政策与碳减排政策目标下的区域电源结构差异巨大。

4. 政策组合对跨区电力传输的影响

RPS 情景下，西北和晋蒙西等地区无法消纳过剩的可再生能源，需要建立电力外送通道来保障资源的有效整合。因此，RPS 情景下跨区域电力传输更为广泛，2030 年全国区域间电力传输量约是 CAP 情景的两倍，如图 7-4 所示。主要的输电

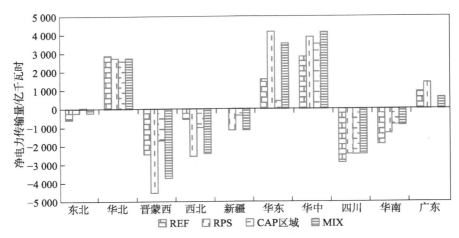

图 7-4　各区域 2030 年电力传输量

线路包括晋蒙西—华北、晋蒙西—华东、西北—华东、西北—华中等。

在碳减排政策下，区域间的电力传输量是最低的，主要通过晋蒙西—华北和四川—华中等线路进行电力的跨区调配。华东和广东由于区域电力装机容量的扩张，电力受入量大幅减少。跨区域电力传输模式的巨大差异与不同政策情景下的区域电源结构密切相关。因此，区域间输电规划与不同低碳政策的协调至关重要。

7.4.2　可再生能源配额政策与碳减排政策的协同区间

上述分析表明，虽然这两项政策对电力系统造成的影响差异很大，但政策效果仍然有部分重叠。也就是说，如果其中一项政策变得非常严格，另一项政策可能会因此变得无效。因此，本节将量化可再生能源配额政策与碳减排政策的协同区间，以此来探索当一种政策实施之后，另一种政策该如何设定。

首先，本节对单一政策的实施进行了多组模拟，包括非水电可再生能源比例从 7%增长至 22%，以及碳强度降低比例从 18%增长至 42%，结果如图 7-5 所示。其中，横轴代表 2030 年非水电可再生能源在总发电量中的比例，纵轴代表 2030 年碳强度相比于基期的减少比例。图 7-5 中方点实线是通过仅实施可再生能源配额政策得到的结果，反映了单独实施不同水平的可再生能源配额政策时碳强度的降低比例。图 7-5 中圆点实线是通过仅实施碳减排政策得到的结果，反映了单独实施不同水平的碳减排政策时可再生能源的普及率。

其次，基于图 7-5，本节通过 RPS 情景来解释如何生成政策的协同区间。点 A 代表单独实施 17%的可再生能源配额政策的情况，该政策同时能够导致碳强度降低 26.8%。通过 A 点做一条水平线，这条线与圆点实线的交点作为 B 点，代表单独实施碳强度降低 26.8%的碳减排政策的情况。与此相似，再通过 A 点做一条垂

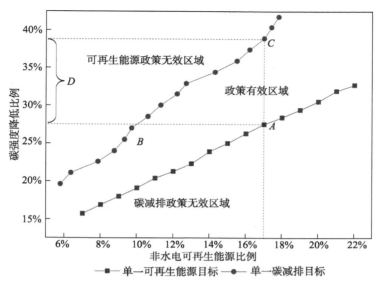

图 7-5 可再生能源配额政策与碳减排政策的协同区间

直线，这条线与圆点实线的交点作为 C 点，代表单独实施碳强度降低 38.2% 的碳减排政策的情况。如果已实施 17% 的可再生能源配额政策，碳减排政策的有效区间是介于 B 点和 C 点之间的区域，如图 7-5 中的区间 D。如果碳减排目标低于 B 点，则碳减排政策将会失效。相反，如果碳减排目标高于 C 点，碳减排政策所导致的非水电可再生能源的份额将超过 17%，从而导致可再生能源配额政策无效。

最后，可以将上述例子扩展为一般情况。当可再生能源配额政策和碳减排政策共存时，图 7-5 可以被分为三个区域。方点实线以下的区域是碳减排政策无效区域，圆点实线上方的区域是可再生能源配额政策无效区域，而二者中间区域是同时实施可再生能源配额政策与碳减排政策的有效区域。

上述的政策有效区域存在以下几个特点。其一，随着政策目标的严格，有效区域将会越来越大，这说明政策的重叠性有所减弱。其二，方点实线的斜率几乎保持不变，但是当可再生能源目标相对较高时，斜率有所下降，这表明在一定时间区间内可再生能源的目标不宜设置过高，否则其带来的碳减排量将越来越少。其三，圆点实线的斜率尽管波动很大，但当碳减排目标较高时，斜率趋于上升，这表明碳减排对可再生能源的依赖逐渐减弱。技术的锁定效应、区域电源结构以及区域间电力传输能力等均是限制可再生能源进一步减排的因素。

7.4.3 关键参数的灵敏度分析

为了评估关键参数对政策协同区间的影响，本节使用 RPS 情景进行灵敏度分析，共包括两个不确定的参数，分别是未来的电力需求以及煤炭价格，如图 7-6

及图 7-7 所示。图中的柱子代表在 17% 的可再生能源配额政策下碳减排政策的有效区间，即图 7-5 中的区间 D。该区间的下限代表 17% 的可再生能源目标的碳减排能力，而上限代表多大程度的碳减排目标需要依赖 17% 的可再生能源。

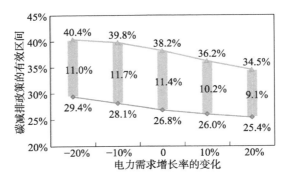

图 7-6　不同电力需求下的碳减排政策有效区间

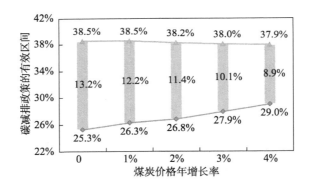

图 7-7　不同煤炭价格水平下的碳减排政策有效区间

1）电力需求

未来的电力需求是不确定的，因为它会受到许多因素的影响，如经济增长速度、人口规模，甚至是节能行为。然而，准确的电力需求预测并不是本章研究的重点。因此，为了分析不同电力需求水平下政策协同区间的变化，本节假设区域电力需求的增长率在基准情况下上下浮动 20%。

随着需求的增加，有效区间的下限和上限均逐渐下降，且上限的降幅更大。一方面，水电的资源潜力有限，因此当电力需求增加时，自发减排措施的占比不会继续提高，导致有效区间的下限和上限均有所降低。另一方面，需求的上升可以弱化技术锁定效应的影响，导致超临界机组和非水电可再生能源减排量的增加。此因素会减缓有效区间下限的降低速度，但会导致减排更多地依赖于可再生能源，因此有效区间的上限降幅更大。

总体来讲，随着电力需求的增加，政策共存的有效区间逐渐减小，意味着可再生能源配额政策和碳减排政策的效果趋近。

2）煤炭价格

煤炭是中国电力行业消耗最多的燃料。煤炭价格对燃煤电厂的发电成本有着重大影响。换句话说，它改变了低碳技术的减排成本，因为在计算电力行业的减排成本时，通常以燃煤发电为基准，进而会对碳减排政策的技术采纳产生影响。因此，本节分析了煤炭价格变化的敏感性，假设其年增长率在 0～4% 变化。

随着煤炭价格的上涨，有效区间的下限大幅上升。煤炭价格升高使得核电和超临界火电的成本优势更加明显，自发减排比例增加，因此有效区间的下限大幅上升。但煤炭价格上涨意味着所有低碳措施的减排成本均有所降低，所以碳减排政策对可再生能源的依赖程度没有显著变化，有效区间的上限仅小幅波动。总体来看，随着煤炭价格上涨，政策共存的有效区间逐渐减小。

7.5　本　章　小　结

本章建立了中国多区域电力系统优化模型，模拟了电力行业可再生能源配额政策和碳减排政策的实施，比较了不同政策组合对区域电力行业及跨区域电力传输的影响，并定量分析了政策共存的协同区间。

结果分析表明，尽管可再生能源配额政策和碳减排政策有一部分的政策效果有所重叠，但彼此无法相互替代。尽管非水电可再生能源的发展是电力行业降低二氧化碳的主要驱动因素，但其他低碳措施在碳减排政策下的作用同样显著，如超临界火电机组、核电的大规模应用以及小型燃煤机组等落后产能的提前淘汰。可再生能源配额政策和碳减排政策对区域电源结构、区域间电力传输模式的影响差异很大。可再生能源配额政策导致资源富集区的电力产能大幅提高，跨区域的电力传输更为普遍。相反，碳减排政策导致高需求地区的产能提高，而跨区域电力传输量较低。从政策层面强调了电源和电网规划的协调有序发展。

本章的研究能够量化中国电力部门同时实施可再生能源配额政策和碳减排政策的有效区间。如果其中一项政策变得非常严格，另一项政策可能会因此失效。而上述的有效区间可以用来检验不同政策组合的有效性。例如，如果实施 17% 的可再生能源配额政策，则碳减排政策的有效区间将在 26.8%～38.2%。上述的政策协同区间可能存在一定的不确定性，随着电力需求的增加，协同区间将会逐渐变小，而且低碳技术减排成本的降低也会缩小协同区间的范围。因此，从长期视角来看，更需要准确制定可再生能源配额政策和碳减排政策的政策目标，从而在应对气候变化的同时保障能源安全，实现能源系统的长期转型。

第 ⟨ 8 ⟩ 章

能源大公司财务监测预警分析及启示

能源大公司是能源市场的主力军，能源公司的生产经营能力以及在全球范围内盈利的高低能力关乎能否以合理的价格获得充足的能源供应，也关系到能源安全战略的实施效果。同时，与其他行业相比，中国能源行业集中度较高，其财务状况对我国能源安全具有较大影响。因此，本章从微观企业层面对国内外能源大公司进行监测预警和对比分析，辅助我国能源安全量化评估，从微观上助力我国能源供应的长期稳定与安全。

8.1 能源大公司财务监测预警背景

我国是当前世界上最大的能源消费国，2019 年我国的煤炭、石油、天然气等化石能源消费全球占比分别为 51.88%、14.56% 和 7.90%，石油自给率不足 30%（杨宇等，2020）。如此大量的能源消费需求，不论是通过国内自给还是国际进口均需要通过能源公司完成。

能源大公司财务数据是反映其财务状况最真实直接的量化指标，从中挖掘有价值的信息可使我国能源安全监管部门更好地进行事前监控，即对能源大公司是否陷入财务困境提出预警信号，并提前制订应对方案有效阻止财务危机甚至破产隐患，从而维护能源市场稳定和增强能源保障能力（Cao，2012）。同时，国内外能源大公司经营能力和盈利能力存在一定差异，通过对它们财务指标进行动态监测，可以对比分析影响我国有些能源大公司经营盈利能力的主要因素，对于提升我国能源大公司国际竞争力和促进能源行业良性发展，保障我国能源的长期供应安全具有重要意义。

当前，国内外学者对财务危机预警技术进行了大量的研究，包括判别分析法、Logistic 回归分析法、神经网络分析法和支持向量机等其他现代智能方法（Sun et al.，2014b）。其中，Logistic 回归分析法（Ohlson，1980；吴世农和卢贤义，2001；Chen et al.，2006）、神经网络分析法（Odom and Sharda，1990；鲍新中和杨宜，

2013；吴冲等，2018）主要建立公司财务破产概率与各指标间的函数关系，而支持向量机（杨毓和蒙肖莲，2006；张亮等，2015）主要构建公司财务破产与否的分类判别函数。特别地，判别分析法在公司财务困境预测领域中应用最早也最为广泛，其主要通过构建财务比率指标进行公司破产预警，包括单变量判别分析法和多变量判别分析法。

单变量财务指标预警研究中，Fitzpatrick（1932）比较了破产组和非破产组的多个单一指标，结果表明资产收益率和产权比率等两个指标具有较好的预警效果，而 Beaver（1966）从 30 个反映公司财务状况的指标中挑选出五个起到预警效果的比例变量。虽然单变量判别分析法在早期被重要应用，但其预测精度有限。对此，Altman（1968）提出了多变量判别分析法的 Z-score 模型，其选取了五个财务指标反映企业的运营能力、成长能力、盈利能力和抵债能力等，进而计算企业综合能力 Z 值对企业财务危机进行预警。此后，众多学者将 Z-score 模型进行改进，以提升不同情景下的模型预测能力。例如，Altman 等（1977）的适用于零售行业和商业信用评级的 ZETA 模型、Thomas 等（2011）的建筑承包商 Z-score 模型、Lepetit 和 Strobel（2015）的银行业对数化的 Z-score 模型、Çolak（2021）的土耳其 Z-score 模型及各种中国情景下的 Z-score 模型等（周首华等，1996；Zhang et al.，2010；Yi，2012；王竹泉等，2020）。

能源公司监测预警有助于保障各国能源安全，目前能源公司的财务危机预警研究相对较少。Assagaf（2017）采用 Z-score 模型研究了印度尼西亚国有企业能源公司的财务困境，进而分析了国家预算补贴、税务管理、盈余管理以及经营财务业绩等对公司财务困境的影响。同时，Scalzer 等（2019）采用 Logit 模型研究了巴西电力分销商的财务困境预测问题，探讨了哪些财务指标可以预测巴西电力分销商的财务困境，结果表明资产回报率和流动性指标具有较好的预测能力。另外，Fachrudin 和 Ihsan（2021）研究了印度尼西亚能源用户公司财务困境概率、公司规模以及流动性等财务指标对股票收益的影响，结果表明能源用户公司财务困境概率和流动性对其股票收益具有显著影响。

上述文献虽然涉及能源公司财务困境问题，但主要是聚焦于某个国家（如印度尼西亚和巴西）的能源公司。我国能源供应安全需要依靠我国能源大公司在全球范围内进行能源资源获取，因此对中国能源大公司财务状况进行监测，并与全球能源大公司进行对比分析，对于提升我国能源大公司竞争力进而保障我国能源供应安全具有重要的现实指导意义。

因此，本章基于国内外能源大公司的财务信息，建立能源大公司监测预警模型，分别对中国和世界能源大公司的财务风险进行动态监测和预警，重点对比分析能源大公司的运营能力、成长能力、盈利能力、抵债能力及综合能力，并总结各能源子行业具有竞争优势的能源大公司财务治理结构和特征。

8.2　能源大公司财务监测预警模型

公司的财务预警指的是在企业日常运营过程中结合相关财务管理理论设置财务预警指标及构建财务预警模型，对企业可能面对的财务风险进行及时的监测与诊断（吴世农和卢贤义，2001）。参考 Altman（1968）的研究，我们在收集整理的能源企业财务信息数据的基础上构建了能源大公司动态监测 Z-score 模型，从而对能源大公司财务状况进行监测预警。

图 8-1 展示了能源大公司财务监测预警的 Z-score 模型（Altman，1968）。第一步：根据监测的能源大公司名单收集、整理其财务数据及相关资料。第二步：对各能源大公司的运营能力、成长能力、盈利能力和抵债能力进行评估，从而对能源大公司各项能力水平及风险进行监测。第三步：计算各能源大公司的综合能力 Z 值，根据 Z 值所在的范围区间对各能源大公司财务风险状况进行监测预警。图 8-1 中 Z-score 模型的各项能力指标介绍如下。

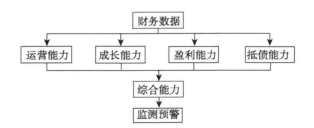

图 8-1　能源大公司财务监测预警的 Z-score 模型

运营能力是指企业基于外部市场环境的约束，通过内部人力资源和生产资料的配置组合而对财务目标实现所产生作用的大小，由流动资产净额占总资产比率和总资产周转率两个指标体现。其中，流动资产净额占总资产比率（ X_1 ）反映企业资产的变现能力和规模特征，其计算公式如下：

$$X_{1,it} = \mathrm{NW}_{it} / \mathrm{TA}_{it} \tag{8-1}$$

其中，NW_{it} 为第 i 家公司第 t 年的流动资产净额，其由流动资产减去流动负债得到；TA_{it} 为第 i 家公司第 t 年的总资产。

成长能力（ X_2 ）反映了公司的发展潜力与未来的增长空间，用期末留存收益与期末总资产的比率来体现，其中上市公司期末留存收益是净利润减去全部股利的余额。成长能力指标从企业的累积获利能力反映企业未来发展趋势与发展速度，包括企业规模的扩大、利润和所有者权益的增加，该指标具体计算如下：

$$X_{2,it} = \text{RE}_{it} / \text{TA}_{it} \qquad (8\text{-}2)$$

其中，RE_{it} 为第 i 家公司第 t 年的留存收益，其由未分配利润与盈余公积求和所得；TA_{it} 为第 i 家公司第 t 年的总资产。

盈利能力（X_3）反映了公司在竞争中获取利润的能力，用公司总资产息税前利润率来体现，其主要是从企业各种资金来源（包括所有者权益和负债）的角度对企业资产的使用效益进行评价，能够考核债权人及所有者投入企业资本的使用效益。盈利能力指标越高，说明投资带来的收益越高，反之企业的获利能力越弱。公司盈利能力指标具体计算如下：

$$X_{3,it} = \text{EBIT}_{it} / \text{TA}_{it} \qquad (8\text{-}3)$$

其中，EBIT_{it} 为第 i 家公司第 t 年的息税前收益，其由公司净利润、所得税和利息支出求和所得；TA_{it} 为第 i 家公司第 t 年的总资产。

抵债能力（X_4）指公司用其资产偿还长期债务与短期债务的能力，用所有者权益负债比率来反映公司的财务结构，衡量企业的价值在资不抵债前可下降的程度，进而体现抵债能力。其中，分母为流动负债、长期负债的账面价值之和，分子采用股东权益的市场价值，即流通股票期末市价和股份数的乘积。公司抵债能力指标具体计算如下：

$$X_{4,it} = \text{MVE}_{it} / \text{TL}_{it} \qquad (8\text{-}4)$$

其中，MVE_{it} 为第 i 家公司第 t 年的所有者权益当期总市值；TL_{it} 为第 i 家公司第 t 年的总负债。

总资产周转率（X_5）评价企业全部资产的经营质量和利用效率，与流动资产净额占总资产比率（X_1）体现企业的运营能力。总资产周转率（X_5）的计算公式如下：

$$X_{5,it} = R_{it} / \text{TA}_{it} \qquad (8\text{-}5)$$

其中，R_{it} 为第 i 家公司第 t 年的销售收入；TA_{it} 为第 i 家公司第 t 年的总资产。

基于上述五个能力指标，根据式（8-6）计算公司综合能力 Z 得分，进而对能源大公司是否陷入财务困境进行判别：当 $Z \geq 3.0$ 时，表示公司在财务指标上是安全的，财务状态没有问题；当 $2.675 \leq Z < 3.0$ 时，表示公司财务状态良好，但要更加谨慎，以免发生财务危机；当 $1.8 \leq Z < 2.675$ 时，表示公司财务状态一般，若风险控制不当，公司陷入财务风险的可能性较大；当 $Z < 1.8$ 时，表示公司财务状态较差，面临财务危机。

$$Z_{it} = 1.2X_{1,it} + 1.4X_{2,it} + 3.3X_{3,it} + 0.6X_{4,it} + 0.999X_{5,it} \quad （8\text{-}6）$$

8.3　能源大公司财务监测预警结果

依据标准普尔全球能源发布的 2019 年能源公司排名①，鉴于各能源大公司数据的可获得性，选取了上市超过十年的总排名前 20 中的 10 家国际大型能源公司与中国排名前 15 中的 12 家中国大型能源公司作为能源大公司代表，对我国能源大公司财务状况进行动态监测，并与国外能源大公司进行比较分析。

8.3.1　监测对象及数据

表 8-1 展示了监测的 10 家国际大型能源大公司。可以发现，这些公司均位于美洲和欧洲，其中总部位于美国的公司最多，共计 5 家，荷兰、法国、英国、俄罗斯和意大利各有一家，同时绝大部分均为综合石油和天然气行业。表 8-2 展示了监测的 12 家中国大型能源公司，其中，8 家总部位于内地，4 家位于香港。与监测的国际大型能源公司不同，我国能源大公司所在行业涉及更广，在油气开采冶炼、加工运输、销售储存、煤炭燃料生产、电力系统和燃气设施行业均有所涉及。

表 8-1　国际大型能源公司监测列表

公司	英文名称	标记符号	所在地区	总部	行业
荷兰皇家壳牌集团	Royal Dutch Shell Companies	RDS	欧洲	荷兰	IOG
埃克森美孚公司	Exxon Mobil Corporation	XOM	美洲	美国	IOG
卢克石油公司	Lukoil Holdings	LUKOIL	欧洲	俄罗斯	IOG
雪佛龙股份有限公司	Chevron Corporation	CVX	美洲	美国	IOG
菲利普斯 66 公司	Phillips 66	PSX	美洲	美国	R&M
道达尔能源	Total Energies	TTE	欧洲	法国	IOG
康菲石油公司	Conoco Phillips	COP	美洲	美国	E&P
英国石油公司	BP Public Limited Company	BP	欧洲	英国	IOG
瓦莱罗能源公司	Valero Energy Corporation	VLO	美洲	美国	R&M
意大利埃尼集团	Ente Nazionale Idrocarburi	ENI	欧洲	意大利	IOG

注：IOG 表示综合石油和天然气行业；R&M 表示石油和天然气炼制和销售行业；E&P 表示石油和天然气的勘探和生产行业

---

① 标准普尔全球能源根据全球能源公司的资产价值、上年收入、利润和投资资本回报率等指标，每年发布全球能源公司 TOP250 排行榜。

表 8-2　中国大型能源公司监测列表

公司	英文名	标记符号	总部	行业
中国石油化工股份有限公司	China Petroleum & Chemical Corporation	SINOPEC	内地	IOG
中国海洋石油集团有限公司	China National Offshore Oil Corporation	CNOOC	香港	E&P
中国神华能源股份有限公司	China Shenhua Energy Company Limited	CSEC	内地	C&CF
中国石油天然气集团有限公司	China National Petroleum Corporation	CNPC	内地	IOG
中国长江电力股份有限公司	China Yangtze Power Company Limited	CYPC	内地	IPP
兖州煤业股份有限公司	Yanzhou Coal Mining Company Limited	YZC	内地	C&CF
中电控股有限公司	China Light and Power Holdings Limited	CLPHY	香港	EU
陕西煤业股份有限公司	Shaanxi Coal Industry Company Limited	SHCCIG	内地	C&CF
香港中华煤气有限公司	The Hong Kong and China Gas Company Limited	HOKCY	香港	GU
北京控股有限公司	Beijing Enterprises Holdings Limited	BEGCL	香港	GU
昆仑能源有限公司	Kunlun Energy Company Limited	KUNLUN	内地	S&T
中核苏阀科技实业股份有限公司	SUFA Technology Industry Company Limited, CNNC	SUFA	内地	IPP

注：E&P 表示石油和天然气的勘探和生产行业；C&CF 表示煤炭和消耗性燃料行业；IPP 表示独立电力生产和能源交易行业；EU 表示电力设施行业；GU 表示燃气设施行业；S&T 表示石油天然气储藏与运输行业

由于我国油气资源依赖进口，当前我国石油和天然气的对外依存度分别超过70%和 40%。我国能源行业中，"三桶油"（中国石油天然气集团有限公司、中国石油化工股份有限公司及中国海洋石油集团有限公司）在油气行业基本处于垄断地位（Huang，2019），分析的国际能源大公司均为石油和天然气行业，可以将国内"三桶油"与国际大型油气公司进行对比，分析我国油气大公司与国际大公司的差距，从而提升它们在全球能源市场的油气贸易竞争力。

同时，我们收集了表 8-1 和表 8-2 展示的能源大公司的各财务数据，包括总资产、总负债、流动资产、流动负债、未分配利润、盈余公积、净利润、利润总额、利息支出、息税前收益、销售收入、股本及股价，其中，国际能源大公司的上述所有财务数据来源于 Wind 数据库，中国能源大公司的上述所有财务数据来源于 Choice 数据库。

8.3.2　能源大公司财务指标监测分析

基于能源大公司财务数据，根据式（8-1）～式（8-5）可以计算各能源大公司的运营能力、成长能力、盈利能力及抵债能力等方面的各项指标，进而分析各公司年度综合能力得分，从而对各能源大公司财务状况进行监测预警。

图 8-2 展示了能源大公司运营能力的流动资产净额占总资产比率，其主要反映企业资产的变现能力和规模特征。可以发现，处于国际头部的 10 家能源大公司 2010～2019 年的运营能力流动资产净额占总资产比率指标的平均值为 0.065，

除埃克森美孚公司外，均在 0.05 附近变化。对应地，中国 12 家能源大公司的流动资产净额占总资产比率指标的平均值仅为 0.011，大多在 0 附近波动。以上结果表明，多数中国能源大公司流动负债超过流动资产。因此，我国能源大公司整体需要增强对资产负债比例的管理，减少流动负债，提高公司资金的流动性，提升国际能源贸易竞争优势。同时，应密切关注中国长江电力股份有限公司、中国石油化工股份有限公司和中国石油天然气集团有限公司，预防电力和石油供应短缺。

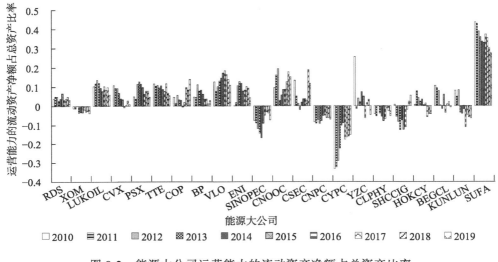

图 8-2　能源大公司运营能力的流动资产净额占总资产比率

图 8-3 展示了能源大公司运营能力的总资产周转率，其反映了能源大公司全部资产的经营质量和利用效率。可以发现，10 家国际能源大公司 2010~2019 年运营能力的总资产周转率指标平均值为 1.243，大多数公司呈现先减小后增大的趋势，在 2016 年左右最小。其中，菲利普斯 66 公司与瓦莱罗能源公司的总资产周转率较佳，其余能源公司水平差距不大，均稳定在 0.5~1.5 区间内。同时，12 家中国能源大公司的总资产周转率平均值较小，仅为 0.572，且整体随时间变化相对较小。其中，中国石油化工股份有限公司和中国石油天然气集团有限公司的总资产周转率超过或接近国际能源大公司平均水平。以上结果表明，多数中国能源大公司主营业务收入相比同规模国际能源大公司较低。然而，我国油气公司与欧美能源公司的总资产周转率相差不大，由于总资产周转率主要受公司主营业务收入的影响，表明我国油气公司具有较好的盈利能力，同时支撑了它们在国际油气贸易市场上的竞争力。

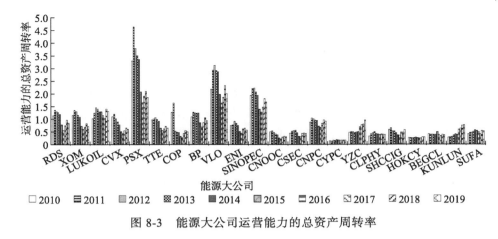

图 8-3　能源大公司运营能力的总资产周转率

　　图 8-4 展示了能源大公司的成长能力的期末留存收益与总资产的比率[①]。可以发现，国际能源大公司的成长能力指标平均值为 0.556，其中埃克森美孚公司、卢克石油公司、雪佛龙股份有限公司和荷兰皇家壳牌集团的成长能力较优，基本位于 0.5 以上且相对稳定，而菲利普斯 66 公司、康菲石油公司和瓦莱罗能源公司呈现快速增长的趋势和较大的发展前景。同时，中国能源大公司的成长能力平均值为 0.324，其中中国海洋石油集团有限公司的成长能力较为突出，其各年平均值 0.618 处于国际水平，其余大部分较低，处于 0.2～0.4。以上结果表明，中国能源大公司应更加注重对于留存收益的积累，以此逐步实现对利润的积累，为我国能源公司的成长提供资本保障。

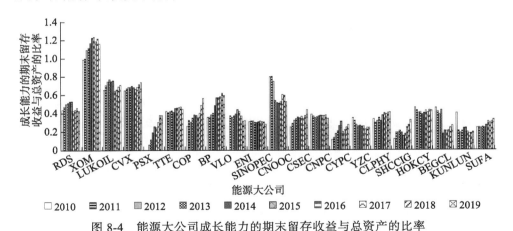

图 8-4　能源大公司成长能力的期末留存收益与总资产的比率

　　图 8-5 展示了能源大公司的盈利能力的息税前利润率。可以发现，国际能源

----

① 由于英国石油公司该部分数据并未披露，所以未在图 8-4 中展示。

大公司的盈利能力指标平均值为 0.095，整体呈现先下降后上升的趋势，于 2015～2016 年达到最低值，与运营能力的总资产周转率类似。同时，中国能源大公司的盈利能力指标平均值为 0.089，其与国际能源大公司相差不大。特别地，国际能源大公司与以石油为主营业务的国内公司呈现先下降后上升的趋势，表明石油天然气行业的盈利能力与国际油价走势有较强的关联关系。对应地，中国长江电力股份有限公司、中电控股有限公司、香港中华煤气有限公司、北京控股有限公司和中核苏阀科技实业股份有限公司等不以石油业务为主的公司的盈利能力相对稳定。总之，中国能源大公司在盈利能力方面与国际能源大公司不存在显著差距，以油气为主营业务的能源大公司盈利能力与国际油价关联度较高。

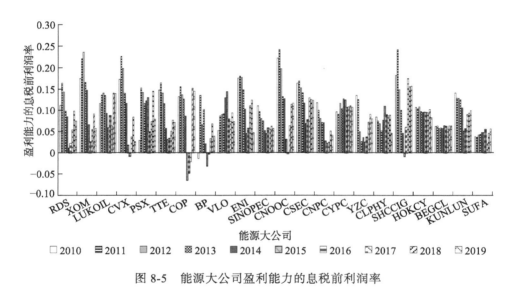

图 8-5　能源大公司盈利能力的息税前利润率

　　图 8-6 展示了能源大公司的抵债能力的所有者权益负债比率。可以发现，国际能源大公司抵债能力指标平均值为 3.390，其中意大利埃尼集团超过 10，荷兰皇家壳牌集团在 6 至 8 之间，其余公司抵债能力差异不大且基本在 1.5 左右。中国能源大公司抵债能力指标平均值为 2.918，其中，中核苏阀科技实业股份有限公司和中国海洋石油集团有限公司相对突出。特别地，兖州煤业股份有限公司、北京控股有限公司和昆仑能源有限公司三家中国能源大公司的抵债能力呈现逐年下降的趋势。由于抵债能力反映了企业偿还短期债务与长期债务的能力，其与企业总负债和所有者权益市值密切相关，三家公司需要加强在金融市场募集资金的能力，同时注重对负债的控制，以降低债权比进而提高抵债能力，从而保障我国能源的持续稳定供应。

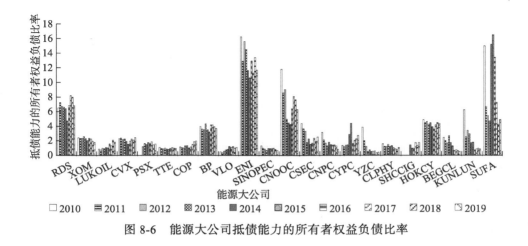

图 8-6　能源大公司抵债能力的所有者权益负债比率

8.3.3　能源大公司财务预警分析

基于能源大公司各项能力指数，通过式（8-6）计算能源大公司的综合能力 Z 得分，进而对能源大公司进行预警分析。

图 8-7 展示了能源大公司的综合能力，其能够较全面地反映能源大公司的财务风险状况。可以发现，全部能源大公司的综合能力 Z 得分大小位于 0.9 和 11.5 之间，国际能源大公司的综合能力 Z 得分的平均值为 4.346，中国能源大公司的平均值为 3.082。具体地，意大利埃尼集团的综合能力 Z 指数平均值最高，陕西煤业股份有限公司平均值最低。2010～2019 年，埃克森美孚公司、中国石油天然气集团有限公司、北京控股有限公司和昆仑能源有限公司的综合能力处于下降的趋势；中国长江电力股份有限公司与陕西煤业股份有限公司的综合能力在逐年上升；荷兰皇家壳牌集团、意大利埃尼集团、中国海洋石油集团有限公司、中国神华能源

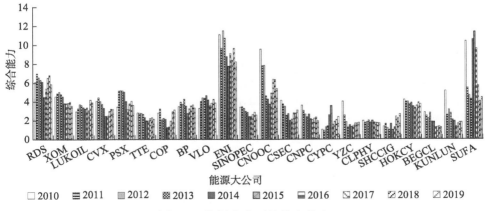

图 8-7　能源大公司的综合能力

股份有限公司和中核苏阀科技实业股份有限公司的综合能力呈现先减小后增大的趋势；其余能源大公司的综合能力较为稳定，变化不大。

根据各能源大公司的 2010～2019 年的综合能力 Z 得分平均值以及 8.2 节的 Z-score 模型判别准则，得到各能源大公司的财务状况的风险预警，具体结果如表 8-3 所示。表 8-3 中，国际的意大利埃尼集团、荷兰皇家壳牌集团、埃克森美孚公司、菲利普斯 66 公司、瓦莱罗能源公司、英国石油公司、卢克石油公司和雪佛龙股份有限公司，中国的中核苏阀科技实业股份有限公司、中国海洋石油集团有限公司和香港中华煤气有限公司共计 8 家国际公司和 3 家中国公司的综合能力 Z 得分平均值超过 3，财务状况优秀。中国神华能源股份有限公司与中国石油化工股份有限公司两家中国公司综合能力 Z 得分平均值位于 2.675 至 3 之间，财务状况良好，但需要谨慎决策，以免出现财务危机。道达尔能源和康菲石油公司两家国际公司与中国石油天然气集团有限公司和昆仑能源有限公司两家中国公司综合能力 Z 得分平均值位于 1.8 至 2.675 之间，财务状况一般，两年内存在较大概率出现财务危机。北京控股有限公司、兖州煤业股份有限公司、中国长江电力股份有限公司、中电控股有限公司和陕西煤业股份有限公司的综合能力 Z 得分平均值小于 1.8，财务状况较差，可能面临财务危机。

图 8-8 展示了我国油气行业处于垄断地位的"三桶油"与国际 10 家能源大公司的财务监测预警对比。结果表明，国际能源大公司除道达尔能源与康菲石油公司以外的财务状况处于稳定的优秀状态，证明了其整体较强的综合能力水平。"三桶油"中的中国海洋石油集团有限公司财务状况最为出色，在与国际大型油气公司竞争中不落下风；中国石油天然气集团有限公司与中国石油化工股份有限公司财务状况于 2012～2013 年开始恶化，在良好与一般间交替，综合能力与国外顶尖

表 8-3　中外能源大公司财务状况风险预警

国际能源大公司			国内能源大公司		
公司名称	行业	状况	公司名称	行业	状况
荷兰皇家壳牌集团	IOG	优秀	中国海洋石油集团有限公司	E&P	优秀
埃克森美孚公司	IOG	优秀	中核苏阀科技实业股份有限公司	IPP	优秀
卢克石油公司	IOG	优秀	香港中华煤气有限公司	GU	优秀
雪佛龙股份有限公司	IOG	优秀	中国神华能源股份有限公司	C&CF	良好
菲利普斯 66	R&M	优秀	中国石油化工股份有限公司	IOG	良好
英国石油公司	IOG	优秀	中国石油天然气集团有限公司	IOG	一般
瓦莱罗能源公司	R&M	优秀	昆仑能源有限公司	S&T	一般
意大利埃尼集团	IOG	优秀	中电控股有限公司	EU	较差
道达尔能源	IOG	一般	陕西煤业股份有限公司	C&CF	较差
康菲石油公司	E&P	一般	北京控股有限公司	GU	较差
			中国长江电力股份有限公司	IPP	较差
			兖州煤业股份有限公司	C&CF	较差

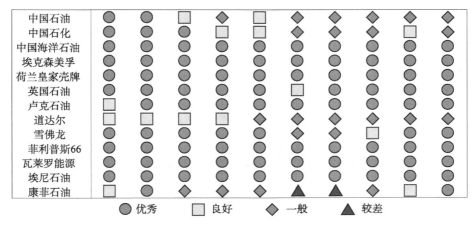

图 8-8　国内外油气相关大公司财务监测预警对比

油气公司存在一定差距。因此，中国石油天然气集团有限公司及中国石油化工股份有限公司应首先从提高运营能力与抵债能力方面入手，减少流动负债，加强资产负债比管理，保证公司资金的流动性，同时加强在金融市场募集资金的能力，降低债权比，从而提高与国际油气公司的竞争能力，进而保障我国依赖进口的油气资源的持续稳定供应。

8.4　本 章 小 结

本章基于国内外能源大公司的财务信息，建立能源大公司监测预警模型，分别对中国和世界能源大公司的财务风险进行动态监测和预警，并对公司结构和治理特征进行对比分析，主要结论如下。

我国能源大公司中的中核苏阀科技实业股份有限公司、中国海洋石油集团有限公司、香港中华煤气有限公司、中国神华能源股份有限公司与中国石油化工股份有限公司五家公司财务状态综合能力水平优良，其余公司财务状况表现相对一般，与世界能源大公司仍存在一定差距。中国能源大公司应首要注重提高运营能力与成长能力，通过多元化的手段提高流动资产、销售收入与留存收益，降低流动负债，以提高综合能力指数，进而保障我国能源的持续稳定供应。

在油气行业中，中国石油天然气集团有限公司及中国石油化工股份有限公司应首先从提高运营能力与抵债能力方面入手，减少流动负债，加强资产负债比管理，保证公司资金的流动性。同时，加强在金融市场募集资金的能力，降低债权比，缩小与国际大型能源公司的差距，并不断提高与国际大型油气公司的竞争能力，进而保障我国依赖进口的油气资源的持续稳定供应。

第 9 章

能源短缺的影响及应对措施

能源转型是一个长期的动态过程，转型中的能源安全问题不容忽视。一方面，我们要尽力加速能源系统低碳化的进程，最大限度地降低化石能源的比重；另一方面，又要在非化石能源还没有成为主力能源的时候，保障化石能源的供给，从而保障能源安全。

以石油为例，石油的供应和价格冲击对经济结构影响较大。然而，当前国际局势复杂多变、中美贸易摩擦不断，原油贸易面临着较大不确定性。同时，我国石油对外依存度很高，从 2000 年的 26.94% 升至 2018 年的 70.83%，且进口通道网络脆弱，原油供给中断风险较高。在我国当前经济结构的现实背景下，建立原油战略储备虽是应对能源短期供给中断的直接有效措施，但是无法从根本上解决原油的进口依赖及结构性冲击问题。因此，在原油供应中断冲击的极端情形下，不仅需要科学释放和合理利用原油战略储备，更需要从经济系统视角和长期战略出发，结合低碳发展的趋势设计相关政策，科学应对石油供应中断的影响。

9.1 石油中断与应对政策背景

能源消费与经济增长之间存在长期稳定的因果关系（Narayan and Smyth，2008；Ali Akkemik and Göksal，2012；Salamaliki and Venetis，2013）。原油作为非常重要的能源，原油价格及供给或需求冲击对 GDP 或通胀存在显著影响（Du et al.，2010；Tang et al.，2010），对各部门经济或股票也具有影响（Mohanty et al.，2010；Broadstock et al.，2012）。

目前，我国原油安全相关研究集中在原油进口组合或海外能源投资及其风险评估等问题。原油进口组合及其风险评估方面，Ge 和 Fan（2013）通过投资组合模型量化评估了中国原油进口组合风险，提出积极参与全球原油市场和分散进口风险的政策建议。Li 等（2014）、Wang 等（2018）构建了原油进口最优决策的多目标规划模型，对原油进口成本和风险进行了权衡和量化分析。海外能源投资评估和风险评价方面，Fan 和 Zhu（2010）建立了海外原油投资决策的实物期权模型，并评估了经济不确定性对估值的影响，而 Duan 等（2018a）从六个维度构建了"一带一路"沿线国家能源投资风险评估指标体系和模型，并指出资源潜力和中国因子是影响能源投资风险的主要因素。上述研究在能源安全监测和风险因素控制方面具有一些指导意义，却很难量化分析极端风险发生时能源经济系统的安全状态。

能源供给安全是能源安全的核心问题，能源供给中断是最常见的极端风险因素。特别地，原油贸易程度较高，受地缘局势影响较大，且我国原油存在进口量大和贸易通道网络结构稳定性较低等特殊性，使得原油供给极有可能发生中断。原油供应中断的原因识别和度量方面，Huntington（2018）通过历史数据，发现世界原油供应 10% 的减产是由 OPEC 成员国大的突发性中断引发；产业链影响分析方面，Yuan 等（2020a）从供应链视角评估了原油进口中断对下游原油供应安全的影响，结果表明西南和东部沿海能源供应系统相对脆弱，而西北地区具有较高的能源安全；应对策略方面，Fan 和 Zhang（2010）构建了中国原油战略储备的随机动态博弈模型，分析了中断概率及相应的最优战略储备规模。

原油作为重要工业原料，与经济增长与系统稳定密不可分。同时，我国石油对外依存度高且进口通道网络脆弱，国际局势和中美贸易战使得我国原油进口发生中断的风险较高。对于我国能源安全而言，科学构建中国能源–经济–环境的系统模型，分析原油供给中断条件下，我国经济系统运行状态及其与能源系统的耦合关系，特别是不同中断程度对我国 GDP、碳排放、能源消耗以及各经济部门的影响，对于我国能源安全应对策略制定具有重要的指导意义。

特别地，可计算一般均衡（computable general equilibrium，CGE）模型以其丰富的变量结构、灵活的参数设置、细致的产业划分等诸多优势而被广泛应用于国家或区域经济的政策分析（Fan et al.，2016；Wu et al.，2016；Babatunde et al.，2017）以及能源安全评价（Böhringer and Bortolamedi，2015），非常适合从经济系统视角分析能源供给中断的经济影响及应对策略。据我们所知，目前少有研究采用 CGE 模型从能源–经济–环境系统的视角研究原油供给中断对中国宏观经济的影响以及相关能源安全应对策略制定等问题。

本章构建了我国能源–经济–环境系统的 CGE 模型，设置三种石油供给中断情形，比较分析原油不同供给中断情景对我国经济系统的影响。进一步地，在 2021 年石油进口比 2020 年减少 15% 的情形下，通过设置五种政策情景，比较分析不同政策情景下我国 GDP、碳排放、能源消费、电力部门发电以及其他部门产出相对基准情景的变化，从而评估不同政策应对石油供给中断的效果，进而为提升我国能源安全和引导能源结构转型提供参考。

9.2　石油中断与政策模拟的 CGE 模型

9.2.1　CGE 模型基本结构

近年来，大量气候变化研究议题的分析带动了许多全球尺度 CGE 模型的发展，如温室气体排放预测与政策分析（emissions prediction and policy analysis，EPPA）、综合全球系统模型（integrated global system model，IGSM）以及各种动态一般均衡模型等（Babiker，2005；Hourcade et al.，2010；Bollen and Brink，2014），这些模型在多模型比较理论发展和稳定的气候政策制定方面发挥了至关重要的作用（Duan et al.，2019）。当然，CGE 模型也存在一定的局限性，其中包括能源部门电力技术的单一考虑以及基于自发性能源效率改进（autonomous energy efficiency improvement，AEEI）的外生技术进步处理，前者难以分析发电煤耗系数变化的影响以及发电煤耗法测算的能源消费相关指标的变化，后者难以预估非化石能源技术快速发展趋势。

本章构建的 CGE 模型中，非电力部门生产模块、收入支出模块、进出口模块、投资模块、宏观闭合模块和均衡模块基本框架图见图 9-1，电力生产技术模块重点参考了 Zhou 等（2012）的做法，即将电力拆分为八种发电技术。与 Zhou 等（2012）的研究不同，本章电力技术市场份额的划分和技术进步机制参考了 Duan 等（2018b）构建的技术驱动型中国能源–经济–环境综合评估模型，该模型利用技术学习曲线较好地内生化处理了技术进步和市场份额。

模型的动态化主要通过资本积累、劳动力增长和要素技术进步来实现。2012～2020 年的结果根据这一阶段经济发展的各项实际指标和相应的投入产出关系进行了拟合校准。

9.2.2　多重电力技术的刻画

能源低碳转型的核心是非化石能源逐渐替代化石能源，而电力系统是非化石能源利用的主要形式。

1）电力生产结构解析

电力部门是能源系统的核心，也是排放控制和能源体系低碳化转型的主要阵地，这实际上强调了对传统 CGE 模型中电力部门技术细化的重要性。本章模型中，电力部门的生产结构如图 9-1 所示。具体地，电力部门包括燃煤、燃油和燃气等化石能源发电技术，以及水电、核电、风电、太阳能发电和其他发电技术。其中

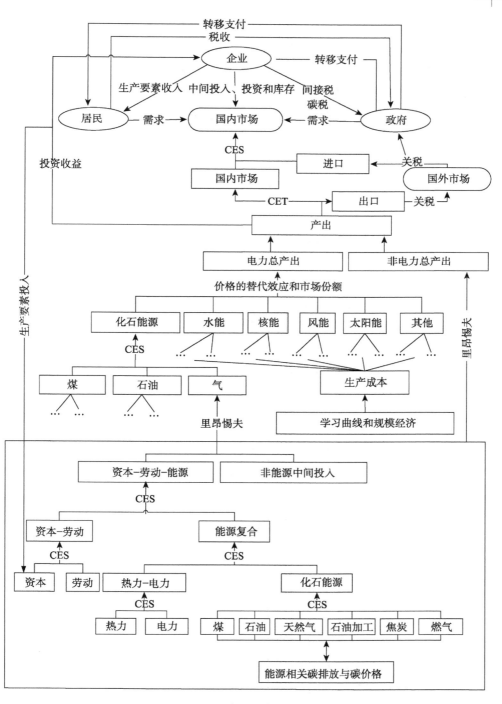

图 9-1　CGE 模型基本框架

CET 的全称为常转换弹性（constant elasticity of transformation）

其他发电技术主要包括余温、余气、余压发电，垃圾燃烧发电和秸秆、蔗渣、林木质发电等，属于火力发电的范畴。燃煤、燃油和燃气发电技术通过 CES 复合为化石能源发电束。假定电力产出具有同质性，电力总产出等于八种电力技术的产出之和，价格等于其平均价格。

$$QX_e(t) = \sum_{i \in I} QE(i,t)，t 为 2012 \sim 2050 年，$$

$$I = \{燃煤, 燃油, 燃气, 水电, 核电, 风电, 太阳能发电, 其他\} \qquad （9-1）$$

$$PX_e(t) = APE(t) = \sum_{i \in I}(PE(i,t) \cdot QE(i,t)) / \sum_{i \in I} QE(i,t) \qquad （9-2）$$

其中，t 为年份；$QX_e(t)$ 为 t 年电力部门产出；$QE(i,t)$ 为 t 年第 i 种发电技术的产出；$PE(i,t)$ 为第 i 种发电技术的价格；$PX_e(t)$ 为电力部门价格；$APE(t)$ 为电力部门的平均价格。

2）价格替代效应与市场份额

不同技术成本竞争力的差异是影响技术间长期替代演变的关键，具体表现为价格弹性选择对供能市场份额的影响。模型中燃煤、燃油和燃气发电的市场份额由复合成化石能源发电的 CES 参数确定，化石能源发电所占市场份额等于 1 减去非化石能源发电所占份额，即

$$MSF(t) = \sum_{fi \in FI} MS(fi,t) = 1 - \sum_{nfi \in NFI} MS(nfi,t)，FI = \{燃煤, 燃油, 燃气\},$$

$$NFI = \{水电, 核电, 风电, 太阳能发电, 其他\} \qquad （9-3）$$

其中，$MSF(t)$ 为化石能源所占份额；$MS(i,t)$ 为第 i 种发电技术所占的市场份额。水电、核电、风电、太阳能发电和其他发电占电力产出的份额则由其与化石能源发电的相对价格决定，具体见式（9-4）～式（9-6）：

$$MS(i,t) = \frac{PE(i,t) \cdot QE(i,t)}{\sum_{j \in I} PE(j,t) \cdot QE(j,t)} \qquad （9-4）$$

$$MS(nfi,t) = MS(nfi,t-1) + a(nfi) \cdot MS(nfi,t-1) \cdot (RP(nfi,t) - RP(nfi,t-1))$$

$$\times \left\{ \widehat{MS}(nfi,t-1) \cdot \left[1 - \sum_{i}^{NFI} MS(i,t-1) + MS(nfi,t-1) \right] - MS(nfi,t-1) \right\} \qquad （9-5）$$

$$RP(nfi,t) = PXF(t) / PE(nfi,t) \qquad （9-6）$$

其中，$PXF(t)$ 为化石能源发电 CES 复合品的价格；$RP(nfi,t)$ 为非化石能源 nfi 相对化石能源发电 CES 复合品的价格；$a(nfi)$ 为技术间的替代参数。式（9-5）将传统模型中 Logistic 份额关于时间变化式修改为了技术份额关于相对价格的变化（段宏波等，2015）。

能源投资结构直接影响能源产出及消费结构，技术成本与市场份额间的交互关系也通过能源投资连接起来。模型中电力行业总投资外生给定，相对化石能源价格下降速度越快的技术，未来发展前景越好，其所占供电市场的份额 $IS(i,t)$ 也应该越高，为此根据式（9-5）可构造出投资份额分配系数，见式（9-7）～式（9-9）。

$$IS(nci,t) = IS(nci,t-1) + \beta \cdot a(nci) \cdot IS(nci,t-1) \cdot (RCP(nci,t-1) - RCP(nci,t-2))$$

$$\times \left\{ \widehat{IS}(nci,t-1) \cdot \left[1 - \sum_{i}^{NCI} IS(i,t-1) + IS(nci,t-1) \right] - IS(nci,t-1) \right\},$$

$$nci \in NCI = \{燃油, 燃气, 水电, 核电, 风电, 太阳能发电, 其他\} \tag{9-7}$$

$$IS(燃煤,t) = 1 - \sum_{nci \in NCI} IS(ci,t) \tag{9-8}$$

$$RCP(i,t) = PE(燃煤,t) / PE(i,t) \tag{9-9}$$

其中，$RCP(i,t)$ 为第 i 种发电技术相对燃煤发电的相对价格，它越大，代表该发电技术越有发展潜力；$IS(i,t)$ 为 i 发电技术在 t 年投资所占投资份额，该份额根据向前递推的两期发电技术发展状况确定，相对煤炭技术越有竞争力的发电技术，其获得的投资份额也越大；β 为推动非化石能源发电投资的力度，它与政策有关，也与市场预期相关，β 越大，对有发展潜力的非化石能源发电投资的力度也越大。

3）学习曲线与规模经济

技术进步是降低新能源技术使用成本，提高其对传统能源替代能力的关键驱动力，因此，以往外生的技术进步假设难以充分反映技术动态演变的内在逻辑，继而低估由此带来的新能源发展潜力及其在碳排放控制中的可能贡献（Nachtigall and Rübbelke，2016）。"干中学"曲线是代表性的内生技术进步刻画方法，该方法描述了能源技术成本随着其生产或消费累积而不断下降的过程；一般而言，累积生产或消费翻倍时技术成本下降的比率定义为这种技术的学习率（Duan et al.，2018b）。基于此，我们在模型中刻画非化石能源技术学习：

$$AC(nfi,t) = TC(nfi,t) / QE(nfi,t) = c(nfi) \cdot KS(nfi,t)^{-lx(nfi)} \tag{9-10}$$

$$KS(nfi,t) = (1-\delta) \cdot KS(nfi,t-1) + QE(nfi,t) \tag{9-11}$$

其中，$AC(nfi,t)$ 为非化石能源发电技术 nfi 的平均发电成本；$TC(nfi,t)$ 为非化石能源发电技术 nfi 的总发电成本；$lx(nfi)$ 为技术学习指数；$KS(nfi,t)$ 为累积的知识存量，随着生产或者消费的增长而不断累积，采用累积的生产量来表示；δ 为知识资本的折旧率；$c(nfi)$ 为学习曲线参数，可以通过技术初始成本和初始知识存量校准确定。

值得指出的是，在非化石能源技术中，水力发电的成本已然很低，且开发利用程度较高，未来经济可开发的资源潜力十分有限，因此我们忽略了该技术的学习进步，即假定其成本将维持在低位稳定状态，这一假定与 IRENA（2018）的研究结果保持一致。此外，由于其他发电技术所囊括的组分较多，无法具体到特定技术进行成本分析，模型假定生物质能发电结果外生且其成本趋势不变。此处涉及的所有成本均以 2012 年价格测算。

4）发电煤耗系数

发电煤耗系数即单位火力发电耗能量为

$$CTR(t) = \sum_{ti\in TI} EC(ti,t) / \sum_{ti\in TI} QE(ti,t), \quad TI = \{燃煤, 燃油, 燃气, 其他\} \quad （9\text{-}12）$$

其中，$CTR(t)$ 为 t 年发电煤耗系数；$EC(ti,t)$ 为火力发电技术 ti 在 t 年的能源消耗。

9.2.3 能源开采和加工行业的生产函数

本章的资源耗竭模块借鉴了一般均衡环境模型（general equilibrium environment model，简写为 GREEN）中的耗竭机制，资源的潜在供给路径主要由两个参数决定：一是新储量的发现速度，二是已探明储量的采掘速度，具体参见 Li 等（2017b）的研究。

煤炭是炼焦业和燃煤发电的主要原材料，石油是石油加工业和燃油发电的主要原材料，天然气是天然气发电的主要原材料。这些原材料很难被其他的中间投入品或生产要素替代，因此，对于炼焦业和燃煤发电业，煤炭与其他的中间投入品一样，采用里昂惕夫函数形式来衡量煤炭与其他投入品之间的关系；对于石油及核燃料加工业和燃油发电业，石油与其他的中间投入品一样，采用里昂惕夫函数形式来衡量石油与其他投入品之间的关系。

9.2.4 数据来源

模型基础数据来自 2012 年的社会核算矩阵［SAM（social accounting matrix，社会核算矩阵）表］，包括 35 个行业，2 组居民家庭（城市和农村），3 种生产要素（劳动力、资本和能源）。其中，电力部门拆分为 8 项发电技术，并基于 2012 年中国投入产出表以及相应的海关、税收、国际收支、资金流量等数据编制。能源消耗数据来自国家统计局的《中国能源统计年鉴 2013》，行业劳动力数据来自《中国 2010 年人口普查资料》[①]和国家统计局的《中国统计年鉴 2013》，固定资产投资、人口等数据来自国家统计局的《中国统计年鉴 2013》，碳排放因子取自政府间气候变化专门委员会于 2006 年发布的排放因子报告。

除电力外的其他行业技术进步过程均通过外生 AEEI 值来实现（Li et al., 2017b）；电力价格采用真实上网电价，来自国家能源局发布的《全国电力价格情

---

① 国家统计局，http://www.stats.gov.cn/tjsj/pcsj/rkpc/6rp/indexch.htm［2022-07-23］。

况监管通报》；不同发电技术发电量、新增装机容量、本年度完成的电力投资等数据来自中国电力企业联合会发布的全国电力工业统计数据一览表[①]；技术学习率和技术替代率参见段宏波等（2015）的研究；非化石能源发电成本数据来源于 IRENA（2018）的研究。

9.3　石油中断与应对政策情景

本章分为三类情景：基准情景（标记为 BAU）、石油供应中断情景和应对政策情景。具体设置如下。

9.3.1　基准情景

本章 2012～2020 年 GDP 增长率根据实际情况设置，2012～2018 年的 GDP增长率从 2012 年的 7.9%下降到 2018 年的 6.6%（国家统计局），根据经济形势设定 2019～2020 年的经济增长率为 6.5%。同时，参考国际货币基金组织（International Monetary Fund，IMF）研究报告，设置 2021 年 GDP 增长率为 8.2%。

不同的研究关于未来 GDP 增长率的设定存在较大的差异，表 9-1 列出了部分研究设定的 2022～2050 年 GDP 增长率。Guo 等（2015）在 WEO（ World Energy Outlook，世界能源展望）、IEO（International Energy Outlook，国际能源展望）以及 IMF 等研究的基础上设定了高中低三种情景。Li 等（2017b）认为我国未来面临较强的能源供

表 9-1　GDP 增长率设定与比较

研究		2022～2025 年	2026～2030 年	2031～2035 年	2036～2040 年	2041～2045 年	2046～2050 年
ERINDRC（2015）		5.5%	5.5%	4.0%	4.0%	3.0%	3.0%
Guo 等（2015）	中增长	5.7%	5.7%	4.0%	4.0%	2.5%	2.5%
	低增长	4.4%	4.4%	2.7%	2.7%	1.7%	1.7%
	高增长	6.6%	6.6%	4.8%	4.8%	3.0%	3.0%
Li 等（2017b）		5.6%	4.7%	3.9%	3.3%	2.7%	2.0%
Li 等（2018）		6.2%	5.3%	4.4%	4.4%	3.5%	3.5%
本章		5.8%	4.9%	3.9%	3.3%	2.7%	2.0%

---

① 中国电力企业联合会，https://cec.org.cn/menu/index.html?217 [2022-07-23]。

给约束，设定了较为保守的经济增长情景。ERINDRC（2015）和 Li 等（2018）对经济形势设定较为乐观。另外，Li 和 Lou（2016）将中国"十三五"和"十四五"GDP 增长率分别设定为 6.5% 和 5.8%，而 Timilsina 等（2018）将 2021～2030 年的年均 GDP 增长率设定为 4.6%。

综合参考上述研究以及我国国情，本章将 2022～2025 年以及 2026～2030 年GDP 增长率分别设定为 5.8% 和 4.9%。中长期，由于我国面临的能源供给约束，2030 年我国能源消耗总量要控制在 60 亿吨标准煤，2050 年能源消费总量趋于稳定，以及经济发展不确定因素更多，我们对中国未来经济的发展持较为保守预期，本章 2031～2050 年的 GDP 增长率与 Li 等（2017b）的研究相同，见表 9-1。

由于我国《能源生产和消费革命战略（2016—2030）》制定的能源和碳减排目标是按照发电煤耗法测算，发电煤耗系数对于模型结果的解读非常重要。数据显示，发电煤耗系数从 2010 年的 320.8 克标准煤/千瓦时下降到 2015 年的 305.7 克标准煤/千瓦时，降幅达 4.71%[①]。"十二五"期间，全国火电机组平均供电煤耗降至 315 克标准煤/千瓦时，煤电平均供电煤耗约 318 克标准煤/千瓦时，均达到世界先进水平，供电煤耗五年累计降低 18 克标准煤/千瓦时。

苗韧（2013）较系统地研究了中国化石能源发电的供电煤耗情况，其研究指出：在低碳政策情景下中国 2020 年、2030 年和 2050 年的燃煤发电供电能耗分别为 315 克标准煤/千瓦时、294.9 克标准煤/千瓦时和 282.3 克标准煤/千瓦时，燃气发电供电煤耗分别为 256.3 克标准煤/千瓦时、212.7 克标准煤/千瓦时和 181.1 克标准煤/千瓦时，而化石能源发电的平均供电煤耗分别为 308.0 克标准煤/千瓦时、282.6 克标准煤/千瓦时和 250 克标准煤/千瓦时。事实上，这一研究观点相对保守。我国《电力发展"十三五"规划》指出，新建燃煤发电机组平均供电煤耗低于 300 克标准煤/千瓦时，现役燃煤发电机组经改造平均供电煤耗低于 310 克标准煤/千瓦时。这意味着 2020 年燃煤发电平均供电煤耗必然会在 310 克标准煤/千瓦时以下。就目前我国已经运行的先进煤电技术来看，隶属于申能集团的两台 100 万千瓦机组，可满足上海全市 1/10 的电力需求，其年平均能耗水平仅为 276 克/千瓦时，且机组额定净效率超过 46.5%（含脱硫、脱硝）[②]；而尚未实施但已具有技术可行性的最先进燃煤发电技术单位发电能耗甚至可以降至 251 克/千瓦时[③]。为此，设置2050 年发电煤耗系数分别达到 240～250 克标准煤/千瓦时。

[①] 根据 2011～2016 年《中国能源统计年鉴》中的全国能源平衡表实物量和标准量测算。
[②] http://news.bjx.com.cn/html/20150720/643496.shtml [2022-07-23]。
[③] https://baijiahao.baidu.com/s?id=1612196660477720728&wfr=spider&for=pc [2022-07-23]。

9.3.2　石油供应中断情景

该类情景分为三种情景。国际石油价格大增长，使得 2021 年石油进口比 2020 年减少 8%、15% 和 30% 三种情景，分别标识为 SOSD8、SOSD15 和 SOSD30。

9.3.3　应对政策情景

本章以 2021 年石油供应中断 15% 情景为基础设计多种政策情景以分析减缓石油供应中断冲击的政策效果。考虑到我国 2030 年能源和碳减排目标，根据 Yuan 等（2020b）的研究，各政策情景均征收碳税，采取递增碳税的方式，且上游征收，具体的碳税路径可参照 Wilkerson 等（2015）的研究给出，形式如下：

$$TAX_t = TAX_{2090}\left(\frac{t-2010}{2090-2010}\right)^{\alpha} \tag{9-13}$$

其中，TAX_{2090} 为 2090 年的碳价格，Wilkerson 等（2015）设定其为 200 美元/吨二氧化碳；α 为碳价格递增速度，考虑到我国当前的实际承受能力和可行性，本章设定其为 1。2015 年，中国碳排放权交易试点的平均碳价格最高为北京 41.45 元/吨二氧化碳，最低为重庆 18.76 元/吨二氧化碳[①]，所有试点的平均价格为 25.5 元/吨二氧化碳，据此逆推可得到 2090 年中国碳排放权交易试点的最高、最低及平均碳价格分别为 106.5 美元/吨二氧化碳、48.2 美元/吨二氧化碳和 65.5 美元/吨二氧化碳（按照 2015 年汇率）。基于此，我们设定了碳税为 120 美元/吨二氧化碳，碳税收入归政府所有。

应对政策又分为五种情景，具体包括以下内容。

第一种为需求端政策（标记为 SDP），主要包括鼓励消费者减少石油消耗，更多地使用非石油能源，考虑到化石能源的可耗竭性以及高碳排放和高污染性，尤其鼓励消费者更多地使用电力和非化石能源，具体包括鼓励使用电力汽车、氢能等。此外，征收 5% 石油从价消费税以遏制石油消费。税收用于鼓励降低非化石能源发电间接税。

第二种为供给端政策（标记为 SSP1），调整产业结构，尤其是大力发展非化石能源发电，鼓励电力对石油的替代。对交通运输、仓储和邮政业征收、批发、零售、住宿和餐饮业、农业等征收 5% 的石油使用从价税，对工业等征收 10% 的石油使用从价税。税收用于降低非化石能源发电间接税，同时征收式（9-13）的碳税。

第三种也为供给端政策（标记为 SSP2），在第二种情景中进一步加大非化石能源投资。第四种情景为第一种和第二种政策的综合，标记为 SPM1。第五种情

① http://www.tanjiaoyi.com/article-23596-1.html [2022-07-23]。

景为第一种和第三种政策的综合，标记为 SPM2。

9.4 石油中断的影响

9.4.1 对 GDP 的影响

石油供应中断情景相对基准情景的 GDP 变化率见图 9-2。可以看出，石油供应中断会对经济造成负面影响，且中断越严重，其经济受到的负面冲击越大，但这种冲击会随着石油供应中断的结束和经济内在调整机制而消除。具体地，2021年石油中断 8%、15% 和 30% 情景下的 GDP 损失率分别为–0.32%、–0.47% 和–0.83%。随后各情景相对基准情景 GDP 变化率趋近于零，可以发现其后续影响会略促进 GDP 的增长，这种促进作用随着中断程度的增大而提升。这是由于石油中断促进了非化石能源尤其是非化石能源电力的发展，由于"干中学"等机制的作用，会降低经济发展的能源成本，从而有利于经济增长。但这种作用后续影响较小，且随时间逐步降低，最终会被经济内在调整机制完全吸收。石油中断长期对其他总量经济指标存在类似的影响，但由于其值很小，趋近于零，本章不再赘述。

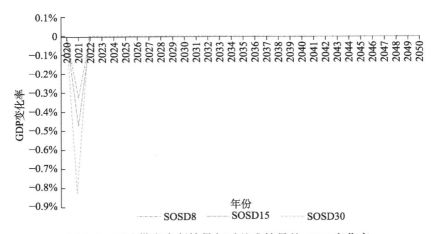

图 9-2 石油供应中断情景相对基准情景的 GDP 变化率

9.4.2 对碳排放的影响

表 9-2 展示了石油供应中断情景与基准情景下二氧化碳排放总量随时间变化趋势。结果表明，石油供应中断会使得当年二氧化碳排放减少，且减少程度随着中断程度的提高而提高。具体地，SOSD8、SOSD15 和 SOSD30 情景下 2021 年的碳排放量分别为 104.78 亿吨二氧化碳、104.45 亿吨二氧化碳和 103.75 亿吨二氧化

碳，基准情景下 2021 年碳排放量为 105.65 亿吨二氧化碳。随着石油供应中断的终止，其对碳排放总量的影响也消失。基准情景与各中断情景下的碳排放于 2030 年达到峰值，峰值为 119.56 亿吨二氧化碳，2030 年碳排放强度比 2005 年下降 65.1%，均实现了我国 2030 年碳强度目标。

表 9-2　石油供应中断情景与基准情景下二氧化碳排放总量　单位：亿吨二氧化碳

年份	BAU	SOSD8	SOSD15	SOSD30
2021	105.65	104.78	104.45	103.75
2022	108.15	108.15	108.15	108.15
2023	110.70	110.70	110.70	110.70
2024	112.94	112.94	112.93	112.93
2025	115.21	115.21	115.21	115.20
2026	116.58	116.58	116.58	116.58
2027	117.59	117.59	117.59	117.59
2028	118.55	118.55	118.55	118.54
2029	119.13	119.13	119.13	119.13
2030	119.56	119.56	119.56	119.56
2031	119.35	119.35	119.35	119.35
2032	119.11	119.11	119.11	119.10
2033	118.85	118.84	118.84	118.84
2034	118.43	118.43	118.43	118.43
2035	117.68	117.68	117.68	117.68
2036	116.94	116.94	116.93	116.93
2037	116.24	116.24	116.24	116.24
2038	115.44	115.44	115.44	115.44
2039	114.46	114.46	114.46	114.46
2040	113.58	113.58	113.58	113.58
2041	112.05	112.05	112.05	112.05
2042	110.46	110.46	110.46	110.46
2043	108.72	108.72	108.72	108.72
2044	107.06	107.06	107.06	107.06
2045	105.53	105.53	105.53	105.53
2046	103.66	103.66	103.66	103.66
2047	102.03	102.03	102.03	102.03
2048	100.51	100.51	100.51	100.51
2049	99.18	99.17	99.17	99.17
2050	97.86	97.86	97.86	97.86

9.4.3 对能源消耗的影响

表 9-3 展示了石油供应中断情景与基准情景下能源消耗总量，在国际石油供应中断 8%、15% 和 30% 的情景下，2021 年当年国际石油平均价格比基准情景上涨 22.50%、32.42% 和 58.06%，石油进口相对基准情景分别下降 16.39%、22.75% 和 36.39%，约相当于 1.56 亿吨标准煤、2.16 亿吨标准煤和 3.45 亿吨标准煤，对应的 2021 年能源消耗量分别为 51.36 亿吨标准煤、51.10 亿吨标准煤和 50.74 亿吨标准煤，而 2021 年基准情景下能源消耗为 51.81 亿吨标准煤。显然，国际石油供应中断阶段会使得政府大幅控制石油消耗量，从而使得当年能源消耗总量下降，且随着中断程度加大，其能源消耗下降幅度也提升。

表 9-3　石油供应中断情景与基准情景下能源消耗总量　　　单位：亿吨标准煤

年份	BAU	SOSD8	SOSD15	SOSD30
2021	51.81	51.36	51.10	50.74
2022	53.47	53.52	53.46	53.49
2023	55.14	55.19	55.14	55.17
2024	56.65	56.69	56.66	56.69
2025	58.21	58.25	58.23	58.26
2026	59.53	59.57	59.57	59.59
2027	60.67	60.71	60.72	60.74
2028	61.81	61.81	61.88	61.89
2029	62.71	62.71	62.80	62.81
2030	63.61	63.61	63.72	63.72
2031	64.32	64.32	64.44	64.45
2032	65.02	65.02	65.16	65.17
2033	65.74	65.74	65.90	65.91
2034	66.46	66.46	66.64	66.65
2035	66.90	66.90	67.10	67.11
2036	67.33	67.33	67.55	67.55
2037	67.78	67.78	68.03	68.03
2038	68.23	68.23	68.50	68.50
2039	68.45	68.45	68.74	68.75
2040	68.71	68.71	69.04	69.04
2041	68.99	68.99	69.34	69.35
2042	69.27	69.27	69.65	69.66
2043	69.33	69.33	69.75	69.75
2044	69.39	69.39	69.84	69.85
2045	69.51	69.51	70.00	70.00

年份	BAU	SOSD8	SOSD15	SOSD30
2046	69.37	69.37	69.90	69.90
2047	69.31	69.31	69.88	69.88
2048	69.26	69.26	69.87	69.88
2049	69.29	69.29	69.96	69.96
2050	69.37	69.37	70.09	70.09

随着石油供应中断的结束和经济内在调节，能源需求反弹，快速恢复到正常水平，并将可能略高于基准情景。如表 9-3 所示，石油中断 8%情景下的能源消耗在长期和基准情景趋近，中断 15%情景和中断 30%情景的能源消耗总量趋同，后者略高于前者。上述结果表明，不施加政策约束时，石油中断程度越高，反弹程度越大，其能源消耗水平增幅（绝对值较小）也越大。此外，2030 年基准情景和石油中断情景下的能源消耗均超过了 60 亿吨标准煤，未能实现我国 2030 年能源总量控制目标。

表 9-4 展示了石油供应中断情景与基准情景下的能源消耗结构。如表 9-4 所示，石油供应中断会降低石油消耗量，进而降低石油占能源消费的比重，且随着中断程度提升，下降幅度也会随之提升。具体地，2021 年石油供应中断 8%、15%和 30%情景下，石油消耗量分别比基准情景下降 6.89%、10.18%和 16.11%，石油占能源消耗比重分别为 18.08%、17.53%和 16.49%，而基准情景下该比重为19.25%。同时，天然气和非化石能源消耗有所增长，且随着中断程度额提升，增幅也会提升；煤炭消耗量基本持平，略有下降。从长期来看，当石油中断幅度达

表 9-4　石油供应中断情景与基准情景下的能源消耗结构

情景	年份	总能源消耗量/亿吨标准煤	能源消耗结构				发电煤耗系数/（克标准煤/千瓦时）
			煤炭	石油	天然气	非化石能源	
BAU	2021	51.81	56.35%	19.25%	8.30%	16.10%	294.4
	2030	63.61	48.95%	19.08%	10.01%	21.96%	285.2
	2050	69.37	32.43%	17.00%	11.40%	39.17%	241.5
SOSD8	2021	51.36	56.83%	18.08%	8.73%	16.36%	293.8
	2030	63.61	48.95%	19.08%	10.00%	21.97%	285.2
	2050	69.37	32.43%	17.00%	11.40%	39.17%	241.5
SOSD15	2021	51.10	56.76%	17.53%	8.88%	16.83%	293.5
	2030	63.72	48.66%	18.97%	9.95%	22.42%	285.2
	2050	70.09	31.96%	16.75%	11.23%	40.06%	241.5
SOSD30	2021	50.74	57.14%	16.49%	9.31%	17.06%	293.0
	2030	63.72	48.66%	18.97%	9.95%	22.42%	285.2
	2050	70.09	31.96%	16.75%	11.23%	40.06%	241.5

到一定程度时会对能源消耗结构产生长远的影响，而且石油中断幅度越大，越有利于非化石能源占比的提升，虽然这种提升效果并不大。另外，石油中断会使得发电煤耗系数下降，即石油供应中断会导致能源供应紧缺，能源使用成本提升，促使火力发电部门提升能源使用效率，从而使得发电煤耗系数下降。

9.4.4　对电力部门的影响

石油中断会促使电力对石油的替代，从而有利于电力部门的发展，其对电力部门主要指标的影响见表 9-5。2021 年，国际石油供应中断 8%、15% 和 30% 的情景下，总发电量分别提高了 0.24%、0.33% 和 0.55%，同时终端能源消费电气化程度从 26.07% 分别提升到 26.45%、26.59% 和 26.91%，这主要是由于石油供应中断引起总终端能源消费降低，同时会促进电力对石油的替代，从而使得终端能源消费电气化程度提升，且国际石油供应中断程度越严重，其对终端能源消费电气化程度的提升效果越好。

表 9-5　石油供应中断情景与基准情景下的电力部门发展指标

情景	年份	发电结构							总发电量/亿千瓦时	备注
		煤电	气电	水电	核电	风电	光伏	其他		
BAU	2021	60.46%	3.57%	18.67%	5.32%	6.08%	4.29%	1.59%	77 907.44	26.07%
	2030	45.45%	6.58%	19.11%	9.07%	10.13%	7.69%	1.95%	100 655.32	27.48%
	2050	11.10%	10.75%	16.67%	11.98%	27.52%	19.57%	2.38%	137 371.19	34.07%
SOSD8	2021	60.14%	3.65%	18.90%	5.32%	6.07%	4.31%	1.59%	78 092.76	26.45%
	2030	45.45%	6.58%	19.11%	9.07%	10.13%	7.69%	1.95%	100 654.63	27.48%
	2050	11.10%	10.75%	16.67%	11.98%	27.52%	19.57%	2.38%	137 369.58	34.07%
SOSD15	2021	60.01%	3.67%	19.00%	5.32%	6.07%	4.31%	1.59%	78 168.30	26.59%
	2030	45.45%	6.58%	19.11%	9.07%	10.13%	7.69%	1.95%	100 654.60	27.48%
	2050	11.10%	10.75%	16.67%	11.98%	27.52%	19.57%	2.38%	137 369.07	34.07%
SOSD30	2021	59.73%	3.73%	19.21%	5.32%	6.06%	4.33%	1.59%	78 335.03	26.91%
	2030	45.45%	6.58%	19.11%	9.08%	10.13%	7.69%	1.95%	100 655.06	27.48%
	2050	11.10%	10.75%	16.67%	11.98%	27.52%	19.57%	2.38%	137 368.31	34.07%

注："备注"列为运用电热当量法测算的终端能源消费电气化程度；表中数据由于四舍五入，合计可能不等于 100%

整体看，石油供应中断导致了煤电发电量的下降，而煤电外的其他电力发电量都有不同程度的提升。石油中断有利于非化石能源电力的发展，而非化石能源电力存在学习效应等导致成本降低，从而进一步替代火电的发展。2021 年，国际石油供应中断 8%、15% 和 30% 的情景下，水、核、风、光发电占总发电量的比重从基准情景 34.36%上升到 34.60%、34.70%和 34.92%，而水电、核电、风电、光伏的增速并不相同，这与这些电力在不同的学习阶段有关，水电和光伏增幅较大，而核电和风电相对基准情景增幅较低。随着国际石油中断幅度的提升，上述变化幅度也越大。

从长远来看，随着石油中断的结束，上述影响也快速调整，最终与基准情景发展路径趋同。尤其是，由于经济内在调整机制，从长远来看石油中断在长期会使得总发电量略低于基准情景，幅度可以忽略不计。

9.4.5　对其他部门产出的影响

国际石油供应中断会通过复杂的供需关联和产业关联对不同的产业产生不同的影响，2021 年其对不同部门产出的影响见表 9-6。2022 年及以后随着国际石油供应中断的结束、经济内在调整机制的作用，经济结构与产出和基准情景趋同，在此不再列出。2021 年，石油加工及核燃料加工业受到的冲击最大，在国际石油中断 8%、15%和 30%情景下，其产出分别下降 9.01%、12.62%和 20.52%。化学原料及化学制品制造业受到的冲击次之，在国际石油中断 8%、15%和 30%情景下，其产出分别下降 3.15%、4.48%和 7.54%。化学纤维制造业以及交通运输、仓储和邮政业等受到的冲击也均超过了 1%。在所有中断情景下，产出相对基准情景增幅超过 1%的两个产业分别是仪器仪表及文化、办公用机械制造业和炼焦业。炼焦业产出的提升可能是由石油中断引起炼焦业对石油的替代引起的。此外，农业、纺织业、服装、家具制造、印刷业和记录媒介的复制、炼焦业、通用设备制造业和专用设备、电子设备、通信设备及器材制造业、仪器仪表及文化、办公用机械制造业、其他制造业、热力的生产和制造、建筑业的产出不减反增，且增幅随着石油中断程度的增大而提升。

表 9-6　不同部门石油供应中断情景相对基准情景的产出变化率

部门	SOSD8	SOSD15	SOSD30
农业	0.20%	0.28%	0.47%
黑色金属矿采选业	−0.51%	−0.74%	−1.27%
有色金属矿采选业	−0.47%	−0.68%	−1.22%
其他矿采选业	−0.91%	−1.30%	−2.19%
食品与饮料	−0.13%	−0.18%	−0.31%
烟草加工	−0.20%	−0.29%	−0.48%
纺织业	0.53%	0.74%	1.16%
服装	0.18%	0.25%	0.40%
家具制造	0.35%	0.50%	0.84%
造纸及纸制品	−0.08%	−0.13%	−0.25%
印刷业和记录媒介的复制	0.06%	0.08%	0.10%

部门	SOSD8	SOSD15	SOSD30
石油加工及核燃料加工业	−9.01%	−12.62%	−20.52%
炼焦业	1.07%	1.52%	2.53%
化学原料及化学制品制造业	−3.15%	−4.48%	−7.54%
医药制造业	−0.07%	−0.10%	−0.19%
化学纤维制造业	−1.40%	−1.98%	−3.33%
橡胶与塑料制品	−0.76%	−1.10%	−1.94%
水泥	−0.06%	−0.08%	−0.10%
玻璃	−0.72%	−1.03%	−1.78%
其他非金属矿物制品业	−0.59%	−0.85%	−1.46%
黑色金属冶炼及压延加工业	−0.27%	−0.38%	−0.66%
有色金属冶炼及压延加工业	−0.04%	−0.07%	−0.17%
金属制品业	−0.05%	−0.08%	−0.17%
通用设备制造业和专用设备	0.17%	0.24%	0.39%
交通运输设备制造业	−0.02%	−0.03%	−0.06%
电子设备、通信设备及器材制造业	0.60%	0.83%	1.34%
仪器仪表及文化、办公用机械制造业	1.12%	1.58%	2.58%
其他制造业	0.12%	0.18%	0.29%
热力的生产和制造	0.35%	0.49%	0.80%
燃气、水的生产和供应业	−0.63%	−0.90%	−1.53%
建筑业	0.01%	0.02%	0.08%
交通运输、仓储和邮政业	−1.28%	−1.84%	−3.18%
其他服务业	−0.44%	−0.63%	−1.07%

9.5　应对石油危机的政策比较与碳减排协同效应分析

9.5.1　对 GDP 的影响

不同政策情景相对基准情景的 GDP 变化率见图 9-3。2021 年，SDP、SSP1、SSP2、SPM1 和 SPM2 情景相对基准情景的 GDP 变化率分别为−0.39%、−0.50%、−0.50%、−0.16%和−0.16%。2021 年国际石油供应中断 15%时 GDP 损失率为−0.47%。需求端政策一方面控制需求量，另一方面引导增加对相对富裕的其他能源的消费需求。在国际石油供应中断发生时，单一的需求端管理会降低其对经济造成的冲击，而单一供给端政策会加剧经济的负担。调整产业结构等供给端政策起到的效果需要的时间较长，这是因为 SSP2 比 SSP1 提升了电力投资参数的力度，但是其对 GDP 当期的影响并无区别，然而经过累计效应其长期影响会越来越大。SPM1

和 SPM2 情景相对基准情景的 GDP 变化率相同的原因与之相同。由于产业结构调整等供给端行为的调整需要较长时间，而在现有的技术的经济结构下强行调整能源供给结构会大幅提升成本，从而导致 GDP 损失率提升。如果同时采取控制能源需求、引导能源需求和能源供给端相契合，那么石油冲击的影响会进一步下降，即复合政策 GDP 损失率相对基准情景大幅下降。

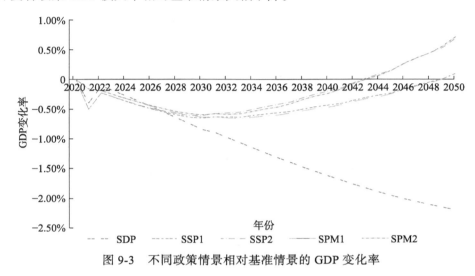

图 9-3　不同政策情景相对基准情景的 GDP 变化率

从长期来看，需求端政策的 GDP 损失率会越来越大，在 2050 年最高达到 2.21%。供给端政策虽然在短期的 GDP 损失率较大，但是，由于存在技术内生学习机制，长期会降低经济增长的能源成本，并最终有利于 GDP 的增长。SSP1 和 SSP2 相对基准情景的 GDP 损失率分别于 2030 年和 2029 年达到最大为 0.64% 和 0.61%，相对基准情景的 GDP 变化率分别在 2049 年和 2043 年由负变正，即加大非化石能源电力投资在长期有利于降低 GDP 损失率。当供给端政策与需求端政策复合使得需求和供给更为契合时，经济损失进一步降低。SDP、SSP1、SSP2、SPM1 和 SPM2 情景下 2021～2050 年累计 GDP 变化率分别为 1.09%、–0.43%、–0.28%、–0.41% 和 –0.26%（贴现率为 5%）。

9.5.2　对碳排放的影响

提升能源安全的关键是优化能源结构，提升能源自给能力，降低对国际市场的依赖，同时降低化石能源使用引起的环境和气候影响。我国已经提出了多种能源和气候目标，尤其是 2030 年前碳达峰，到 2030 年单位国内生产总值二氧化碳排放比 2005 年下降 65% 以上，非化石能源消费比重达到 25% 左右；2050 年，能源消费总量基本稳定，非化石能源占比超过一半；2060 年前实现碳中和。碳减排目标和能源发展目标具有高度的协同性。

不同政策情景对碳排放的影响存在较大的差异，各情景的主要碳排放指标见表 9-7。各情景下，2030 年比 2005 年碳排放强度下降 65% 的目标均能实现。SDP、SSP1、SSP2、SPM1 和 SPM2 分别在 2030 年、2029 年、2028 年、2028 年和 2028 年达峰，峰值分别为 110.61 亿吨二氧化碳、111.28 亿吨二氧化碳、111.17 亿吨二氧化碳、107.93 亿吨二氧化碳、107.81 亿吨二氧化碳。SSP2、SPM1 和 SPM2 三种情景虽然在同一年份达峰，但达峰时间提前。

表 9-7　不同政策情景与基准情景下主要碳排放指标

情景	碳排放强度	碳排放高峰			2050 年碳排放量/亿吨二氧化碳
	2030 年比 2005 年下降幅度	排放峰值/亿吨二氧化碳	达峰年份	碳排放高峰期	
BAU	65.10%	119.56	2030	2029～2033 年	97.86
SDP	67.49%	110.61	2030	2028～2032 年	84.17
SSP1	67.45%	111.28	2029	2027～2031 年	80.92
SSP2	67.53%	111.17	2028	2027～2030 年	79.54
SPM1	68.45%	107.93	2028	2026～2030 年	76.75
SPM2	68.52%	107.81	2028	2026～2029 年	75.49

注：碳排放高峰期定义为排放量和峰值相差在 1 亿吨二氧化碳以内的时间区间

从减排路径来看，若 2050 年碳排放量越低，该类措施越有利于 2060 年碳中和目标的实现。2050 年，SDP、SSP1、SSP2、SPM1 和 SPM2 情景下的碳排放量分别为 84.17 亿吨二氧化碳、80.92 亿吨二氧化碳、79.54 亿吨二氧化碳、76.75 亿吨二氧化碳和 75.49 亿吨二氧化碳。分不同时期来看，单一需求端政策在短期减排效果要高于单一供给端政策情景，而在长期则相反（图 9-4）。供给端和需求端的复合政策有

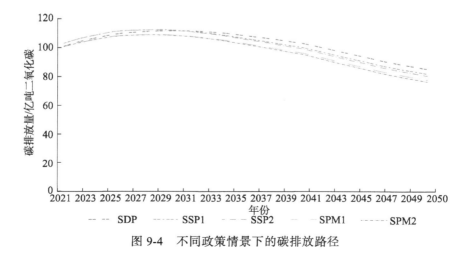

图 9-4　不同政策情景下的碳排放路径

利于大幅降低碳排放，尤其是 2050 年复合政策比对应单一供给端政策的碳排放量要减少 4 亿多吨二氧化碳。因此，从长远来看，为实现 2060 年碳中和目标，采取供给端和需求端相结合的政策非常重要。

9.5.3 对能源消耗的影响

表 9-8 展示了不同政策情景下总能源消耗量、能源消耗结构及发电煤耗系数。对比表 9-4 中的基准情景，可以发现各政策情景相对基准情景的发电煤耗系数都会大幅下降。单一需求端政策情景下发电煤耗系数降幅最小，单一供给端政策下降幅度最大，复合政策居中。加大非化石能源电力投资也会降低发电煤耗系数，而发电煤耗系数直接影响单位非火电折合的标煤数量，从而也会对能源消耗总量产生影响。

表 9-8   不同政策情景下总能源消耗量、能源消耗结构及发电煤耗系数

政策情景	年份	总能源消耗量 /亿吨标准煤	能源消耗结构				发电煤耗系数 /（克标准煤/千瓦时）
			煤炭	石油	天然气	非化石能源	
SDP	2021	50.05	55.23%	17.77%	8.82%	18.18%	292.49
	2030	60.46	46.86%	18.09%	10.58%	24.47%	281.55
	2050	63.11	29.95%	15.09%	12.62%	42.34%	224.86
SSP1	2021	49.87	56.30%	18.30%	8.84%	16.56%	290.93
	2030	59.69	46.94%	18.61%	10.75%	23.70%	267.94
	2050	64.21	27.54%	15.14%	9.61%	47.71%	203.93
SSP2	2021	49.87	56.30%	18.30%	8.84%	16.56%	290.93
	2030	59.72	46.78%	18.58%	10.75%	23.89%	267.75
	2050	65.26	26.72%	14.96%	8.42%	49.90%	203.98
SPM1	2021	50.16	54.68%	18.21%	8.71%	18.40%	291.28
	2030	59.98	45.41%	17.87%	10.67%	26.05%	268.46
	2050	65.27	26.49%	14.52%	8.67%	50.32%	207.41
SPM2	2021	50.16	54.68%	18.21%	8.71%	18.40%	291.28
	2030	60.13	45.26%	17.84%	10.67%	26.23%	268.28
	2050	66.95	25.46%	14.20%	7.58%	52.76%	210.90

总能源消耗量与经济总量、能源效率和发电煤耗系数等参数都有关联。单一需求端政策情景在长期的 GDP 损失率相对较高，即使发电煤耗系数较高，也仍然导致其总能源消耗总量较低，而在短期则相反。单一供给端政策在长期会有利于能源成本的降低，能源结构优化，从而有利于经济增长，因此，其能源消耗即使在发电煤耗系数大幅下降的情况下其总能源消耗量也较高。2021 年单一需求端政

策情景下的能源消耗量最高为 50.05 亿吨标准煤，2050 年单一需求端政策情景下的能源消耗量最高为 63.11 吨标准煤。复合政策情景的能源消耗量在 2021 年高于单一供给政策情景，在 2050 年也高于单一供给政策情景。这主要是因为 2050 年 GDP 损失率低于单一供给端政策情景，而发电煤耗系数高于单一供给端政策情景。加大非化石能源发电投资力度，会提升能源消费总量。2030 年我国总能源消耗量控制在 60 亿吨标准煤，只有在 SDP 和 SPM2 两种政策情景未能实现该目标，分别为 60.46 亿吨标准煤和 60.13 亿吨标准煤。

各政策情景相对基准情景的非化石能源占比都有所提高。单一需求端政策非化石能源占比在 2021 年和 2030 年均高于单一供给端政策，低于复合政策情景。然而，单一需求端政策在长期提升非化石能源占比的潜力有限，其在 2050 年仅仅为 42.34%，在所有政策情景中最低。SSP1 和 SSP2 两种供给端政策情景下的非化石能源占比分别于在 2033 年和 2032 年超过了单一需求端政策。SPM1 和 SPM2 两种复合政策情景的非化石能源占比在 2030 年分别为 26.05% 和 26.23%；在 2050 年分别为 50.32% 和 52.76%，均实现了我国 2030 年和 2050 年的非化石能源占比目标。

无论是在长期还是短期，单一需求端政策比单一供给端政策更有利于降低石油消耗，即单一需求端政策管理的石油消耗低于单一供给端政策。供给端政策与需求端政策相复合的政策情景下在短期虽然相对于单一需求端政策的石油消耗略高，但其会大幅降低石油供应中断对经济的冲击；在长期不仅会降低石油消耗，而且会对经济发展带来新的经济增长点，降低能源消耗成本，从而有利于经济发展。

9.5.4　对电力部门的影响

终端能源消费电气化是保障能源安全的重要措施之一。表 9-9 展示了不同政策情景下电力部门发展指标。可以发现，单一需求端政策在短中期有利于终端能源消费的电气化，但在长期其作用要低于单一供给端政策。SSP1 和 SSP2 情景下的终端能源消费电气化程度分别于 2036 年和 2035 年超过 SDP。复合政策情景下的终端能源消费电气化程度始终高于单一政策。加大非化石能源投资力度会提升终端能源消费电气化程度。除了单一需求端政策情景外，其他政策情景下 2050 年终端能源消费电气化均超过了 40%。

表 9-9　不同政策情景下的电力部门发展指标

政策情景	年份	发电结构							总发电量/亿千瓦时	备注
		煤电	气电	水电	核电	风电	光伏	其他		
SDP	2021	58.49%	3.36%	21.95%	4.92%	5.61%	4.18%	1.49%	80 613.09	28.43%
	2030	44.29%	6.01%	23.99%	7.95%	8.85%	7.16%	1.75%	104 026.51	30.47%
	2050	9.52%	10.23%	24.63%	11.27%	23.89%	18.33%	2.12%	141 128.00	38.09%

政策情景	年份	发电结构							总发电量/亿千瓦时	备注
		煤电	气电	水电	核电	风电	光伏	其他		
SSP1	2021	60.64%	3.60%	18.64%	5.26%	6.00%	4.26%	1.59%	78 445.84	27.46%
	2030	42.96%	6.82%	18.15%	10.37%	11.46%	8.12%	2.11%	103 897.91	29.96%
	2050	3.36%	5.20%	12.80%	15.65%	38.46%	21.76%	2.76%	158 505.10	40.03%
SSP2	2021	60.64%	3.60%	18.64%	5.26%	6.00%	4.26%	1.59%	78 445.84	27.46%
	2030	42.52%	6.83%	18.07%	10.61%	11.67%	8.16%	2.12%	103 994.66	29.97%
	2050	1.94%	3.30%	11.83%	16.58%	41.94%	21.65%	2.75%	162 976.60	40.48%
SPM1	2021	57.87%	3.39%	22.02%	5.10%	5.81%	4.27%	1.54%	80 963.14	28.43%
	2030	40.22%	6.28%	23.12%	9.73%	10.74%	7.91%	2.00%	107 809.79	31.20%
	2050	2.36%	3.57%	16.98%	15.86%	37.56%	21.06%	2.61%	162 790.99	40.89%
SPM2	2021	57.87%	3.39%	22.02%	5.10%	5.81%	4.27%	1.54%	80 963.14	28.43%
	2030	39.83%	6.28%	23.07%	9.93%	10.93%	7.95%	2.00%	107 908.67	31.20%
	2050	1.08%	1.87%	15.56%	16.83%	41.10%	20.95%	2.60%	167 459.94	41.35%

注："备注"列为运用电热当量法测算的终端能源消费电气化程度；表中数据由于经过四舍五入，百分比合计可能不等于 100%

从总发电量来看，单一需求端政策短中期的发电量高于单一供给端政策，但在长期其促进电力发展的潜力有限，2031 年及以后 SSP1 和 SSP2 的发电量均超过了 SDP。SSP2 的发电量高于 SSP1，即加大电力投资力度会使得电力产出提高。《中国可再生能源展望 2018》在 2℃升温情景下，我国 2050 年的总发电量为 153 240 亿千瓦时，水电、风电、太能发电、核电和化石能源发电量分别为 18310 亿千瓦时、76120 亿千瓦时、35250 亿千瓦时、9150 亿千瓦时和 9200 亿千瓦时。在所有政策情景中只有 SPM1 情景实现了我国 2030 年和 2050 年所有的能源和碳减排目标，该情景下 2050 年的发电量为 162 790.99 亿千瓦时，比《中国可再生能源展望 2018》在 2℃升温情景高 6.23%。但是，《中国可再生能源展望 2018》发布较早，且此时我国 2060 年碳中和目标仍未发布，因此，其关于发电量和非化石能源发电可能相对保守。

从发电结构来看，风电和光伏应该成为我国未来电力发展的重要方向。SPP1、SPP2、SPM1 和 SPM2 四种情景下风电和光伏发电占比之和在 2050 年分别为 60.22%、63.59%、58.62% 和 62.05%。在 SSP2 和 SPM2 两种情景下 2050 年风电和光伏发电所占的比重更是分别超过了 40% 和 20%。2050 年 SPP1、SPP2、SPM1 和 SPM2 四种情景下的化石能源发电均低于 10%，分别为 8.56%、5.24%、6.93% 和 2.95%。模型模拟结果中的水电和光伏发展水平偏低，而核电较高。对水电而言，我们在模型中设定了发电成本不变，并对未来可开发的水资源潜力持保守态度，这是结果中水电供电量偏低的原因。此外，《中国可再生能源展望 2018》充分考虑了核电发展可能存在的安全隐患（包括核电站运行过程以及核废料的处理安全问题）设定了核电发展的上限，而我们的模型在考虑核能发电成本时并未包含相应的安全成本,因此核电发展较上述报告乐观。因此,在政府如果不主张大力发展核电的前提下,为达到表 9-9 中的总发电量和非化石能源目标,应该在模拟结果的基础上加大清洁能源发电的发展力度,水电资源和水电成本约束下水电发电量难以有大的提升,风电发电增速已经很高的情况下,大力发展光伏发电就成了重要的政策选择。

9.5.5 对其他部门产出的影响

不同政策对不同产业的影响也存在较大差异,除了电力部门和能源开采部门,其他部门产出所受到的影响见表 9-10。单一需求端政策情景下,农业、纺织业、印刷业和记录媒介的复制、热力的生产和制造以及仪器仪表及文化、办公用机械制造业在所有的情景下产出不降反增。石油加工及核燃料加工业、炼焦业、化学原料及化学制品制造业、交通运输、仓储和邮政业在所有情景下受到的影响均为负。2050 年石油加工及核燃料加工业、炼焦业、化学原料及化学制品制造业、交通运输、仓储和邮政业与基准情景相比下降了超过 30%、15%、1.16% 和 4.89%。在单一需求端政策情景下,除了上述所有年份和情景都为正的行业外,电子设备、通信设备及器材制造业和其他服务业部分年份有正有负,其他部门所受到的冲击均为负。供给端政策情景下除了受到正影响、负影响部门以及医药制造业、热力的生产和制造、化学纤维制造业与其他服务业外,其余行业产出相对基准情景均出现了从负变正的过程,这主要是由于能源成本存在"干中学"效应,随着经验积累生产成本快速下降,从而降低了这些行业的能源使用成本,并最终有利于这些行业的发展。

复合政策情景下各行业所受到的影响与供给端政策下的影响方向大致相同,不同的是受到冲击的幅度不同。相对供给端政策情景,2050 年复合政策情景下的食品与饮料、印刷业和记录媒介的复制、炼焦业、医药制造业、热力的生产和制造以及其他服务业等几个行业受到的冲击变小或者产出增长幅度变大。

相对于其他部门,其他服务业产值规模大,其产出在 2021 年相对基准情景有所增加,但在长期尤其是 2050 年相对基准情景其规模都有一定程度的下降。这可能是由两方面的原因引起的:一方面,投资挤出效应,即大力发展非化石能源电力等会挤出其他部门的投资,也即其他服务业投资被挤出;另一方面,相对工业能耗强度大的特点,其他服务业能耗相对较低,长期能源成本下降为其他服务业带来的成本下降幅度低于工业,这使得相对基准情景其他服务业产出受到负面影响。当供给端政策与需求端政策复合时,其他服务业受到的负面冲击有所下降。2050 年,其他服务业产出相对基准情景的下降幅度分别从 SSP1 和 SSP2 的 3.04% 和 3.48% 下降到 SPM1 的 2.81% 和 SPM2 的 3.24%。

表 9-10　不同政策情景产出相对基准情景的变化率

部门	SDP			SSP1			SSP2			SPM1			SPM2		
	2021年	2030年	2050年	2021年	2030年	2050年	2021年	2030年	2050年	2021年	2030年	2050年	2021年	2030年	2050年
农业	0.15%	0.23%	1.81%	0.36%	0.57%	1.51%	0.36%	0.58%	1.40%	0.41%	0.45%	1.45%	0.41%	0.46%	1.34%
黑色金属矿采选业	-2.13%	-3.83%	-5.15%	-3.48%	-3.81%	1.58%	-3.48%	-3.61%	3.34%	-2.78%	-3.90%	1.47%	-2.78%	-3.72%	3.25%
有色金属矿采选业	-1.51%	-2.42%	-2.83%	-1.27%	-0.58%	4.19%	-1.27%	-0.40%	5.70%	-0.40%	-0.95%	3.73%	-0.40%	-0.80%	5.26%
其他矿采选业	-1.65%	-2.26%	-4.29%	-1.39%	-0.75%	1.39%	-1.39%	-0.62%	2.62%	-1.10%	-1.15%	1.01%	-1.10%	-1.03%	2.26%
食品与饮料	-0.23%	-0.34%	-0.30%	-0.08%	0.23%	0.09%	-0.08%	0.28%	0.18%	0.02%	0.11%	0.10%	0.02%	0.16%	0.19%
烟草加工	-0.39%	-0.95%	-1.70%	-0.37%	-0.49%	1.84%	-0.37%	-0.41%	2.73%	-0.27%	-0.63%	1.66%	-0.27%	-0.56%	2.57%
纺织业	0.32%	0.17%	0.53%	1.09%	1.23%	2.98%	1.09%	1.27%	3.46%	1.73%	0.93%	2.76%	1.73%	0.96%	3.27%
服装	-0.17%	-0.57%	-0.50%	0.24%	0.53%	2.89%	0.24%	0.61%	3.65%	0.46%	0.24%	2.70%	0.46%	0.32%	3.47%
家具制造	-0.08%	-0.63%	-0.51%	0.07%	-0.06%	2.68%	0.07%	0.00%	3.37%	0.03%	-0.24%	2.46%	0.03%	-0.19%	3.15%
造纸及纸制品	-0.02%	-0.19%	-0.08%	0.14%	0.04%	0.96%	0.14%	0.06%	1.20%	0.55%	-0.01%	0.89%	0.55%	0.01%	1.13%
印刷业和记录媒介的复制	0.33%	0.26%	0.20%	0.45%	0.03%	0.03%	0.45%	0.01%	0.02%	0.81%	0.05%	0.03%	0.81%	0.03%	0.04%
石油加工及核燃料加工业	-14.25%	-13.24%	-35.08%	-10.71%	-10.08%	-32.46%	-10.71%	-10.12%	-32.58%	-10.39%	-14.29%	-36.55%	-10.39%	-14.33%	-36.61%
炼焦业	-9.25%	-15.55%	-17.93%	-10.56%	-16.27%	-17.20%	-10.56%	-16.16%	-16.39%	-10.05%	-15.25%	-15.96%	-10.05%	-15.14%	-15.18%
化学原料及化学制品制造业	-3.29%	-3.24%	-10.09%	-2.28%	-0.11%	-2.68%	-2.28%	-0.08%	-1.16%	-0.52%	-0.95%	-3.31%	-0.52%	-0.77%	-1.75%
医药制造业	0.25%	0.17%	-0.31%	0.30%	-0.06%	-0.34%	0.30%	-0.08%	-0.32%	0.53%	0.00%	-0.30%	0.53%	-0.01%	-0.29%
化学纤维制造业	-1.75%	-1.74%	-4.85%	-1.03%	-0.14%	-0.77%	-1.03%	-0.05%	0.09%	0.28%	-0.59%	-1.11%	0.28%	-0.51%	-0.19%
橡胶与塑料制品	-1.15%	-1.60%	-3.09%	-0.65%	0.09%	2.22%	-0.65%	0.21%	3.33%	0.17%	-0.40%	1.72%	0.17%	-0.29%	2.87%

续表

部门	SDP			SSP1			SSP2			SPM1			SPM2		
	2021年	2030年	2050年	2021年	2030年	2050年	2021年	2030年	2050年	2021年	2030年	2050年	2021年	2030年	2050年
水泥	-0.97%	-1.81%	-2.63%	-0.96%	-0.80%	2.92%	-0.96%	-0.69%	4.13%	-1.61%	-1.07%	2.62%	-1.61%	-0.97%	3.83%
玻璃	-1.53%	-2.14%	-3.02%	-1.20%	-0.42%	2.96%	-1.20%	-0.27%	4.28%	-0.50%	-0.72%	2.70%	-0.50%	-0.58%	4.04%
黑色金属冶炼及压延加工业	-1.87%	-3.55%	-4.23%	-3.61%	-4.45%	0.75%	-3.61%	-4.29%	2.21%	-3.19%	-4.50%	0.70%	-3.19%	-4.35%	2.18%
有色金属冶炼及压延加工业	-0.93%	-1.92%	-1.48%	-0.83%	-0.43%	4.78%	-0.83%	-0.28%	6.16%	-0.13%	-0.69%	4.42%	-0.13%	-0.55%	5.82%
金属制品业	-1.19%	-2.54%	-2.32%	-2.03%	-2.15%	3.52%	-2.03%	-1.98%	4.99%	-1.33%	-2.20%	3.42%	-1.33%	-2.05%	4.91%
通用设备制造业和专用设备	-1.01%	-2.14%	-1.68%	-1.49%	-1.66%	3.43%	-1.49%	-1.54%	4.63%	-1.30%	-1.85%	3.19%	-1.30%	-1.74%	4.41%
交通运输设备制造业	-0.81%	-1.56%	-1.80%	-0.96%	-0.91%	2.58%	-0.96%	-0.82%	3.58%	-0.99%	-1.18%	2.27%	-0.99%	-1.09%	3.27%
电子设备、通信设备及器材制造业	0.01%	-0.74%	1.50%	0.32%	0.02%	4.68%	0.32%	0.11%	5.48%	0.82%	-0.32%	4.22%	0.82%	-0.25%	5.04%
仪器仪表及文化、办公用机械制造业	0.67%	0.24%	4.88%	1.11%	0.86%	7.35%	1.11%	0.90%	7.95%	1.78%	0.50%	6.96%	1.78%	0.55%	7.61%
热力的生产和制造	1.55%	1.91%	4.01%	0.65%	-1.96%	-6.87%	0.65%	-2.18%	-8.48%	0.87%	-1.36%	-6.16%	0.87%	-1.54%	-7.83%
燃气、水的生产和供应业	-0.93%	-1.59%	-2.66%	-0.99%	0.17%	4.00%	-0.99%	0.36%	5.51%	-0.42%	0.11%	3.93%	-0.42%	0.27%	5.47%
建筑业	-0.93%	-1.73%	-2.40%	-0.91%	-0.83%	2.67%	-0.91%	-0.74%	3.76%	-1.75%	-1.15%	2.28%	-1.75%	-1.06%	3.37%
交通运输、仓储和邮政业	-2.09%	-2.75%	-7.68%	-1.64%	-1.91%	-5.25%	-1.64%	-1.89%	-4.89%	-1.37%	-2.58%	-6.09%	-1.37%	-2.56%	-5.71%
其他服务业	0.39%	0.49%	-0.91%	0.15%	-0.58%	-3.04%	0.15%	-0.65%	-3.48%	0.47%	-0.25%	-2.81%	0.47%	-0.32%	-3.24%

9.6　本　章　小　结

能源短缺是能源安全挑战的重要内容之一，本章以石油中断为例进行了中断影响和应对政策的讨论。国际石油供应中断会对高耗油部门造成严重冲击，从而带来巨大的经济损失，但同时也会促使电力等对石油的替代，减少能源消耗总量和碳排放，从一定程度上促进了终端能源消耗的电气化程度，有利于电力、炼焦与热力生产和制造业等替代能源部门的发展。

降低国际石油供应冲击对经济波动造成的影响需要各种政策措施的实施。供给端政策和需求端政策各具特色。在短期，应对石油危机的需求管理简单有效，有助于降低石油危机带来的冲击，但长期单一依靠需求端政策会加大经济增长的成本。经济结构和能源结构在短期难以大幅改变，单一依靠供给端政策优化供给结构的做法在短期会带来巨大的能源成本，从而给经济带来严重的冲击。但在长期，供给端政策有利于优化能源结构，并通过"干中学"促进能源成本的快速降低，从而降低了经济发展所需的能源成本，进而有利于经济的发展。复合政策较单一需求端政策略提升了石油消耗量，较供给端政策更有利于服务业的发展，且其经济损失最低。因此，在现实中，我们应该采取供给端与需求端相结合的政策，使二者相适应。引导终端能源消费电气化并且不断优化能源结构是提升我国能源安全的关键。

能源问题与气候问题紧密相连，应对能源安全政策应该充分考虑我国能源和碳减排目标。我国已经发布多个能源和碳减排目标，如 2030 年，能源消费总量控制在 60 亿吨标准煤以内，非化石能源占一次能源消费量的比重达到 25%左右，单位国内生产总值二氧化碳排放较 2005 年下降 65%以上，2030 年前二氧化碳排放量达到峰值，并争取尽早达峰；展望 2050 年，能源消费总量基本稳定，非化石能源占比超过一半[①]；2060 年前实现碳中和。这些目标中，2030 年碳强度目标和碳达峰目标相对容易实现。但单一依靠供给端政策或者单一依靠需求端政策均难以实现非化石能源占比目标，必须复合实施供给端和需求端政策，才能真正达到上述目标。

我国供给侧已经实施了非常系统的减排政策，如大力发展非化石能源电力、开展碳排放权交易、多个细化到行业发展的碳减排措施等。我们的模拟结果显示：配合实施需求引导政策减少碳排放的潜力仍有较大空间，尤其是配合实施需求端政策可以使得 2050 年碳排放减少 4 亿吨以上。上述模拟结果仅仅分析了需求端化石能源向电力消费的转变等，并未考虑将需求向低碳排放行业或相关产品的政策引导。为实现 2060 年碳中和目标，未来需求引导政策如实施碳标签等应纳入碳减排政策体系中来。

---

① 所有这些目标以发电煤耗法测算，如无特别说明本章所有能源指标均按照发电煤耗法测算。

第 ⟨ 10 ⟩ 章

能源转型背景下的能源安全建议

在全球应对气候变化的时代背景下，能源系统面临加速低碳化转型的长期趋势。在美国页岩油气革命、中美贸易摩擦不断以及新冠疫情冲击等复杂形势下，全球能源体系面临新的复杂的不确定性，能源安全面临新的挑战。本章综合前面的研究结果，提出能源系统低碳化背景下我国能源安全的相关建议。

10.1 我国能源安全挑战及政策建议

10.1.1 能源转型背景下的能源安全挑战

世界能源体系演化具有自身发展规律，在全球应对气候变化、推进能源转型的大背景下，我国在能源安全形势、能源供应安全以及能源结构转型等三个方面面临诸多能源安全挑战，具体如下。

（1）我国虽是最大能源生产国且能源结构不断优化，但长期能源安全形势不容乐观，能源转型之路面临严峻挑战。首先，能源生产与消费一直以煤炭为主，电力生产也以火电为主。其次，我国化石能源自给率整体呈下降趋势，能源供应缺口逐年拉大。受资源禀赋等因素影响，我国石油产量无法满足本国的石油需求，石油供应缺口持续偏高。天然气虽产量增速较快，但依旧无法满足国内的消费需求。最后，我国能源对外依存度不断攀升，石油供应面临中断风险。综合来看，能源安全预警指数表明，我国短期能源安全形势在 2021 年第二季度、第三季度向好发展，2021 年 3 月～2022 年 2 月的能源安全形势虽不够好但并未发现明显的恶化。能源安全评估指数表明，虽然我国能源安全状态和保障能力并不差，但环境和应对气候变化将成为影响我国能源安全的重要因素，中国的能源结构转型之路任重道远。

（2）区域合作国家的投资风险整体较高，开展能源合作时要具体分析。首先，在油气资源丰富且地缘局势风险突出的中东地区，阿联酋、科威特和沙特阿拉伯属于政治相对稳定的国家，投资吸引力更强，伊朗和伊拉克虽然政局不稳定，但是油气的资源潜力排在世界前列，对于能源投资的开放程度也相对较高，并且与中国的外交关系相对稳定。其次，俄罗斯不仅资源潜力在区域合作国家中排在最前面，投资环境和经济基础也相对较好，并且与中国接壤，具有很好的地理优势，中俄已经建立了多条天然气管道，具有很好的能源合作基础，对中国而言俄罗斯是很好的油气投资目标。最后，中亚地区的哈萨克斯坦、东南亚的马来西亚也都是亚洲区域不错的能源投资选择。其中，哈萨克斯坦是中亚最大的经济体，有非常丰富的能源资源，但其处于欧亚的中心地带，政治环境缺乏长期稳定性，也给投资带来一定的风险。

（3）能源进口存在价格、来源地以及运输通道等多源风险，甚至可能发生能源供给中断。首先，中国原油供应长期依赖于进口，原油市场价格的频繁波动冲击国内经济，影响社会和经济稳定运行。而且，国际油价的增加会增大我国外汇开支，且成本提升也会降低国内产品竞争力。其次，我国的原油进口来源地存在经济发展程度不高和地缘局势复杂等问题，发生冲突的可能性较高，提升了我国的能源投资与合作的风险。再次，我国原油海上进口通道主要依赖马六甲海峡和霍尔木兹海峡，原油海上运输安全存在较大风险和威胁。最后，原油贸易面临着较大不确定性，原油供给中断风险很高，但原油供给中断对我国宏观经济影响机理复杂，应对政策难以制定。

（4）替代能源发展面临技术瓶颈与机制问题。首先，作为替代化石能源的可再生能源和新能源，是解决能源安全问题的根本途径，但其在一次能源结构中的占比仍然不高，成本下降出现瓶颈、间歇性及波动性等，进一步制约了其发展速度，当前替代能源技术瓶颈突破存在较大的不确定性。其次，"双碳"目标对我国能源结构转型进程产生了深远影响，替代能源发展是实现"双碳"目标的重要途径。然而，发展替代能源需要多种政策机制协同，包括能源行业的体制机制改革、煤电的退出机制、产业结构的转型等。最后，由于碳汇和负排放技术的局限性，"碳中和"的实现必然要求化石能源在一次能源结构中的占比降到极低水平，其对需求侧的用能模式，特别是一些在技术层面上难以转变传统用能模式的行业来说是颠覆性的。

10.1.2　我国能源安全应对策略

能源转型背景下，我国需要从科学评估监测、能源结构优化、能源供应安全以及能源技术创新等方面应对能源安全挑战，应对策略如下。

（1）建立科学评价体系，提升能源系统异常诊断及应急响应能力。首先，建立科学评价体系，定期进行能源安全评价与诊断，及时监测国家能源安全水平，从而能够及时了解当前能源安全现状。其次，审视各维度和各指标背后数据的演化规律，及时发现异常波动指标，进而了解能源安全问题的关键要素，也能够及时明晰各类能源政策的实施效果。再次，建立健全能源应急储备体系及响应机制。积极推动能源综合储备基地的建设，提升石油、煤炭和天然气等的应急储备能力，建立多层次能源储备体系。最后，积极构建能源安全应急响应机制。例如，构建智能能源系统监测预警系统，提升能源在区域内及区域间的应急调度能力，构建能源需求分级保障体系等。

（2）控制能源消费总量，推动能源系统结构优化。首先，加快用能结构和方式变革，建立并完善绿色能源消费的制度体系，促进形成绿色生产生活方式，实施能源消费总量和碳排放总量及强度双控行动。其次，推动煤炭清洁高效开发利用，加快煤矿绿色智能开采，推进煤炭分质分级梯级利用；加强油气勘探开发和储备能力建设，推动非常规油气高质量发展。再次，积极发展风电、核电、氢能等清洁能源，不断提高非化石能源在能源消费结构中的比重；建设清洁低碳、安全高效、智能创新的现代化能源体系，促进可再生能源增长、消纳和储能协调有序发展，提升新能源消纳和存储能力。最后，优化能源进口结构，降低对外依存度。加强国家能源贸易体系的多元化，降低对中东等高风险资源区的依赖程度；推动能源综合储备基地的建设，提升石油、煤炭和天然气等的应急储备能力，建立多层次能源储备体系。

（3）加强区域合作国家能源投资与国际合作。首先，综合考虑多方面风险，优化投资组合。我国在进行海外资源投资时，应着眼于全球整体性风险的防范，着眼于未来的市场机遇和海外投资的可持续发展。其次，为投资者拓展提供信息咨询服务的渠道，构建海外投资风险预警机制。建立海外投资信息平台，跟踪国际资源市场变化，定期或不定期地对外发布预警信息，形成防范海外投资风险预警机制。最后，加强国家风险管理的立法和政策支持。加紧制定对外法规体系，完善海外资源投资的财税扶植政策；设立能源海外投资基金，建立海外投资保险制度。完善双边、区域投资保护机制，争取尽可能地与各资源国政府签订关于相互鼓励和保护投资的双边、区域以及多边合作协议。

（4）优化能源进口基地及运输组合，对冲能源进口风险。首先，对冲原油进口价格风险，增强我国市场定价能力。通过参与国际石油期货市场、建设和完善我国石油市场机制、提升我国石油市场影响力等方式，对冲能源进口价格风险。同时，扩大我国石油企业规模及其全球影响力，提升我国对原油价格的定价议价能力。其次，优化原油进口来源地组合，营造良好双边及多边关系。进口原油时要综合考虑来源国的原油供应能力、风险和成本等因素，对能源进口组合进行优化，适当增加从高安全度供应国家的进口份额。同时，积极推行能源外交政策，发展与进口来源国、运输通道国、原油进口大国等的外交关系，有效降低能源进口风险。最后，提升运输安全保障，优化运输组合。针对原油进口海运过程中的安全隐患，可以联合重要通道的管辖国家，共同进行安全治理，防止海盗事件的发生。同时，应多元化发展运输方式，建立海运、管道和铁路运输为一体的运输方式，降低整体的运输风险。

（5）制定需求端与供给端相结合的政策，应对原油供给中断以及可能的能源短缺。供给端与需求端结合的复合政策，可以引导终端能源消费电气化，不断优化能源结构，是提升我国能源安全的关键。同时，"双碳"目标背景下，单一依靠供给端政策或者需求端政策均难以实现非化石能源占比目标，从而必须复合实施供给端和需求端政策。其中，需求端政策主要包括鼓励消费者减少石油消耗，更多地使用电力和氢能等非石油或非化石能源，征收石油从价消费税以遏制石油消费，税收用于鼓励降低非化石能源发电间接税。供给端政策主要包括调整产业结构和大力发展非化石能源发电，对交通运输、仓储和邮政业征收、批发、零售、住宿和餐饮业、农业等征收石油使用从价税，对工业等征收石油使用从价税，同时征收碳税。

（6）突破替代能源技术瓶颈，健全完善市场与政策机制。首先，大力发展能源互联技术和先进储能技术以解决可再生能源的间歇性问题，前者有赖于智能电网的发展和建设，尤其是能源安全背景下能源系统的多样化发展，后者则受电网侧储能、电源侧储能和用户侧储能三方机制的协调，以及灵活电价政策及有效商业模式的影响。其次，发挥碳市场、绿证市场等市场机制的引导作用。加速低碳能源替代高碳能源的最有力手段便是将环境与气候治理成本、医疗支出成本等诸多公共和私人支出上的外部成本内部化，从而依靠碳市场和绿证市场等"无形的手"来调节和引导转型。最后，健全完善碳市场和绿证市场机制设计，在配额分配机制、跨期存储机制、补充机制、新设备认定机制等方面都需要通过实践来动态调整，逐步完善。在两者的协同方面，应明确制度的边界，避免可再生能源项目在两个市场的重复核算，同时协调两者的总量控制目标，避免出现一个市场目标过于严格导致另一个市场失效的情况。

10.2　新冠疫情下我国能源安全问题及政策建议

随着新冠疫情在全球范围内的大规模蔓延，多国相继颁布了封锁城市、限制人员流动、暂停部分商业活动等措施，可能使得全球经济陷入较长的历史性衰退，并不可避免地对全球能源行业造成重大影响。重点表现为：能源需求短期骤降，复苏不确定性大；能源贸易格局或发生结构性改变；能源运输行业风险激增；能源投资大幅度削减；各国能源政策和能源战略也充满变数。这些给中国能源安全带来前所未有的挑战。党中央提出"六保"[①]任务，其中就包括"保粮食能源安全"。

---

① 六保：保居民就业、保基本民生、保市场主体、保粮食能源安全、保产业链供应链稳定、保基层运转。

本书综合国际能源市场形势,通过对我国能源生产、进口、运输、储备和替代能源发展等方面基础性和前瞻性的分析研究,提出进一步综合保证我国能源安全的政策建议。

10.2.1　新冠疫情对我国能源安全的影响

在新冠疫情带来的严峻形势下,虽然短期看并不存在供应危机,但长期来看,面临严峻的能源安全挑战,具体表现如下。

(1)疫情影响我国能源生产。为了抗击疫情,党和政府始终把人民群众生命安全和身体健康放在第一位,在疫情初期就果断采取了隔离、停工、停课等有效措施,并取得了阶段性胜利。然而,能源与普通行业不同,是维护经济社会正常运转的必需品,特别是关系到国计民生的、最基本的能源供应必须保证生产、持续供应。短期看,基本能源生产有一定影响,虽然能源行业的国企复工率较高,但疫情造成的部分设备停产重启,对短期恢复产能也有一定的影响;长期看,在我国疫情逐渐得到控制、社会经济生活恢复正常秩序的背景下,我国的能源需求有可能快速恢复,甚至反弹升高,这就要求能源行业在保证防疫的前提下迅速恢复能源供给,做好准备短时间内增产以配合社会经济的发展。这都对我国能源生产的快速响应能力提出了更高的要求。

(2)疫情影响我国能源进口。由于油气资源在短期内无法被其他能源大规模取代,我国油气进口逐年增长,对外依存度很高。一直以来,争取稳定、可靠、多样化的油气进口来源都是我国能源安全的核心议题。在疫情影响之下,作为全球最大的石油进口国,我国也面临着较大的风险。其一,受 OPEC 成员国减产协议影响,我国进口量有可能被动降低或者进口来源分散程度降低。其二,长期的超低油价将极大地影响石油出口国的生产稳定性,对我国进口来源地的份额和相对比重产生影响,进而增加我国能源进口的不确定性。其三,由于伊朗新冠确诊病例不断增加,有可能在中东地区蔓延,届时会严重影响我国从中东的石油进口。其四,国内原油企业的开采成本相对较高,国际油价长期低迷将严重影响国内企业的生存状况,如果因此降低自产产量将导致原油对外依存度的进一步升高。

(3)疫情影响我国能源运输。国内方面,能源的公路运输和交易受到不同程度的影响,使得火力发电和能源产品加工受到较大影响。疫情初期,由于湖北、浙江、重庆等省市受疫情影响较为严重,复工复产缓慢,沿江与内河能源商品运输也受到影响。铁路运输、管道运输、电网输送受到的影响较小,但疫情对我国新管道、新电网项目的建设进度造成了一定影响。国际方面,由于极低的石油价格和接近饱和的陆上存储,巨型油轮和 LNG 船舶开始出现长时间抛锚或暂时停运的状况,且无论是卸货时间还是等待卸货的船舶排队时间都比平时更长。这都造成了本不宽裕的国际航运运力大减,运输价格飙升。同时给我国国际能源运输带来不利影响。另外，由于我国疫情发生较早且目前已经基本得到控制，个别西方政客发表不负责任的言论，可能对我的的国际能源运输产生不利影响。

（4）疫情影响我国能源储备。首先，我国作为发展中国家，石油储备起步较晚，根据中国战略石油储备三期工程规划，我国国家石油储备能力提升到约 8500万吨，相当于 90 天的石油净进口量，这也是 IEA 规定的战略石油储备能力的"达标线"。其次，我国能源储备品种单一，缺少成熟的成品油储备和液化石油气储备，部分重点消费区域、城市及周边地区，缺乏足够规模的石油制品储备来调控市场。再次，我国能源储备的周转、利用既缺少法规指引，也缺乏实际管理经验。最后，疫情之下的能源储备运营也给能源的安全生产提出了严峻挑战。

（5）疫情影响我国新能源发展。首先，长期的超低油价将减缓我国替代能源的发展，使得电动汽车、生物质燃料等产业的竞争力下降，长此以往不利于转变用能结构，不利于从根源解决能源安全问题。其次，疫情对我国新能源发电项目的建设和并网进度造成了一定影响。基建项目延迟复工复产使得光伏、风电等新能源项目建设进度受到影响。再次，疫情的蔓延导致全球光伏市场疲软，整个产业链价格全线下跌，使得高度依赖海外市场的我国光伏制造业雪上加霜。最后，全球需求锐减，经济长期不振会使新能源产业的技术投资水平严重降低，在新能源补贴政策逐年降低的背景下，这有可能使我国能源结构中新能源占比增速放缓，甚至下降。

10.2.2　当前保障我国能源安全的政策建议

针对这次疫情暴露出来的可能危机，我们认为应尽快落实以下举措。

（1）保证核心能源生产能力。能源问题不仅是重大的经济和社会问题，而且涉及重大的外交、环境、安全问题，特别是能源的稳定供应关系到国民经济的命脉。我国应把国内能源的核心生产能力提到战略高度，提供全方位保障。一是尽快修订相关法律法规，为如新冠疫情等特殊情况下的能源生产提供制度保证。二是进行科学识别，精准研判，将能源需求按照能源品种和在社会运转、国民经济中的必要程度分为若干级别。三是制定科学可行的战时紧急接管机制，确保非常时期我国能源供应有专门响应方案。四是统筹兼顾经济社会大局，使非常时期我国具备每个能源品种的最小生产能力。

（2）保证油气能源进口。一是要从经济、政治、外交等各方面保障我国的油气进口量满足社会发展需求，积极拓宽油气进口的来源地，可采取长期合约、货币互换等方式降低油气进口风险。二是加强能源资源国际合作，本着和平发展、互利互惠原则积极同多方开展能源贸易和能源投资合作，增进能源技术、管理、人才交流。三是进一步加强"一带一路"沿线国家的能源合作，打造能源合作的利益共同体和命运共同体。四是大力发展我国石油期货市场，增强自主定价能力。

（3）保证能源运输安全通畅。一是要切实保障主要的能源进口通道的安全，建立我国海军护航常态化机制，防止海盗等对我国重要能源进口通道进行骚扰，展示我军和平文明之师的良好形象。二是积极参与国际合作和国际治理，积极推动全球能源治理机制变革，增强国际能源事务话语权；巩固和完善我国双边多边能源合作机制；积极参与国际能源机构改革进程，树立负责任大国形象；从政治、外交层面增强我国能源进口通道安全。三是对于任何可能的供应中断，要有预警、有预案、有替代的供应能力。

（4）加强能源储备能力。一是建立健全国家石油储备相关法律法规，使国家石油储备逐渐规范化、机制化。二是提高国家石油储备管理水平，精简管理层级，提高运营效率；增加储备品种，适当增加成品油、液化石油气和国防军工油品储备项目；合理布局，保证可以及时调节重点城市和重点单位的能源供给；提高安全管理水平，重视日常检查维护，杜绝生产事故。三是在建立相关市场规定和监管措施的基础上，适当开放市场，增加市场活跃度和参与主体丰富度，"储油于民"，减轻国家石油储备压力。四是趁目前国际油价处于低谷期，争取更多石油进口，增加低成本原油储备。

（5）加速替代能源发展。发展替代能源是未来能源转型的主要方向，也是改变我国能源结构、多样化能源供给系统、保障我国能源安全的根本途径。首先，应加大替代能源的核心研发能力，加速替代能源产业化发展。鼓励企业建立研发中心，加大支持企业自主创新的财税、金融和政府采购政策；鼓励科研院所与企业合作，促进科研成果转化，形成产学研一体化的技术创新体系；对重点替代能源项目，建立产业发展试验示范基地，制定行业规范和产品标准，发挥示范效应。其次，在疫情特殊情况下，适当延长对新能源的补贴。短期来看，可适当延长享受补贴电价政策的并网时间，弥补项目延期对行业造成的损失。长期来看，可多渠道增加新能源开发和科技创新资金投入，在项目贷款、投融资方面给予优惠政策，既可以作为疫情结束后经济刺激政策的一部分，同时能够体现我国在应对气候变化方面的大国担当。

（6）全面增强我国能源安全的预警和管控能力。目前我国能源应急管理制度侧重于能源企业，有待于上升到能源行业层面以及能源金融领域，对市场风险进行预警和统筹，避免能源市场和金融市场出现系统性风险。要设立能源安全全局性预警机构，对不同种类的能源市场，建立信息报告、数据采集、动态监测、综合统筹等常态化预警制度。完善非常时期能源的供应分配机制，制订紧急状态下的能源管控方案，通过限制非必须使用保障关键部门的能源供给。

参 考 文 献

鲍新中, 杨宜. 2013. 基于聚类–粗糙集–神经网络的企业财务危机预警[J]. 系统管理学报, 22(3): 358-365.

陈如一. 2021. 中国原油进口 25 年: 1994—2019 年中国原油进口历史数据分析[J]. 西安石油大学学报(社会科学版), 30(6): 59-70.

程中海, 南楠, 张亚如. 2019. 中国石油进口贸易的时空格局、发展困境与趋势展望[J]. 经济地理, 39(2): 1-11.

杜祥琬. 2020. 推动能源转型, 需在六大观念上创新[J]. 能源, (5): 27-30.

段宏波, 汪寿阳. 2019. 中国的挑战: 全球温控目标从 2 ℃到 1.5 ℃的战略调整[J]. 管理世界, 35(10): 50-63.

段宏波, 朱磊, 范英. 2015. 中国碳捕获与封存技术的成本演化和技术扩散分析——基于中国能源经济内生技术综合模型[J]. 系统工程理论与实践, 35(2): 333-341.

范英, 姬强, 朱磊, 等. 2013. 中国能源安全研究——基于管理科学的视角[M]. 北京: 科学出版社.

范英, 衣博文. 2021. 能源转型的规律、驱动机制与中国路径[J]. 管理世界, 37(8): 95-105.

桂预风, 李巍. 2017. 基于动态因子模型的金融风险指数构建[J]. 统计与决策, (20): 150-153.

国家发展改革委, 国家能源局. 2016. 电力发展“十三五”规划(2016—2020 年)[EB/OL]. https://www.gov.cn/xinwen/2016-12/22/5151549/files/696e98c57ecd49c289968ae2d77ed583.pdf[2022-09-16].

何建坤. 2014. 能源革命是我国生态文明建设和能源转型的必然选择[J]. 经济研究参考, (43): 71-73.

姬强, 范英. 2017. 国际石油市场: 驱动机制与影响机理[M]. 北京: 科学出版社.

李俊峰, 柴麒敏. 2016. 论我国能源转型的关键问题及政策建议[J]. 环境保护, 44(9): 16-21.

吕靖, 王爽. 2017. 中国进口原油海运网络连通可靠性[J]. 中国航海, 40(3): 118-124.

苗韧. 2013. 我国发电技术的低碳发展路径研究[J]. 中国能源, 35(6): 30-34, 40.

莫建雷, 段宏波, 范英, 等. 2018. 《巴黎协定》中我国能源和气候政策目标: 综合评估与政策选择[J]. 经济研究, 53(9): 168-181.

史春林, 史凯册. 2018. 中巴建交后巴拿马运河安全畅通问题探析[J]. 大连海事大学学报(社会科学版), 17(1): 51-58.

水电水利规划设计总院. 2019. 中国可再生能源发展报告 2018[M]. 北京: 中国水利水电出版社.

王保群. 2016. 我国四大陆路进口原油通道[J]. 石油知识, (1): 26-27.

王丹, 李丹阳, 赵利昕, 等. 2020. 中国原油进口海运保障能力测算及发展对策研究[J]. 中国软科学, (6): 1-9.

王金明, 刘旭阳. 2016. 基于经济景气指数对我国经济周期波动转折点的识别[J]. 数量经济研究, 7(1): 1-14.

王爽, 吕靖, 李晶. 2018. 瓜达尔港通航后的中国进口原油海运路径选择研究[J]. 中国软科学, 5: 15-24.

王尧, 吕靖. 2014. 中国原油进口运输通道安全研究[J]. 大连海事大学学报, 40(1): 109-112, 116.

王竹泉, 宋晓缤, 王苑琢. 2020. 我国实体经济短期金融风险的评价与研判——存量与流量兼顾的短期财务风险综合评估与预警[J]. 管理世界, 36(10): 156-170, 216-222.

吴冲, 刘佳明, 郭志达. 2018. 基于改进粒子群算法的模糊聚类–概率神经网络模型的企业财务危机预警模型研究[J]. 运筹与管理, 27(2): 106-114, 132.

吴世农, 卢贤义. 2001. 我国上市公司财务困境的预测模型研究[J]. 经济研究, (6): 46-55, 96.

肖强, 轩嫒嫒. 2022. 基于混频动态因子模型的中国 FCI 构建及其应用[J]. 数理统计与管理, 41(2): 333-348.

杨宇, 于宏源, 鲁刚, 等. 2020. 世界能源百年变局与国家能源安全[J]. 自然资源学报, 35(11): 2803-2820.

杨毓, 蒙肖莲. 2006. 用支持向量机(SVM)构建企业破产预测模型[J]. 金融研究, (10): 65-75.

衣博文, 许金华, 范英. 2017. 我国可再生能源配额制中长期目标的最优实现路径及对电力行业的影响分析[J]. 系统工程学报, 32(3): 313-324.

袁海云, 梁萌, 徐波, 等. 2018. 中俄油气贸易通道的战略布局[J]. 油气储运, 37(9): 961-966.

张亮, 张玲玲, 陈懿冰, 等. 2015. 基于信息融合的数据挖掘方法在公司财务预警中的应用[J]. 中国管理科学, 23(10): 170-176.

周大地. 2010. 能源变革的关键 40 年[J]. 中国经济和信息化, (15): 24.

周首华, 杨济华, 王平. 1996. 论财务危机的预警分析——F 分数模式[J]. 会计研究, (8): 8-11.

周亚虹, 蒲余路, 陈诗一, 等. 2015. 政府扶持与新型产业发展——以新能源为例[J]. 经济研究, 50(6): 147-161.

祝孔超, 牛叔文, 赵媛, 等. 2020. 中国原油进口来源国供应安全的定量评估[J]. 自然资源学报, 35(11): 2629-2644.

Agliardi E, Agliardi R, Pinar M, et al. 2012. A new country risk index for emerging markets: a stochastic dominance approach[J]. Journal of Empirical Finance, 19(5): 741-761.

Ali Akkemik K, Göksal K. 2012. Energy consumption-GDP nexus: heterogeneous panel causality analysis[J]. Energy Economics, 34(4): 865-873.

Altman E I. 1968. Financial ratios, discriminant analysis and the prediction of corporate bankruptcy[J]. Journal of Finance, 23(4): 589-609.

Altman E I, Haldeman R G, Narayanan P. 1977. ZETA TM analysis: a new model to identify bankruptcy risk of corporations[J]. Journal of Banking & Finance, 1(1): 29-54.

Ang B W. 2005. The LMDI approach to decomposition analysis: a practical guide[J]. Energy

Policy, 33(7): 867-871.

Anwar Z. 2011. Development of infrastructural linkages between Pakistan and Central Asia[J]. South Asian Studies, 26(1): 103-115.

Asif M, Muneer T. 2007. Energy supply, its demand and security issues for developed and emerging economies[J]. Renewable and Sustainable Energy Reviews, 11(7): 1388-1413.

Assagaf A. 2017. Subsidy government tax effect and management of financial distress state owned enterprises-case study sector of energy, mines and transportation[J]. International Journal of Economic Research, 14(7): 331-346.

BP. 2020a. Statistical Review of World Energy 2020[R]. London: BP.

BP. 2020b. Energy Outlook 2020[R]. London: BP.

Babatunde K A, Begum R A, Said F F. 2017. Application of computable general equilibrium (CGE) to climate change mitigation policy: a systematic review[J]. Renewable and Sustainable Energy Reviews, 78: 61-71.

Babiker M. 2005. The MIT Emissions Predication and Policy Analysis (EPPA) Model: Version 4 MIT Joint Program on the Science and Policy of Global Change[R]. Cambridge: Massachusetts Institute of Technology.

Beaver W H. 1966. Financial ratios as predictors of failure[J]. Journal of Accounting Research, 4: 71-111.

Becker W, Saisana M, Paruolo P, et al. 2017. Weights and importance in composite indicators: closing the gap[J]. Ecological Indicators, 80: 12-22.

Bird L, Chapman C, Logan J, et al. 2011. Evaluating renewable portfolio standards and carbon cap scenarios in the U.S. electric sector[J]. Energy Policy, 39(5): 2573-2585.

Blum H, Legey L F L. 2012. The challenging economics of energy security: ensuring energy benefits in support to sustainable development[J]. Energy Economics, 34(6): 1982-1989.

Böhringer C, Bortolamedi M. 2015. Sense and no(n)-sense of energy security indicators[J]. Ecological Economics, 119: 359-371.

Bollen J, Brink C. 2014. Air pollution policy in Europe: quantifying the interaction with greenhouse gases and climate change policies[J]. Energy Economics, 46: 202-215.

Bompard E, Carpignano A, Erriquez M, et al. 2017. National energy security assessment in a geopolitical perspective[J]. Energy, 130: 144-154.

Boots M. 2003. Green certificates and carbon trading in the Netherlands[J]. Energy Policy, 31(1): 43-50.

Brewer T L, Rivoli P. 1990. Politics and perceived country creditworthiness in international banking[J]. Journal of Money, Credit and Banking, 22: 357-369.

Broadstock D C, Cao H, Zhang D Y. 2012. Oil shocks and their impact on energy related stocks in China[J]. Energy Economics, 34(6): 1888-1895.

Brouthers K D. 1995. The influence of international risk on entry mode strategy in the computer software industry[J]. Management International Review, 35(1): 7-28.

Brown C L, Cavusgil S T, Lord A W. 2015. Country-risk measurement and analysis: a new conceptualization and managerial tool[J]. International Business Review, 24(2): 246-265.

Brown G G, Graves G W, Ronen D. 1987. Scheduling ocean transportation of crude oil[J]. Management Science, 33(3): 335-346.

Buckley P J, Clegg J L, Cross A R, et al. 2007. The determinants of Chinese outward foreign direct investment[J]. Journal of International Business Studies, 38: 499-518.

Çolak M S. 2021. A new multivariate approach for assessing corporate financial risk using balance sheets[J]. Borsa Istanbul Review, 21(3): 239-255.

Cao Y. 2012. MCELCCh-FDP: financial distress prediction with classifier ensembles based on firm life cycle and Choquet integral[J]. Expert Systems with Applications, 39(8): 7041-7049.

Chen J G, Marshall B R, Zhang J, et al. 2006. Financial distress prediction in China[J]. Review of Pacific Basin Financial Markets and Policies, 9(2): 317-336.

Cherp A, Jewell J. 2013. Energy security assessment framework and three case studies[C]//Dyer H, Trombetta M J. International Handbook of Energy Security. Northampton: Edward Elgar Publishing.

Chu S, Majumdar A. 2012. Opportunities and challenges for a sustainable energy future[J]. Nature, 488(7411): 294-303.

Chuang M C, Ma H W. 2013. An assessment of Taiwan's energy policy using multi-dimensional energy security indicators[J]. Renewable and Sustainable Energy Reviews, 17: 301-311.

Cohen G, Joutz F, Loungani P. 2011. Measuring energy security: trends in the diversification of oil and natural gas supplies[J]. Energy Policy, 39(9): 4860-4869.

Coq C L, Paltseva E. 2009. Measuring the security of external energy supply in the European Union[J]. Energy Policy, 37(11): 4474-4481.

de Jonghe C, Delarue E, Belmans R, et al. 2009. Interactions between measures for the support of electricity from renewable energy sources and CO_2 mitigation [J]. Energy Policy, 37(11): 4743-4752.

de Sampaio Nunes P. 2002. Towards a European Strategy for the Security of Energy Supply[C]. Luxemboury: Office for Official Publications of the European Communities.

Debnath K B, Mourshed M. 2018. Challeges and gaps for energy planning models in the developing-world context[J]. Nature Energy, 3: 172-184.

del Río P. 2017. Why does the combination of the European Union Emissions Trading Scheme and a renewable energy target makes economic sense? [J]. Renewable and Sustainable Energy Reviews, 74: 824-834.

Delarue E, van den Bergh K. 2016. Carbon mitigation in the electric power sector under cap-and-trade and renewables policies[J]. Energy Policy, 92: 34-44.

Dikmen I, Birgonul M T, Han S. 2007. Using fuzzy risk assessment to rate cost overrun risk in international construction projects[J]. International Journal of Project Management, 25(5): 494-505.

Doz C, Giannone D, Reichlin L. 2011. A two-step estimator for large approximate dynamic factor models based on Kalman filtering[J]. Journal of Econometrics, 164(1): 188-205.

Doz C, Giannone D, Reichlin L. 2012. A quasi-maximum likelihood approach for large, approximate dynamic factor models[J]. The Review of Economics and Statistics, 94(4): 1014-1024.

Dresselhaus M S, Thomas I L. 2001. Alternative energy technologies[J]. Nature, 414(6861): 332-337.

Du L M, He Y N, Wei C. 2010. The relationship between oil price shocks and China's macro-economy: an empirical analysis[J]. Energy Policy, 38(8): 4142-4151.

Duan F, Ji Q, Liu B Y, et al. 2018a. Energy investment risk assessment for nations along China's Belt & Road Initiative[J]. Journal of Cleaner Production, 170: 535-547.

Duan H B, Mo J L, Fan Y, et al. 2018b. Achieving China's energy and climate policy targets in 2030 under multiple uncertainties[J]. Energy Economics, 70: 45-60.

Duan H B, Zhang G P, Wang S Y, et al. 2019. Review on robust climate economic research: multi-model comparison analysis[J]. Environmental Research Letters, 14(3): 033001.

ERINDRC. 2015. China 2050 High Renewable Energy Penetration Scenario and Roadmap Study[EB/OL]. https://www.efchina.org/Attachments/Report/report-20150420/China-2050-High- Renewable-Energy-Penetration-Scenario-and-Roadmap-Study-Executive-Summary. pdf[2022-09-16].

Fachrudin K A, Ihsan M F, 2021. The effect of financial distress probability, firm size and liquidity on stock return of energy users companies in Indonesia[J]. International Journal of Energy Economics and Policy, 11(3): 296-300.

Fan Y, Wu J, Xia Y, et al. 2016. How will a nationwide carbon market affect regional economies and efficiency of CO_2 emission reduction in China?[J]. China Economic Review, 38: 151-166.

Fan Y, Zhang X B. 2010. Modelling the strategic petroleum reserves of China and India by a stochastic dynamic game[J]. Journal of Policy Modeling, 32(4): 505-519.

Fan Y, Zhu L. 2010. A real options based model and its application to China's overseas oil investment decisions[J]. Energy Economics, 32(3): 627-637.

Feder G, Just R E. 1977. A study of debt servicing capacity applying logit analysis[J]. Journal of Development Economics, 4: 25-38.

Feder G, Uy L V. 1985. The determinants of international creditworthiness and their policy implications[J]. Journal of Policy Modeling, 7(1): 133-156.

Fischer C, Newell R G. 2008. Environmental and technology policies for climate mitigation[J]. Journal of Environmental Economics and Management, 55(2): 142-162.

Fitzpatrick P J. 1932. A comparison of the ratios of successful industrial enterprises with those of failed firms[J]. Certified Public Accountant, 12: 598-729.

Frank C R, Cline W R. 1971. Measurement of debt servicing capacity: an application of discriminant analysis[J]. Journal of International Economics, 1(3): 327-344.

Frondel M, Ritter N, Schmidt C M, et al. 2010. Economic impacts from the promotion of renewable energy technologies: the German experience[J]. Energy Policy, 38(8): 4048-4056.

Gasser P. 2020. A review on energy security indices to compare country performances[J]. Energy

Policy, 139: 1-17.

Gasser P, Suter J, Cinelli M, et al. 2020. Comprehensive resilience assessment of electricity supply security for 140 countries[J]. Ecological Indicators, 110: 105731.

Ge F L, Fan Y. 2013. Quantifying the risk to crude oil imports in China: an improved portfolio approach[J]. Energy Economics, 40: 72-80.

Genave A, Blancard S, Garabedian S. 2020. An assessment of energy vulnerability in small island developing states[J]. Ecological Economics, 171: 1-17.

Geng J B, Ji Q. 2014. Multi-perspective analysis of China's energy supply security[J]. Energy, 64: 541-550.

Gnansounou E. 2008. Assessing the energy vulnerability: case of industrialised countries[J]. Energy Policy, 36(10): 3734-3744.

Gnansounou E, Dong J. 2010. Vulnerability of the economy to the potential disturbances of energy supply: a logic-based model with application to the case of China[J]. Energy Policy, 38(6): 2846-2857.

Guivarch C, Monjon S. 2017. Identifying the main uncertainty drivers of energy security in a low-carbon world: the case of Europe[J]. Energy Economics, 64: 530-541.

Guo Z, Liu P, Ma L W, et al. 2015. Effects of low-carbon technologies and end-use electrification on energy-related greenhouse gases mitigation in China by 2050[J]. Energies, 8(7): 7161-7184.

Hammer P L, Kogan A, Lejeune M A. 2006. Modeling country risk ratings using partial orders[J]. European Journal of Operational Research, 175(2): 836-859.

He G, Avrin A P, Nelson J H, et al. 2016. SWITCH-China: a systems approach to decarbonizing China's power system[J]. Environmental Science & Technology, 50(11): 5467-5473.

He J K. 2014. An analysis of China's CO_2 emission peaking target and pathways[J]. Advances in Climate Change Research, 5(4): 155-161.

He K, Wang L. 2017. A review of energy use and energy-efficient technologies for the iron and steel industry[J]. Renewable and Sustainable Energy Reviews, 70: 1022-1039.

Hourcade J C, Sassi O, Crassous R, et al. 2010. IMACLIM-R: a modelling framework to simulate sustainable development pathways[J]. International Journal of Global Environmental Issues, 10(1): 5-24.

Huang Y. 2019. Monopoly and anti-monopoly in China today[J]. American Journal of Economics and Sociology, 78(5): 1101-1134.

Huang Y P, Wang B J. 2011. Chinese outward direct investment: is there a China model?[J]. China & World Economy, 19(4): 1-21.

Hughes L. 2006. Preparing for the Peak: Energy Security and Atlantic Canada[C]. Nava Scotia: Second International Green Energy Conference.

Huntington H G. 2018. Measuring oil supply disruptions: a historical perspective[J]. Energy Policy, 115: 426-433.

Hurst L. 2011. Comparative analysis of the determinants of China's state-owned outward direct investment in OECD and non-OECD countries[J]. China & World Economy, 19(4): 74-91.

IEA. 2007a. Oil Supply Security: Emergency Response of IEA Countries 2007[R]. Paris: Organization for Economic Co-operation and Development/International Energy Agency.

IEA. 2007b. World Energy Outlook 2007: China and India Insights[R]. Paris: International Energy Agency.

IEA. 2007c. Energy Security and Climate Policy: Assessing Interactions[R]. Paris: Organization for Economic Co-operation and Development/International Energy Agency.

IEA. 2021. Security of Clean Energy Transitions[R]. Paris: International Energy Agency.

IRENA. 2018. Renewable Power Generation Costs in 2017[EB/OL]. https://www.irena.org/publications/2018/Jan/Renewable-power-generation-costs-in-2017/[2022-07-03].

Irie K. 2017. The evolution of the energy security concept and APEC energy cooperation[J]. International Association for Energy Economics, 43: 38-40.

Iyer G, Calvin K, Clarke L, et al. 2018. Implications of sustainable development considerations for comparability across nationally determined contributions[J]. Nature Climate Change, 8: 124-129.

Jaffe A B, Stavins R N. 1994. The energy paradox and the diffusion of conservation technology[J]. Resource and Energy Economics, 16(2): 91-122.

Jasiūnas J, Lund P D, Mikkola J. 2021. Energy system resilience - a review[J]. Renewable & Sustainable Energy Reviews, 150: 111476.

Jewell J, Cherp A, Riahi K. 2014. Energy security under de-carbonization scenarios: an assessment framework and evaluation under different technology and policy choices[J]. Energy Policy, 65: 743-760.

Jewell J, Vinichenko V, McCollum D, et al. 2016. Comparison and interactions between the long-term pursuit of energy independence and climate policies[J]. Nature Energy, 1: 1-9.

Kharas H. 1984. The long-run creditworthiness of developing countries: theory and practice[J]. The Quarterly Journal of Economics, 99(3): 415-439.

Kim W C, Hwang P. 1992. Global strategy and multinationals' entry mode choice[J]. Journal of International Business Studies, 23(1): 29-53.

Kruyt B, van Vuuren D P, de Vries H J M, et al. 2009. Indicators for energy security[J]. Energy Policy, 37(6): 2166-2181.

Larcom S, She P W, van Gevelt T. 2019. The UK summer heatwave of 2018 and public concern over energy security[J]. Nature Climate Change, 9: 370-373.

Lee T, van de Meene S. 2013. Comparative studies of urban climate co-benefits in Asian cities: an analysis of relationships between CO_2 emissions and environmental indicators[J]. Journal of Cleaner Production, 58: 15-24.

Lefèvre N. 2010. Measuring the energy security implications of fossil fuel resource concentration[J]. Energy Policy, 38(4): 1635-1644.

Lepetit L, Strobel F. 2015. Bank insolvency risk and Z-score measures: a refinement[J]. Finance Research Letters, 13: 214-224.

Lesbirel S H. 2004. Diversification and energy security risks: the Japanese case[J]. Japanese Journal of Political Science, 5(1): 1-22.

Levy J B, Yoon E. 1995. Modeling global market entry decision by fuzzy logic with an application to country risk assessment[J]. European Journal of Operational Research, 82(1): 53-78.

Li J F, Ma Z Y, Zhang Y X, et al. 2018. Analysis on energy demand and CO_2 emissions in China following the Energy Production and Consumption Revolution Strategy and China Dream target[J]. Advances in Climate Change Research, 9(1): 16-26.

Li J P, Tang L, Sun X L, et al. 2012. Country risk forecasting for major oil exporting countries: a decomposition hybrid approach[J]. Computers & Industrial Engineering, 63(3): 641- 651.

Li J P, Tang L, Sun X L, et al. 2014. Oil-importing optimal decision considering country risk with extreme events: a multi-objective programming approach[J]. Computers & Operations Research, 42: 108-115.

Li N, Zhang X L, Shi M J, et al. 2017a. The prospects of China's long-term economic development and CO_2 emissions under fossil fuel supply constraints[J]. Resources, Conservation and Recycling, 121: 11-22.

Li P, Lou F. 2016. Supply side structural reform and China's potential economic growth rate[J]. China Economist, 11(4): 4-21.

Li Q M, Cheng K, Yang X G. 2017b. Response pattern of stock returns to international oil price shocks: from the perspective of China's oil industrial chain[J]. Applied Energy, 185: 1821-1831.

Li Y Z, Shi X P, Yao L X. 2016. Evaluating energy security of resource-poor economies: a modified principle component analysis approach[J]. Energy Economics, 58: 211-221.

Linares P, Santos F J, Ventosa M. 2008. Coordination of carbon reduction and renewable energy support policies[J]. Climate Policy, 8(4): 377-394.

Löschel A, Moslener U, Rübbelke D T G. 2010. Indicators of energy security in industrialised countries[J]. Energy Policy, 38(4): 1665-1671.

Lu H F, Xu F Y, Liu H X, et al. 2019. Emergy-based analysis of the energy security of China[J]. Energy, 181: 123-135.

Malik S, Qasim M, Saeed H, et al. 2020. Energy security in Pakistan: perspectives and policy implications from a quantitative analysis[J]. Energy Policy, 144: 111552.

Mathews J A, Tan H. 2014. Economics: manufacture renewables to build energy security[J]. Nature News, 513(7517): 166-168.

Matsumoto K, Shiraki H. 2018. Energy security performance in Japan under different socioeconomic and energy conditions[J]. Renewable and Sustainable Energy Reviews, 90: 391-401.

Miller K D. 1992. A framework for integrated risk management in international business[J]. Journal of International Business Studies, 23(2): 311-331.

Miller K D. 1993. Industry and country effects on managers' perceptions of environmental uncertainties[J]. Journal of International Business Studies, 24(4): 693-714.

Millot A, Maïzi N. 2021. From open-loop energy revolutions to closed-loop transition: what drives carbon neutrality?[J]. Technological Forecasting and Social Change, 172: 121003.

Mohamadghasemi A, Hadi-Vencheh A, Lotfi F H. 2020. The multiobjective stochastic CRITIC–TOPSIS approach for solving the shipboard crane selection problem[J]. International Journal of Intelligent Systems, 35(10): 1570-1598.

Mohanty S, Nandha M, Bota G. 2010. Oil shocks and stock returns: the case of the Central and Eastern European (CEE) oil and gas sectors[J]. Emerging Markets Review, 11(4): 358-372.

Mohsin M, Zhou P, Iqbal N, et al. 2018. Assessing oil supply security of South Asia[J]. Energy, 155: 438-447.

Nachtigall D, Rübbelke D. 2016. The green paradox and learning-by-doing in the renewable energy sector[J]. Resource and Energy Economics, 43: 74-92.

Narayan P K, Smyth R. 2008. Energy consumption and real GDP in G7 countries: new evidence from panel cointegration with structural breaks[J]. Energy Economics, 30(5): 2331-2341.

Neff T L. 1997. Improving energy security in Pacific Asia: diversification and risk reduction for fossil and nuclear fuels[EB/OL]. http://oldsite.nautilus.org/archives/papers/energy/NeffPARES. pdf [2022-09-16].

Odom M D, Sharda R. 1990. A neural network model for bankruptcy prediction[J]. Proceedings of the IEEE International Conference on Neural Network, 2: 163-168.

Ohlson J A. 1980. Financial ratios and the probabilistic prediction of bankruptcy[J]. Journal of Accounting Research, 18(1): 109-131.

Paltsev S, Reilly J M, Jacoby H D, et al. 2009. The cost of climate policy in the United States[J]. Energy Economics, 31(2): S235-S243.

Pimentel D. 1991. Ethanol fuels: energy security, economics, and the environment[J]. Journal of Agricultural and Environmental Ethics, 4: 1-13.

Qiang Q, Jian C. 2020. Natural resource endowment, institutional quality and China's regional economic growth[J]. Resources Policy, 66: 101644.

Rao K U, Kishore V V N. 2010. A review of technology diffusion models with special reference to renewable energy technologies[J]. Renewable and Sustainable Energy Reviews, 14(3), 1070-1078.

Reggiani A, Nijkamp P, Lanzi D. 2015. Transport resilience and vulnerability: the role of connectivity[J]. Transportation Research Part A: Policy and Practice, 81(4): 4-15.

Rehman O U, Ali Y. 2021. Optimality study of China's crude oil imports through China Pakistan economic corridor using fuzzy TOPSIS and Cost-Benefit analysis[J]. Transportation Research Part E: Logistics and Transportation Review, 148: 102246.

Sahana V, Mondal A, Sreekumar P. 2021. Drought vulnerability and risk assessment in India: sensitivity analysis and comparison of aggregation techniques[J]. Journal of Environmental Management, 299: 113689.

Salamaliki P K, Venetis I A. 2013. Energy consumption and real GDP in G-7: multi-horizon causality testing in the presence of capital stock[J]. Energy Economics, 39: 108-121.

Sánchez-Monedero J, Campoy-Muñoz M P, Gutiérrez P A, et al. 2014. A guided data projection technique for classification of sovereign ratings: the case of European Union 27[J]. Applied Soft Computing, 22: 339-350.

Scalzer R S, Rodrigues A, da S Macedo M A, et al. 2019. Financial distress in electricity distributors from the perspective of Brazilian regulation[J]. Energy Policy, 125: 250-259.

Shahnazari M, McHugh A, Maybee B, et al. 2017. Overlapping carbon pricing and renewable support schemes under political uncertainty: global lessons from an Australian case study[J]. Applied Energy, 200: 237-248.

Shemshadi A, Shirazi H, Toreihi M, et al. 2011. A fuzzy VIKOR method for supplier selection based on entropy measure for objective weighting[J]. Expert Systems with Applications, 38(10): 12160-12167.

Siskos E, Burgherr P. 2022. Multicriteria decision support for the evaluation of electricity supply resilience: exploration of interacting criteria[J]. European Journal of Operational Research, 298(2): 611-626.

Sovacool B K. 2012. The methodological challenges of creating a comprehensive energy security index[J]. Energy Policy, 48: 835-840.

Sovacool B K. 2013. An international assessment of energy security performance[J]. Ecological Economics, 88: 148-158.

Sovacool B K, Mukherjee I. 2011. Conceptualizing and measuring energy security: a synthesized approach[J]. Energy, 36(8): 5343-5355.

Stock J H, Watson M W. 2002. Forecasting using principal components from a large number of predictors[J]. Journal of the American Statistical Association, 97(460): 1167-1179.

Strunz S. 2014. The German energy transition as a regime shift[J]. Ecological Economics, 100: 150-158.

Sun J, Li H, Huang Q H, et al. 2014a. Predicting financial distress and corporate failure: a review from the state-of-the-art definitions, modeling, sampling, and featuring approaches[J]. Knowledge-Based Systems, 57: 41-56.

Sun X L, Li J P, Wang Y F, et al. 2014b. China's sovereign wealth fund investments in overseas energy: the energy security perspective[J]. Energy Policy, 65: 654-661.

Tan X M. 2013. China's overseas investment in the energy/resources sector: its scale, drivers, challenges and implications[J]. Energy Economics, 36: 750-758.

Tang W, Wu L, Zhang Z X. 2010. Oil price shocks and their short- and long-term effects on the Chinese economy[J]. Energy Economics, 32: S3-S14.

Thomas N S, Wong J M W, Zhang J. 2011. Applying Z-score model to distinguish insolvent construction companies in China[J]. Habitat International, 35(4): 599-607.

Timilsina G R, Cao J, Ho M. 2018. Carbon tax for achieving China's NDC: simulations of some design features using a CGE model[J]. Climate Change Economics, 9(3): 1-17.

Toke D, Vezirgiannidou S E. 2013. The relationship between climate change and energy security: key issues and conclusions[J]. Environmental Politics, 22(4): 537-552.

Tu Q, Betz R, Mo J L, et al. 2019. The profitability of onshore wind and solar PV power projects in China: a comparative study[J]. Energy Policy, 132: 404-417.

Unger T, Ahlgren E O. 2005. Impacts of a common green certificate market on electricity and CO_2-emission markets in the Nordic countries[J]. Energy Policy, 33(16): 2152-2163.

Vivoda V. 2012. Japan's energy security predicament post-Fukushima[J]. Energy Policy, 46: 135-143.

Wabiri N, Amusa H. 2010. Quantifying South Africa's crude oil import risk: a multi-criteria portfolio model[J]. Economic Modelling, 27(1): 445-453.

Wang J, Sun X, Li J, et al. 2018. Has China's oil-import portfolio been optimized from 2005 to 2014? A perspective of cost-risk tradeoff[J]. Computers & Industrial Engineering, 126: 451-464.

Wang Q, Chen X, Jha A N, et al. 2014. Natural gas from shale formation: the evolution, evidences and challenges of shale gas revolution in United States[J]. Renewable and Sustainable Energy Reviews, 30: 1-28.

Wang Q, Zhou K. 2017. A framework for evaluating global national energy security[J]. Applied Energy, 188: 19-31.

Wang T C, Lee H D. 2009. Developing a fuzzy TOPSIS approach based on subjective weights and objective weights[J]. Expert Systems with Applications, 36(5): 8980-8985.

Weigt H, Ellerman D, Delarue E. 2013. CO_2 abatement from renewables in the German electricity sector: does a CO_2 price help?[J]. Energy Economics, 40: S149-S158.

Wen Z G, Meng F X, Chen M. 2014. Estimates of the potential for energy conservation and CO_2 emissions mitigation based on Asian-Pacific Integrated Model (AIM): the case of the iron and steel industry in China[J]. Journal of Cleaner Production, 65: 120-130.

Werner S, Brouthers L E, Brouthers K D. 1996. International risk and perceived environmental uncertainty: the dimensionality and internal consistency of Miller's measure[J]. Journal of International Business Studies, 27(3): 571-587.

Wilkerson J T, Leibowicz B D, Turner D D, et al. 2015. Comparison nof integrated assessment models: carbon price impacts on U.S. energy[J]. Energy Policy, 76: 18-31.

Wu J, Fan Y, Xia Y. 2016. The economic effects of initial quota allocations on carbon emissions trading in China[J]. The Energy Journal, 37: 1-10.

Xu J H, Yi B W, Fan Y. 2016. A bottom-up optimization model for long-term CO_2 emissions reduction pathway in the cement industry: a case study of China[J]. International Journal of Greenhouse Gas Control, 44: 199-216.

Xu J H, Yi B W, Fan Y. 2020. Economic viability and regulation effects of infrastructure investments for inter-regional electricity transmission and trade in China[J]. Energy Economics, 91: 104890.

Xu X Y, Ang B W. 2014. Multilevel index decomposition analysis: approaches and application[J]. Energy Economics, 44: 375-382.

Yang Y Y, Li J P, Sun X L, et al. 2014. Measuring external oil supply risk: a modified diversification index with country risk and potential oil exports[J]. Energy, 68: 930-938.

Yao L, Chang Y. 2014. Energy security in China: a quantitative analysis and policy implication[J]. Energy Policy, 67: 595-604.

Ye R K, Zhou Y H, Chen J W, et al. 2021. Natural gas security evaluation from a supply vs. demand perspective: a quantitative application of four As[J]. Energy Policy, 156: 112425.

Yergin D. 2006. Ensuring energy security[J]. Foreign Affairs, 85: 69-82.

Yi B W, Eichhammer W, Pfluger B, et al. 2019. The spatial deployment of renewable energy based on China's coal-heavy generation mix and inter-regional transmission grid[J]. The Energy Journal, 40(4): 45-74.

Yi B W, Xu J H, Fan Y. 2016. Determining factors and diverse scenarios of CO_2 emissions intensity reduction to achieve the 40-45% target by 2020 in China: a historical and prospective analysis for the period 2005-2020[J]. Journal of Cleaner Production, 122: 87-101.

Yi W. 2012. Z-score model on financial crisis early-warning of listed real estate companies in China: a financial engineering perspective[J]. Systems Engineering Procedia, 3: 153-157.

Yuan M, Zhang H, Wang B, et al. 2020a. Downstream oil supply security in China: policy implications from quantifying the impact of oil import disruption[J]. Energy Policy, 136: 111077.

Yuan Y, Duan H, Tsvetanov T G. 2020b. Synergizing China's energy and carbon mitigation goals: general equilibrium modeling and policy assessment[J]. Energy Economics, 89: 104787.

Zhang H Y, Ji Q, Fan Y. 2013. An evaluation framework for oil import security based on the supply chain with a case study focused on China[J]. Energy Economics, 38: 87-95.

Zhang L, Altman E I, Yen J. 2010. Corporate financial distress diagnosis model and application in credit rating for listing firms in China[J]. Frontiers of Computer Science in China, 4(2): 220-236.

Zhang L, Bai W, Xiao H, et al. 2021. Measuring and improving regional energy security: a methodological framework based on both quantitative and qualitative analysis[J]. Energy, 227: 120534.

Zhang L, Yu J, Sovacool B K, et al. 2017. Measuring energy security performance within China: toward an inter-provincial prospective[J]. Energy, 125: 825-836.

Zhou C L, Shi M J, Li N, et al. 2012. The impact of carbon tax on non-fossil energy development——based on the analysis of energy-environment-economic model[J]. Journal of Natural Resources, 27(7): 1101-1111.

附　　录

附录 A

附表 A-1　分组数及相应的百分比和概率单位

分组数	百分比 p'	概率单位 X'	分组数	百分比 p'	概率单位 X'
3	< 15.866	< 4	7	33.36–	4.57–
	15.866–	4–		67.003–	5.44–
	84.134–	6–		89.973–	6.28–
4	< 6.681	< 3.5		98.352–	7.14–
	6.681–	3.5–	8	< 1.222	< 2.78
	50–	5–		1.322–	2.78–
	93.319–	6.5–		6.681–	3.5–
5	< 3.593	< 3.2		22.663–	4.25–
	3.593–	3.2–		50–	5–
	27.425–	4.4–		77.337–	5.75–
	72.575–	5.6–		93.319–	6.50–
	96.407–	6.8–		98.678–	7.22–
6	< 2.275	< 3	9	< 0.99	< 2.67
	2.275–	3–		0.99–	2.67–
	15.866–	4–		4.746–	3.33–
	50–	5–		15.866–	4–
	84.134–	6–		37.07–	4.67–
	97.725–	7–		62.93–	5.33–
7	< 1.618	< 2.86		84.134–	6–
	1.618–	2.86–		95.254–	6.67–
	10.027–	3.72–		99.01–	7.33–

注："–"表示左闭右开区间，左端点值为本单元格"–"的左侧值，右端点值为下一行单元格"–"的左侧值（若为最后一个单元格，则右端点值为正无穷）

附表 A-2　1990~2018 年基于 ESSI 得分国家 RSR 分组参数

年份	系数 $\hat{\mu}$	系数 $\hat{\beta}$		RSR′		
1990	0.44 133**	0.05 435**	< 0.632	0.632–	0.713–	0.795–
1991	0.44 023**	0.05 483**	< 0.632	0.632–	0.714–	0.797–
1992	0.45 041**	0.05 365**	< 0.638	0.638–	0.719–	0.799–
1993	0.45 657**	0.05 276**	< 0.641	0.641–	0.72–	0.8–
1994	0.46 633**	0.05 128**	< 0.646	0.646–	0.723–	0.8–
1995	0.46 071**	0.05 236**	< 0.644	0.644–	0.723–	0.801–
1996	0.46 084**	0.05 207**	< 0.643	0.643–	0.721–	0.799–
1997	0.46 822**	0.05 097**	< 0.647	0.647–	0.723–	0.799–
1998	0.4 784**	0.04 902**	< 0.65	0.65–	0.724–	0.797–
1999	0.46 554**	0.05 133**	< 0.645	0.645–	0.722–	0.799–
2000	0.43 815**	0.05 441**	< 0.629	0.629–	0.71–	0.792–
2001	0.45 849**	0.05 165**	< 0.639	0.639–	0.717–	0.794–
2002	0.46 615**	0.05 066**	< 0.643	0.643–	0.719–	0.795–
2003	0.46 294**	0.05 011**	< 0.638	0.638–	0.713–	0.789–
2004	0.45 222**	0.05 111**	< 0.631	0.631–	0.708–	0.784–
2005	0.45 043**	0.04 859**	< 0.62	0.62–	0.693–	0.766–
2006	0.45 426**	0.04 614**	< 0.616	0.616–	0.685–	0.754–
2007	0.45 378**	0.04 527**	< 0.612	0.612–	0.68–	0.748–
2008	0.4 498**	0.04 185**	< 0.596	0.596–	0.659–	0.722–
2009	0.44 005**	0.05 006**	< 0.615	0.615–	0.69–	0.765–
2010	0.44 819**	0.04 545**	< 0.607	0.607–	0.675–	0.744–
2011	0.44 828**	0.04 001**	< 0.588	0.588–	0.648–	0.708–
2012	0.4 512**	0.03 928**	< 0.589	0.589–	0.648–	0.707–
2013	0.45 679**	0.03 961**	< 0.595	0.595–	0.655–	0.714–
2014	0.46 243**	0.04 063**	< 0.605	0.605–	0.666–	0.727–
2015	0.46 088**	0.04 822**	< 0.63	0.63–	0.702–	0.774–
2016	0.47 004**	0.04 954**	< 0.643	0.643–	0.718–	0.792–
2017	0.47 136**	0.0 471**	< 0.636	0.636–	0.707–	0.777–
2018	0.48 235**	0.04 297**	< 0.633	0.633–	0.697–	0.762–

　　注："–"表示左闭右开区间，左端点值为本单元格"–"的左侧值，右端点值为下一行单元格"–"的左侧值（若为最后一个单元格，则右端点值为正无穷）

　　**表示在 1%水平上显著

附表 A-3　1990~2018 年基于 ECSI 得分国家 RSR 分组参数

年份	系数 $\hat{\mu}$	系数 $\hat{\beta}$	RSR'			
1990	0.28 147**	0.02 575**	< 0.372	0.372–	0.41–	0.449–
1991	0.28 325**	0.0 256**	< 0.373	0.373–	0.411–	0.45–
1992	0.28 051**	0.02 588**	< 0.371	0.371–	0.41–	0.449–
1993	0.28 317**	0.02 563**	< 0.373	0.373–	0.411–	0.45–
1994	0.28 585**	0.02 542**	< 0.375	0.375–	0.413–	0.451–
1995	0.28 683**	0.02 547**	< 0.376	0.376–	0.414–	0.452–
1996	0.28 764**	0.02 494**	< 0.375	0.375–	0.412–	0.45–
1997	0.28 829**	0.02 481**	< 0.375	0.375–	0.412–	0.45–
1998	0.29 965**	0.02 316**	< 0.381	0.381–	0.415–	0.45–
1999	0.29 748**	0.02 369**	< 0.38	0.38–	0.416–	0.451–
2000	0.28 554**	0.02 501**	< 0.373	0.373–	0.411–	0.448–
2001	0.29 419**	0.02 343**	< 0.376	0.376–	0.411–	0.447–
2002	0.29 552**	0.02 352**	< 0.378	0.378–	0.413–	0.448–
2003	0.29 337**	0.02 402**	< 0.377	0.377–	0.413–	0.449–
2004	0.29 388**	0.02 358**	< 0.376	0.376–	0.412–	0.447–
2005	0.28 547**	0.02 483**	< 0.372	0.372–	0.41–	0.447–
2006	0.28 337**	0.02 491**	< 0.371	0.371–	0.408–	0.445–
2007	0.28 962**	0.02 379**	< 0.373	0.373–	0.409–	0.444–
2008	0.27 009**	0.02 697**	< 0.365	0.365–	0.405–	0.445–
2009	0.29 361**	0.02 346**	< 0.376	0.376–	0.411–	0.446–
2010	0.27 087**	0.02 777**	< 0.368	0.368–	0.41–	0.451–
2011	0.24 456**	0.03 214**	< 0.357	0.357–	0.405–	0.453–
2012	0.24 269**	0.03 271**	< 0.357	0.357–	0.406–	0.455–
2013	0.25 094**	0.03 127**	< 0.36	0.36–	0.407–	0.454–
2014	0.2 621**	0.02 932**	< 0.365	0.365–	0.409–	0.453–
2015	0.27 025**	0.02 861**	< 0.37	0.37–	0.413–	0.456–
2016	0.28 153**	0.02 709**	< 0.376	0.376–	0.417–	0.458–
2017	0.2 611**	0.03 056**	< 0.368	0.368–	0.414–	0.46–
2018	0.26088**	0.03049**	< 0.368	0.368–	0.413–	0.459–

　　注:"–"表示左闭右开区间,左端点值为本单元格"–"的左侧值,右端点值为下一行单元格"–"的左侧值(若为最后一个单元格,则右端点值为正无穷)

　　**表示在 1%水平上显著

附表 A-4　基于 ESSI、SQI、SPI 和 SEI 得分的典型国家排名结果

年份	ESSI						SQI						SPI						SEI					
	CHN	USA	JPN	NDE	RFA	FRA	CHN	USA	JPN	NDE	RFA	FRA	CHN	USA	JPN	NDE	RFA	FRA	CHN	USA	JPN	NDE	RFA	FRA
1990	29	31	49	29	25	10	8	6	55	9	26	29	4	2	26	46	23	15	56	55	31	46	43	10
1991	30	29	43	32	27	12	7	6	55	9	29	31	4	2	21	48	26	16	55	54	27	48	42	13
1992	30	32	47	36	26	10	7	8	55	9	31	29	5	1	21	52	25	17	55	56	30	47	40	12
1993	30	32	47	40	28	9	7	8	54	9	35	28	6	1	22	55	25	19	54	56	29	47	39	9
1994	30	33	49	37	29	9	7	8	54	10	35	28	6	1	22	54	28	20	55	58	30	50	35	9
1995	28	33	47	38	28	10	9	10	54	11	37	28	4	1	21	51	28	19	53	57	30	50	35	10
1996	24	35	48	41	29	12	9	10	54	11	41	27	4	1	18	52	28	22	53	59	31	50	36	9
1997	22	40	47	44	25	10	8	10	53	11	41	28	6	1	16	55	21	17	53	59	29	50	34	8
1998	23	40	45	47	27	12	8	10	53	11	43	31	7	1	17	53	22	18	54	60	29	51	36	10
1999	26	41	44	57	29	13	6	11	53	12	43	31	5	1	14	60	24	18	53	60	33	51	34	11
2000	27	38	47	45	29	12	6	11	53	12	42	32	13	3	15	53	26	20	55	60	35	50	35	9
2001	24	38	44	47	28	10	6	9	53	11	42	32	8	1	12	54	19	15	54	59	33	52	35	10
2002	25	36	47	47	28	11	6	11	53	9	43	34	6	1	12	54	22	15	59	59	36	52	34	12
2003	28	35	50	55	26	12	6	11	54	8	41	33	7	1	12	58	27	14	58	59	36	55	33	10
2004	35	36	50	52	27	10	7	11	54	10	41	32	8	1	8	56	25	17	59	58	37	55	33	10
2005	36	34	45	55	27	8	8	11	54	10	42	33	5	1	9	59	25	15	58	57	38	56	34	10
2006	39	31	45	55	27	7	7	9	54	10	40	34	9	1	10	58	26	13	60	57	37	56	30	9
2007	35	31	47	54	27	7	8	7	54	11	40	33	5	1	7	53	30	13	60	57	37	55	30	8
2008	47	31	52	54	32	10	10	6	54	11	39	31	23	10	32	58	38	21	60	56	35	58	33	9
2009	43	25	46	52	29	7	12	7	53	14	41	35	12	1	9	48	24	11	60	53	37	58	33	9
2010	45	29	47	53	31	9	10	7	54	13	40	34	12	1	10	52	30	14	60	54	34	57	32	8
2011	48	18	55	56	35	11	10	6	57	19	39	33	15	5	15	55	35	22	60	53	42	58	33	8
2012	43	15	57	50	36	9	15	5	57	22	41	33	16	2	16	49	32	18	60	52	47	57	36	8
2013	48	17	57	53	42	8	14	6	57	24	45	32	10	4	16	45	32	19	60	53	48	58	38	8
2014	48	26	58	53	42	8	15	2	57	27	44	32	12	14	22	47	33	16	59	53	49	58	37	7
2015	47	17	59	52	40	7	15	2	57	26	43	32	11	1	51	41	31	13	59	54	47	58	38	7
2016	40	16	56	53	40	8	13	2	57	26	42	32	4	1	15	40	32	14	58	52	47	59	39	7
2017	38	14	55	53	38	9	14	1	57	27	45	31	6	1	13	39	32	24	58	50	47	59	36	6
2018	43	14	53	55	43	7	10	1	57	27	44	30	17	1	28	50	38	26	57	52	43	59	35	6
均值	35	29	49	48	31	10	9	7	55	14	40	31	8	2	17	51	28	17	57	56	37	54	35	9
最小值	22	14	43	29	25	7	6	1	53	8	26	27	4	1	7	39	19	11	53	50	27	46	30	6
最大值	48	41	59	57	43	13	15	11	57	27	45	35	23	14	51	60	38	26	60	60	49	59	43	13

附表 A-5　基于 ESCI、CQI、CPI 和 CEI 得分的典型国家分组结果

年份	ESCI						CQI						CPI						CEI					
	CHN	USA	JPN	NDE	RFA	FRA	CHN	USA	JPN	NDE	RFA	FRA	CHN	USA	JPN	NDE	RFA	FRA	CHN	USA	JPN	NDE	RFA	FRA
1990	14	6	41	26	29	36	8	14	45	33	7	24	11	11	28	24	24	18	30	6	44	29	57	48
1991	12	7	44	31	31	37	10	13	48	45	7	25	3	14	26	26	26	23	31	8	45	29	57	49
1992	15	7	43	33	27	37	8	13	51	35	7	24	8	14	24	31	20	24	32	8	45	30	58	48
1993	16	7	42	35	27	39	12	10	50	32	7	24	12	12	20	32	20	25	31	9	46	29	58	49
1994	15	8	46	37	25	37	9	11	52	43	4	24	10	16	16	36	22	26	31	11	48	29	58	46
1995	16	8	45	36	25	40	12	8	51	19	2	22	16	16	11	38	16	27	31	11	46	29	58	49
1996	17	8	44	38	28	38	17	8	50	23	2	19	16	22	10	38	26	26	32	10	47	29	58	49
1997	16	7	45	48	29	40	17	10	53	49	4	28	6	20	13	37	26	26	31	11	48	29	57	48
1998	18	7	46	50	31	41	25	9	51	53	3	30	7	24	9	35	29	24	31	11	46	29	59	50
1999	18	8	42	52	29	39	23	14	50	55	2	30	6	21	5	39	26	21	32	12	48	29	58	50
2000	19	8	37	31	33	37	38	18	50	10	8	29	11	14	9	36	26	24	29	13	48	29	58	50
2001	19	8	41	23	41	38	38	23	51	5	23	30	7	16	4	35	30	26	30	13	48	30	56	51
2002	20	8	39	24	39	39	37	21	54	3	24	28	7	23	4	34	32	28	29	13	47	29	53	51
2003	19	9	32	22	36	36	32	25	53	8	14	22	13	23	4	35	31	24	31	14	47	29	52	50
2004	18	9	29	31	36	33	33	20	51	6	19	22	11	22	4	40	33	24	32	14	47	29	52	50
2005	16	10	30	35	35	35	30	17	50	7	18	19	9	21	4	42	33	26	31	15	48	30	49	50
2006	19	9	30	38	35	32	32	16	50	6	18	19	14	17	5	42	35	27	32	14	48	30	51	51
2007	20	8	31	39	35	31	27	16	50	7	21	20	12	19	5	45	31	25	32	13	49	30	49	50
2008	19	11	39	45	33	33	32	16	51	9	12	21	8	18	5	49	31	25	34	15	48	31	50	50
2009	15	9	32	45	36	36	29	14	51	7	17	18	7	15	6	50	33	23	34	14	47	31	47	50
2010	18	10	31	41	31	31	27	20	49	12	16	21	8	15	6	47	25	19	37	13	50	32	48	50
2011	18	8	29	46	29	29	29	21	50	18	13	23	8	12	5	48	26	19	38	13	49	33	46	52
2012	18	9	32	47	28	28	28	19	50	17	21	20	10	13	6	49	22	19	40	15	49	38	43	49
2013	20	10	36	48	28	28	31	22	50	25	15	22	9	15	6	49	28	22	41	13	50	40	43	49
2014	18	10	39	48	28	28	36	28	50	26	13	24	8	15	6	49	28	22	39	15	49	41	43	49
2015	20	10	32	43	37	32	37	26	53	20	35	21	8	14	6	46	35	23	38	15	49	42	42	51
2016	21	11	29	42	33	33	36	22	52	20	37	24	10	16	6	44	29	19	37	15	50	40	40	50
2017	21	11	29	43	32	29	37	30	52	21	40	25	11	15	7	45	26	19	36	14	48	40	38	50
2018	22	11	34	47	31	29	38	32	54	22	39	26	13	14	7	51	26	16	36	15	47	40	38	47
均值	18	9	37	39	31	34	26	18	51	22	15	23	9	17	9	40	27	23	33	12	47	32	51	49
最小值	12	6	29	22	25	28	8	8	45	3	2	18	3	11	4	24	16	16	29	6	44	29	38	46
最大值	22	11	46	52	41	41	38	32	54	55	40	30	16	24	28	51	35	28	41	15	50	42	59	52

附录 B

附表 B-1　　2000~2018 年中国一次能源消费量　　单位：亿吨标准煤

年份	煤炭	石油	天然气	核能	水电	其他	化石能源	消费总量
2000	10.53	3.20	0.32	0.05	0.72	0.01	14.05	14.83
2001	10.74	3.26	0.35	0.06	0.90	0.01	14.36	15.32
2002	11.36	3.54	0.38	0.08	0.93	0.01	15.27	16.29
2003	13.38	3.88	0.44	0.14	0.92	0.01	17.69	18.76
2004	15.49	4.56	0.51	0.16	1.14	0.01	20.56	21.88
2005	17.41	4.68	0.60	0.17	1.28	0.01	22.69	24.16
2006	19.20	5.02	0.72	0.18	1.41	0.02	24.94	26.54
2007	20.55	5.28	0.91	0.20	1.57	0.03	26.73	28.53
2008	21.13	5.37	1.05	0.22	1.89	0.05	27.55	29.71
2009	22.24	5.55	1.15	0.23	1.99	0.10	28.94	31.25
2010	24.48	6.12	1.40	0.24	2.33	0.17	32.00	34.74
2011	27.20	6.75	1.66	0.28	2.22	0.33	35.61	38.44
2012	27.54	7.08	1.85	0.31	2.79	0.42	36.47	39.99
2013	28.13	7.39	2.11	0.36	2.94	0.60	37.63	41.54
2014	27.92	7.70	2.31	0.43	3.40	0.74	37.94	42.50
2015	27.34	8.19	2.39	0.55	3.60	0.92	37.93	43.00
2016	26.99	8.39	2.57	0.69	3.73	1.17	37.95	43.53
2017	27.01	8.72	2.95	0.80	3.77	1.59	38.68	44.84
2018	27.24	9.16	3.48	0.95	3.89	2.05	39.88	46.76

注：2000~2010 年数据来源于《BP 世界能源统计年鉴》（2011），剩余年份数据来源于《BP 世界能源统计年鉴》（2019）；为便于比较，该表及以下所有表格中所有类型能源均采用"亿吨标准煤"为统一单位，各类能源折标准煤参考系数见《中国能源统计年鉴》（2018）；表中数据由于四舍五入，合计部分可能相差 0.01

附表 B-2　　2000~2018 年世界一次能源消费量　　单位：亿吨标准煤

年份	煤炭	石油	天然气	核能	水电	其他	化石能源	消费总量
2000	34.28	51.02	31.09	8.35	8.56	0.73	116.40	134.04
2001	34.46	51.39	31.67	8.58	8.36	0.77	117.52	135.23
2002	35.38	51.89	32.51	8.73	8.52	0.86	119.78	137.89
2003	38.25	52.96	33.62	8.55	8.51	0.94	124.83	142.83
2004	40.84	55.13	34.74	8.93	9.05	1.06	130.70	149.74
2005	43.04	55.84	35.88	8.95	9.41	1.19	134.75	154.30
2006	45.21	56.36	36.65	9.08	9.78	1.32	138.22	158.40
2007	47.22	57.25	38.02	8.89	9.95	1.51	142.49	162.84
2008	47.74	57.09	39.02	8.85	10.35	1.75	143.85	164.80

年份	煤炭	石油	天然气	核能	水电	其他	化石能源	消费总量
2009	47.22	55.84	38.02	8.77	10.52	1.96	141.08	162.34
2010	50.80	55.91	40.83	8.95	11.08	2.27	147.54	169.83
2011	54.04	57.55	39.72	8.57	11.31	2.91	151.30	174.09
2012	54.25	61.40	40.75	7.99	11.85	3.41	156.40	179.66
2013	55.24	62.15	41.39	8.05	12.26	4.56	158.79	183.67
2014	55.20	62.65	41.67	8.21	12.55	4.04	159.53	184.33
2015	53.84	63.80	42.58	8.33	12.56	5.26	160.22	186.37
2016	53.00	64.98	43.61	8.45	12.99	5.95	161.59	188.98
2017	53.12	65.82	44.89	8.53	13.14	7.00	163.82	192.50
2018	53.89	66.60	47.28	8.73	13.55	8.02	167.77	198.08

注：2000~2010 年数据来源于《BP 世界能源统计年鉴》（2011），剩余年份数据来源于《BP 世界能源统计年鉴》（2019）；表中数据由于四舍五入，合计部分可能相差 0.01

附表 B-3　2000~2018 年中国一次能源生产量　单位：亿吨标准煤

年份	煤炭	石油	天然气	核能	水电	其他	化石能源	生产总量
2000	10.89	2.32	0.35	0.05	0.72	0.01	13.57	14.35
2001	11.56	2.35	0.39	0.06	0.84	0.01	14.31	15.22
2002	12.20	2.38	0.42	0.09	0.89	0.01	15.00	15.99
2003	14.48	2.42	0.45	0.14	0.91	0.01	17.35	18.41
2004	16.77	2.49	0.53	0.16	1.07	0.01	19.79	21.04
2005	18.60	2.59	0.63	0.17	1.28	0.01	21.83	23.30
2006	20.09	2.64	0.75	0.18	1.34	0.02	23.48	25.02
2007	21.44	2.66	0.89	0.20	1.52	0.03	25.00	26.75
2008	22.24	2.72	1.03	0.22	1.83	0.05	26.00	28.10
2009	23.60	2.71	1.10	0.23	1.85	0.10	27.40	29.58
2010	25.72	2.90	1.24	0.24	2.22	0.17	29.86	32.50
2011	26.45	2.90	1.30	0.28	2.16	0.33	30.66	33.42
2012	26.76	2.96	1.37	0.32	2.77	0.42	31.10	34.60
2013	27.07	3.00	1.50	0.36	2.89	0.60	31.56	35.41
2014	26.63	3.02	1.61	0.43	3.43	0.74	31.26	35.86
2015	26.08	3.07	1.67	0.55	3.60	0.92	30.81	35.88
2016	24.16	2.85	1.69	0.69	3.80	1.17	28.71	34.37
2017	24.95	2.74	1.83	0.80	3.86	1.59	29.52	35.77
2018	26.13	2.70	1.98	0.95	3.99	2.05	30.81	37.80

注：煤炭、石油和天然气 2000~2010 年的数据来源于《BP 世界能源统计年鉴》（2011），剩余年份数据来源于《BP 世界能源统计年鉴》（2019）；核能和水电 2001~2018 年的数据来源于《电力工业统计资料汇编》，2000 年数据根据中国核能消费总量换算近似而得；其他可再生能源的数据根据中国其他可再生能源消费总量换算近似而得；表中数据由于四舍五入，合计部分可能相差 0.01

附表 B-4　2000~2018 年世界一次能源生产量　单位：亿吨标准煤

年份	煤炭	石油	天然气	核能	水电	其他	化石能源	生产总量
2000	33.61	51.60	31.12	8.35	8.56	0.73	116.33	133.97
2001	35.13	51.45	31.98	8.58	8.36	0.77	118.56	136.27
2002	35.40	51.20	32.50	8.73	8.52	0.86	119.10	137.21
2003	38.09	52.87	33.76	8.55	8.51	0.94	124.72	142.72
2004	41.33	55.39	34.74	8.93	9.05	1.06	131.45	150.50
2005	43.78	55.81	35.83	8.95	9.41	1.19	135.41	154.96
2006	46.25	55.95	37.15	9.08	9.78	1.32	139.34	159.52
2007	48.04	55.78	38.06	8.89	9.95	1.51	141.87	162.22
2008	49.58	56.20	39.48	8.85	10.35	1.75	145.26	166.20
2009	50.17	54.73	38.36	8.77	10.52	1.96	143.26	164.52
2010	53.31	55.91	41.16	8.95	11.08	2.27	150.37	172.67
2011	55.24	57.26	40.01	8.35	11.64	2.91	152.50	175.41
2012	55.85	58.86	40.83	7.96	12.16	3.41	155.54	179.07
2013	56.83	58.98	41.31	8.02	12.56	4.56	157.12	182.26
2014	56.66	60.33	42.15	8.20	12.88	4.04	159.14	184.25
2015	55.16	62.21	43.01	8.31	12.87	5.26	160.38	186.83
2016	52.30	62.40	43.51	8.43	13.49	5.95	158.20	186.07
2017	53.64	62.57	45.18	8.54	13.15	7.01	161.39	190.08
2018	55.96	63.92	47.51	8.74	13.56	8.02	167.39	197.71

注：煤炭、石油和天然气 2000~2010 年的数据来源于《BP 世界能源统计年鉴》（2011），剩余年份数据来源于《BP 世界能源统计年鉴》（2019）；核能、水电 2011~2016 年的数据来源于《IEA 世界能源统计年鉴》（2018），2017~2018 年数据来源于《BP 世界能源统计年鉴》（2019）；其余数据根据世界核能消费总量换算近似而得；其他可再生能源 2017~2018 年的数据来源于《BP 世界能源统计年鉴》（2019）；其余数据根据世界其他可再生能源消费总量换算近似而得；表中数据由于四舍五入，合计部分可能相差 0.01

附表 B-5　2011~2018 年中国分电源发电量　单位：亿千瓦时

年份	火电	水电	核电	风电	太阳能发电
2011	39 003	6 681	872	741	6
2012	39 255	8 556	983	1 030	36
2013	42 216	8 921	1 115	1 383	84
2014	43 030	10 601	1 332	1 598	235
2015	42 307	11 127	1 714	1 856	395
2016	43 273	11 748	2 132	2 409	665
2017	45 558	11 931	2 481	3 034	1 166
2018	49 231	12 329	2 944	3 660	1 775

资料来源：《电力工业统计资料汇编》

附表 B-6　2000~2018 年中国化石能源供应缺口及自给率

年份	煤炭缺口/亿吨标准煤	煤炭自给率	石油/亿吨标准煤	石油自给率	天然气缺口/亿吨标准煤	天然气自给率	化石能源缺口/亿吨标准煤	化石能源自给率
2000	−0.36	103.45%	0.88	72.52%	−0.03	110.86%	0.48	96.56%
2001	−0.82	107.66%	0.91	72.15%	−0.04	110.53%	0.05	99.66%
2002	−0.84	107.41%	1.15	67.43%	−0.04	111.79%	0.27	98.26%
2003	−1.10	108.23%	1.46	62.42%	−0.01	103.28%	0.34	98.06%
2004	−1.28	108.28%	2.07	54.59%	−0.02	104.48%	0.76	96.29%
2005	−1.19	106.85%	2.09	55.34%	−0.03	105.46%	0.87	96.19%
2006	−0.89	104.65%	2.38	52.62%	−0.03	104.36%	1.45	94.17%
2007	−0.90	104.36%	2.61	50.45%	0.02	98.11%	1.74	93.51%
2008	−1.11	105.26%	2.65	50.64%	0.01	98.77%	1.55	94.36%
2009	−1.36	106.12%	2.84	48.82%	0.06	95.16%	1.53	94.70%
2010	−1.24	105.07%	3.22	47.36%	0.16	88.79%	2.14	93.32%
2011	0.75	97.26%	3.85	42.95%	0.36	78.57%	4.95	86.09%
2012	0.78	97.18%	4.11	41.89%	0.48	73.94%	5.37	85.27%
2013	1.06	96.22%	4.39	40.60%	0.62	70.84%	6.07	83.87%
2014	1.29	95.38%	4.68	39.20%	0.70	69.63%	6.68	82.40%
2015	1.26	95.38%	5.12	37.43%	0.72	69.71%	7.11	81.25%
2016	2.82	89.53%	5.53	34.02%	0.88	65.85%	9.24	75.66%
2017	2.05	92.39%	5.99	31.36%	1.12	62.07%	9.16	76.31%
2018	1.11	95.91%	6.46	29.49%	1.49	57.09%	9.06	77.27%

注：供应缺口 = 消费总量 − 生产总量；自给率 = 生产总量/消费总量

附表 B-7　2000~2018 年中国能源进口总额及其在世界能源进口总额的比重

年份	中国能源进口总额/亿美元	增长率	世界能源进口总额/亿美元	占世界能源进口比重
2000	206.81	131.59%	7 981.79	2.59%
2001	175.17	−15.30%	7 489.13	2.34%
2002	193.21	10.30%	7 573.17	2.55%
2003	292.48	51.38%	9 628.78	3.04%
2004	480.27	64.21%	12 767.27	3.76%
2005	640.89	33.44%	17 711.10	3.62%
2006	890.98	39.02%	21 816.73	4.08%
2007	1 051.75	18.04%	24 110.30	4.36%
2008	1 692.52	60.92%	34 056.45	4.97%
2009	1 239.70	−26.75%	21 481.94	5.77%

年份	中国能源进口总额/亿美元	增长率	世界能源进口总额/亿美元	占世界能源进口比重
2010	1 889.66	52.43%	27 966.15	6.76%
2011	2 757.66	45.93%	38 164.85	7.23%
2012	3 130.67	13.53%	39 690.85	7.89%
2013	3 152.32	0.69%	38 545.96	8.18%
2014	3 167.88	0.49%	35 622.41	8.89%
2015	1 986.01	−37.31%	21 510.59	9.23%
2016	1 765.36	−11.11%	17 638.91	10.01%
2017	2 496.25	41.40%	23 143.04	10.79%
2018	3 477.82	39.32%	29 258.30	11.89%

注：进口总额数据来源于《中国能源统计年鉴》（2001~2019 年）

附表 B-8　2000~2018 年中国煤炭、石油及天然气进出口量

年份	进口量/亿吨标准煤			出口量/亿吨标准煤		
	煤炭	石油	天然气	煤炭	石油	天然气
2000	0.02	1.00	0	0.39	0.15	0.04
2001	0.02	0.86	0	0.64	0.11	0.04
2002	0.08	0.99	0	0.60	0.11	0.04
2003	0.08	1.30	0	0.67	0.12	0.02
2004	0.13	1.75	0	0.62	0.08	0.03
2005	0.19	1.81	0	0.51	0.12	0.04
2006	0.27	2.07	0.01	0.45	0.09	0.04
2007	0.37	2.33	0.05	0.38	0.06	0.03
2008	0.31	2.56	0.06	0.33	0.06	0.04
2009	0.94	2.91	0.09	0.16	0.07	0.04
2010	1.31	3.40	0.20	0.14	0.04	0.05
2011	1.59	3.63	0.38	0.10	0.04	0.04
2012	2.06	3.87	0.52	0.07	0.03	0.04
2013	2.34	4.02	0.65	0.05	0.02	0.03
2014	2.08	4.41	0.73	0.04	0.01	0.03
2015	1.46	4.79	0.75	0.04	0.04	0.04
2016	1.83	5.44	0.92	0.06	0.04	0.04
2017	1.94	5.99	1.16	0.06	0.07	0.04
2018	2.01	6.60	1.53	0.04	0.04	0.04

注：数据来源于《中国能源统计年鉴》（2001~2019 年）

附表 B-9　　2000~2018 年中国煤炭、石油、天然气净进口量及对外依存度

年份	净进口/亿吨标准煤				对外依存度			
	煤炭	石油	天然气	化石能源	煤炭	石油	天然气	化石能源
2000	−0.38	0.86	−0.04	0.44	0	26.94%	0	3.14%
2001	−0.62	0.75	−0.04	0.09	0	24.23%	0	0.63%
2002	−0.52	0.88	−0.04	0.32	0	27.01%	0	2.11%
2003	−0.59	1.18	−0.02	0.57	0	32.83%	0	3.17%
2004	−0.49	1.67	−0.03	1.16	0	40.24%	0	5.53%
2005	−0.33	1.70	−0.04	1.33	0	39.56%	0	5.76%
2006	−0.18	1.98	−0.02	1.78	0	42.90%	0	7.05%
2007	−0.01	2.28	0.02	2.28	0	46.09%	1.92%	8.36%
2008	−0.01	2.49	0.02	2.50	0	47.84%	1.58%	8.76%
2009	0.78	2.84	0.05	3.67	3.21%	51.17%	4.72%	11.82%
2010	1.17	3.35	0.15	4.68	4.36%	53.62%	10.94%	13.54%
2011	1.48	3.59	0.34	5.42	5.31%	55.33%	20.84%	15.02%
2012	1.99	3.84	0.48	6.31	6.93%	56.42%	25.99%	16.87%
2013	2.28	4.00	0.61	6.90	7.78%	57.15%	29.02%	17.93%
2014	2.04	4.40	0.69	7.13	7.11%	59.28%	30.11%	18.57%
2015	1.42	4.75	0.71	6.88	5.16%	60.78%	29.90%	18.26%
2016	1.76	5.40	0.87	8.04	6.80%	65.44%	34.04%	21.87%
2017	1.88	5.92	1.12	8.92	7.00%	68.41%	37.89%	23.21%
2018	1.97	6.56	1.49	10.03	7.02%	70.83%	42.90%	24.55%

注：净进口 = 进口量 − 出口量；对外依存度 = 净进口/供应量；供应量 = 净进口 + 生产总量

附表 B-10　　2018 年中国煤炭进口来源国进口量及其占比

来源国	进口量/亿吨标准煤	占比
澳大利亚	51.80	35.36%
印度尼西亚	45.90	31.33%
蒙古国	23.30	15.90%
俄罗斯	17.10	11.67%
加拿大	1.80	1.23%
美国	1.50	1.02%
哥伦比亚	0.20	0.14%
其他	4.90	3.34%

注：数据来源于《BP 世界能源统计年鉴》（2019）；占比由于四舍五入，合计可能不等于 100%

附表 B-11   2018 年中国石油进口来源国进口量及其占比

来源国	进口量/亿吨标准煤	占比	来源国	进口量/亿吨标准煤	占比
俄罗斯	0.71	15.49%	委内瑞拉	0.17	3.60%
沙特阿拉伯	0.57	12.29%	刚果（布）	0.13	2.73%
安哥拉	0.47	10.27%	美国	0.12	2.66%
伊拉克	0.45	9.76%	阿联酋	0.12	2.64%
阿曼	0.33	7.13%	哥伦比亚	0.11	2.33%
巴西	0.32	6.85%	马来西亚	0.09	1.92%
伊朗	0.29	6.34%	利比亚	0.09	1.86%
科威特	0.23	5.03%	其他	0.42	9.10%

注：数据来源于海关总署网站（http://www.customs.gov.cn）

附表 B-12   2018 年中国天然气进口来源国进口量及其占比

来源国	进口量/亿吨标准煤	占比	来源国	进口量/亿吨标准煤	占比
土库曼斯坦	0.43	29.25%	哈萨克斯坦	0.07	4.92%
澳大利亚	0.40	27.09%	巴布亚新几内亚	0.04	2.85%
卡塔尔	0.16	10.67%	缅甸	0.04	2.56%
马来西亚	0.10	6.66%	美国	0.04	2.48%
印度尼西亚	0.08	5.65%	尼日利亚	0.02	1.27%
乌兹别克斯坦	0.08	5.54%	其他	0.02	1.06%

注：数据来源于海关总署网站（http://www.customs.gov.cn）

附表 B-13   中国煤炭进口来源国进口额及其占比

进口来源国	2018 年			2017 年		
	排名	月平均进口额/亿美元	占比	排名	月平均进口额/亿美元	占比
澳大利亚	1	106.64	43.1%	1	98.72	43.56%
印度尼西亚	2	73.73	29.8%	2	60.89	26.87%
蒙古国	3	28.30	11.44%	4	22.12	9.76%
俄罗斯	4	25.72	10.39%	3	23.58	10.41%
加拿大	5	5.42	2.19%	5	8.70	3.84%
美国	6	3.81	1.54%	6	4.56	2.01%
菲律宾	7	2.77	1.12%	7	3.13	1.38%
哥伦比亚	8	0.29	0.12%	18	—	—
马来西亚	9	0.23	0.09%	9	0.23	0.10%
新西兰	10	0.22	0.09%	8	0.34	0.15%

附表 B-14　中国石油进口来源国进口额及其占比

进口来源国	2018 年			2017 年		
	排名	月平均进口额/亿美元	占比	排名	月平均进口额/亿美元	占比
俄罗斯	1	31.76	15.86%	1	19.90	14.58%
沙特阿拉伯	2	24.74	12.35%	2	17.10	12.52%
安哥拉	3	20.83	10.40%	3	16.77	12.28%
伊拉克	4	18.71	9.34%	4	11.51	8.43%
阿曼	5	14.49	7.23%	5	10.31	7.55%
巴西	6	13.74	6.86%	7	7.65	5.60%
伊朗	7	12.51	6.25%	6	9.94	7.28%
科威特	8	9.90	4.94%	8	5.90	4.32%
委内瑞拉	9	5.89	2.94%	9	5.47	4.01%
美国	10	5.67	2.83%	13	2.66	1.95%
阿联酋	11	5.53	2.76%	10	3.46	2.54%
刚果（布）	12	5.39	2.69%	11	3.00	2.20%
哥伦比亚	13	4.24	2.11%	12	2.79	2.05%
马来西亚	14	4.05	2.02%	14	2.24	1.64%
利比亚	15	3.98	1.99%	18	1.14	0.83%

附表 B-15　中国天然气进口来源国进口额及其占比

进口来源国	2018 年			2017 年		
	排名	月平均进口额/亿美元	占比	排名	月平均进口额/亿美元	占比
土库曼斯坦	1	2.11	28.04%	1	2.04	35.77%
澳大利亚	2	1.96	25.97%	2	1.44	25.2%
卡塔尔	3	0.77	10.23%	3	0.62	10.92%
马来西亚	4	0.48	6.39%	4	0.35	6.15%
印度尼西亚	5	0.41	5.41%	5	0.26	4.47%
乌兹别克斯坦	6	0.40	5.31%	6	0.22	3.78%
哈萨克斯坦	7	0.36	4.72%	10	0.07	1.18%
巴布亚新几内亚	8	0.21	2.74%	8	0.17	3.06%
缅甸	9	0.18	2.46%	7	0.21	3.67%
美国	10	0.18	2.38%	9	0.13	2.21%